U0214840

新时代
技术
新未来

ChatGPT
数据分析实践

史浩然　赵辛　吴志成　著

ChatGPT

清华大学出版社
北 京

内 容 简 介

本书从 ChatGPT 的基础原理讲起，逐步深入 ChatGPT 的基础使用和插件功能，并结合各种数据分析实战案例，重点介绍了 ChatGPT 在各种数据分析场景中的应用方法，让读者不但可以系统地学习 ChatGPT 相关知识，而且能对 ChatGPT 在数据分析中的实战应用有更为深入的理解。本书分为 12 章，涵盖的主要内容有：ChatGPT 简介与基本原理；ChatGPT 使用方法；ChatGPT 插件应用；ChatGPT 构建指标体系、ChatGPT 数据采集与清洗、ChatGPT 探索性数据分析和可视化、ChatGPT 推断性统计分析、ChatGPT 预测分析、ChatGPT 文本分析、ChatGPT 分类和聚类分析、ChatGPT 推荐算法、ChatGPT 行业数据分析等的应用方法和实战项目案例。

本书内容通俗易懂、案例丰富、实用性强，特别适合对数据分析和人工智能感兴趣的读者，包括但不限于数据分析师、数据科学家、数据工程师、有数据分析需求的业务人员、研究人员、学生以及所有想要利用 ChatGPT 进行数据分析的读者。另外，本书也适合作为相关培训机构的教材使用。

图书在版编目（CIP）数据

ChatGPT 数据分析实践 / 史浩然，赵辛，吴志成著.
北京 ：清华大学出版社，2024. 10. -- （新时代·技术新未来）. -- ISBN 978-7-302-67474-0

Ⅰ. TP18
中国国家版本馆 CIP 数据核字第 2024EM0224 号

责任编辑：刘　洋
封面设计：徐　超
版式设计：张　姿
责任校对：宋玉莲
责任印制：丛怀宇

出版发行：清华大学出版社
　　　　网　　　址：https://www.tup.com.cn，https://www.wqxuetang.com
　　　　地　　　址：北京清华大学学研大厦 A 座　　　　邮　　编：100084
　　　　社 总 机：010-83470000　　　　　　　　　邮　　购：010-62786544
　　　　投稿与读者服务：010-62776969, c-service@tup.tsinghua.edu.cn
　　　　质 量 反 馈：010-62772015, zhiliang@tup.tsinghua.edu.cn
印 装 者：大厂回族自治县彩虹印刷有限公司
经　　销：全国新华书店
开　　本：187mm×235mm　　　印　张：19.25　　　字　数：438 千字
版　　次：2024 年 11 月第 1 版　　　　印　次：2024 年 11 月第 1 次印刷
定　　价：99.00 元

产品编号：104265-01

2022 年 11 月 30 日，OpenAI 宣布正式发布 ChatGPT 3.5，人工智能在理解和生成人类语言方面的能力达到了一个新的高度；2023 年 3 月 24 日凌晨，OpenAI 发布 ChatGPT Plugins（ChatGPT 插件集），它能将 ChatGPT 连接到第三方应用程序，为数据分析提供了全新的可能性。

而在信息化和数字化的今天，数据早已成为企业和组织的重要资产。数据分析作为一种从数据中提取有价值信息的方法，已经在各个行业中发挥了重要作用，无论是金融、医疗、教育，还是电商、媒体、政府，数据分析都在其中扮演着重要的角色。

因此，掌握如何通过 ChatGPT 进行数据分析，不仅能够帮助专业的数据从业者事半功倍地提升数据分析效率，还能够有效地帮助非数据从业者降低数据分析的门槛，从而轻轻松松在实战中进行数据分析。

编者的使用体会

在使用 ChatGPT 进行数据分析的过程中，编者深深叹服于 ChatGPT 的强大功能和高效。无论是在前期的数据采集和清洗环节，还是在预测分析、文本分析等具体的分析挖掘环节，ChatGPT 都可以高效且富有逻辑地输出分析过程和分析结果。可以说，ChatGPT 几乎可以在数据分析的每一个环节都起到巨大的作用。

对于有数据基础的读者而言，掌握 ChatGPT 进行数据分析无疑可以进一步解放人力和提高效率；对于缺少数据基础的读者而言，掌握 ChatGPT 则可以大大降低数据分析的门槛，让"人人都是数据分析师"不再是一句空话。

这本书的特色

·从零开始：从 ChatGPT 的基础使用讲起，降低学习和运用数据分析的门槛。

·深入浅出：深入探讨 ChatGPT 在数据分析中的高级应用，并用简明的语言进行介绍，帮助数据分析人员快速上手 ChatGPT 辅助实战。

·着眼实际：重点关注数据分析人员在工作中遇到的具体问题和挑战，通过 ChatGPT 解决复杂的数据分析问题。

·**应用案例**：提供有深度、与数据分析密切相关的应用案例，帮助数据分析人员在实际工作中通过 ChatGPT 节省时间、提高准确性和效率。

这本书包括什么内容

本书内容可以分为两大部分：第一部分是 ChatGPT 基础入门，第二部分是 ChatGPT 数据分析实战。

第一部分主要介绍了 ChatGPT 的发展历程、基础使用、插件使用、提示词编写方法等。

第二部分主要介绍了 ChatGPT 在数据分析的各个模块中的应用方法，该部分将理论和实践结合。

本书读者对象

·数据分析师、数据科学家、数据工程师
·有数据分析需求的业务人员、研究人员、学生
·所有想要利用 ChatGPT 进行数据分析的读者
·数据分析培训学员

编者

2024 年 5 月

CONTENTS
目录

01 第1章
ChatGPT 简介与基本原理

02 第2章
ChatGPT 使用方法

03 第3章
ChatGPT 插件应用

04 第4章
ChatGPT 构建指标体系实战

05 第5章
ChatGPT 数据采集与清洗实战

06 第6章
ChatGPT 探索性数据分析和可视化实战

07 第7章
ChatGPT 推断性统计分析实战

08 第8章
ChatGPT 预测分析实战

09 第 9 章
ChatGPT 文本分析实战

10 第 10 章
ChatGPT 分类和聚类分析实战

11 第 11 章
ChatGPT 推荐算法实战

12 第 12 章
ChatGPT 行业数据分析实战

第1章

ChatGPT 简介
与基本原理

2022 年 11 月 30 日，OpenAI 宣布正式发布 ChatGPT 3.5，其惊人的自然语言理解和生成能力犹如一块巨石投入平静的湖面，迅速激起了全社会的热情和关注，成为备受瞩目的全球话题，并开始在各行各业被广泛应用。仅仅两个月，ChatGPT 的月活跃用户数便突破 1 亿大关，创下了消费者应用史上用户数增长最快的辉煌战绩。三个多月后，ChatGPT 4.0 横空出世，它不仅在自然语言理解、逻辑推理等方面相较 3.5 版本有了巨大提升，还拥有更加深入的"知识储备"，让世人不由赞叹人工智能技术的日新月异。而在我们的身边，也常常能在各种自媒体上看到诸如"最容易被 ChatGPT 取代的工作岗位""ChatGPT：人工智能觉醒自我意识？"等抓人眼球的内容。

那么，ChatGPT 到底是什么？它是如何一步一步发展到今天的？它有着怎样的底层原理？又有着哪些应用场景？它如何赋能我们的数据分析工作？让我们带着这些问题一探究竟。

1.1 ChatGPT简介

本节首先讲述 ChatGPT 的概念和发展历程，再讨论 ChatGPT 的特点，为后续介绍 ChatGPT 原理和应用做铺垫。

1.1.1 ChatGPT前世今生

时至今日，ChatGPT 的爆火和"出圈"已经无须赘述，可以说大街小巷、老少妇孺间都有关于它的传说。那么，ChatGPT 到底是什么？我们不妨带着"我是谁？我从哪来？要到哪去？"的终极问题向 ChatGPT 提问，先听听它的自我介绍：

```
Question:
你好，ChatGPT，请问你是谁？你从哪来？要到哪去？
```

ChatGPT 的回答如下：

```
Answer:
    你好！我是ChatGPT，一个由OpenAI开发的人工智能语言模型。我是基于GPT（Generative Pretrained
Transformer）系列模型的一个实例，这是一种深度学习模型，专门用于理解和生成人类语言。
    我从大量的文本数据中学习而来。OpenAI的研究人员使用了各种来源的文本数据来训练我，包括书籍、网站
和其他类型的文本。通过这种方式，我学习了语言的语法、词汇和一些基本的世界知识。
    我的主要目标是帮助人们解决问题和完成任务。我可以帮助回答问题、写作、编程、学习新的概念，甚至可
以进行一些基本的情感支持。我还在不断学习和进化，希望能够更好地理解和满足用户的需求。
    至于我要到哪去，这取决于OpenAI的研究人员和用户的需求。我可能会继续学习新的知识和技能，也可能
会被用于新的应用场景。但无论如何，我都会致力于提供有用、准确和友好的帮助。
```

借由它的自我介绍，我们可以总结：ChatGPT 是由 OpenAI 开发的基于 GPT（生成式预训练转换器）模型的一个变体，它可以用语言交流形式实现与人的交互，是一款强大的 AI 聊天机器人。

目前，ChatGPT 已经发展到 ChatGPT 4.0 了，而 ChatGPT 4.0 和它的爆火当然不是像空中楼阁那样凭空出现的，而是建立在 OpenAI 对于语言模型，尤其 NLP 模型领域的持续研究与创造性探索之上的。我们可以大致将 ChatGPT 的发展历程分为四个阶段。

1. 初试宝刀

2018 年，OpenAI 推出第一代生成式预训练模型 GPT-1。这个模型采用了生成式预训练 Transformer 模型，这是一种采用自注意力机制的深度学习模型。GPT-1 采用了半监督学习模式，通过无监督学习的预训练，运用大量未标注数据增强模型的语言能力，再进行有监督的微调，与大规模数据集集成以提高模型在 NLP 任务中的表现。

2. 渐露锋芒

2019 年，OpenAI 推出了 GPT-2，这是一个更大的模型，拥有超过 15 亿个参数，并且可以生成达到人类编写水平的文本。GPT-2 的出现与性能提升，进一步验证了无监督学习的力量，即通过海量数据与大规模参数训练而成的 NLP 模型能够无须额外训练具备迁移到其他类别任务的能力。

3. 爆火"出圈"

2020 年，OpenAI 推出了 GPT-3，参数量达到了 1750 亿，GPT-3 删去微调步骤，直接输入自然文本作为指令，提升了 GPT 在阅读文本后可接续问题的能力以及任务主题的广泛性。而 2022 年 11 月推出的 GPT-3.5 版本接近人类语言反应能力，GPT-3.5 的主要杰作就是近期大火的 ChatGPT。它使用了微软 Azure AI 超级计算基础设施上的文本和代码数据进行训练，在训练参数上增加到 GPT-3 的 10 倍以上，延续了 OpenAI 对大规模数据的追求。此外，它颠覆性地使用大量人工标注数据与有人类反馈的强化学习，使得 ChatGPT 表现出出色的上下文对话能力甚至编程能力。

4. 步入多模态

2023 年 3 月 15 日，OpenAI 推出了 ChatGPT 4.0，这是一个使用前所未有的计算和数据规模进行训练的模型，参数量呈指数级增长，是目前为止功能最强大的模型。ChatGPT 4.0 在 GPT-3.5 的基础上支持了图像的输入，将语言到多模态的连通从可能变成了现实。引入多模态数据不

仅支持了各种"图像 - 语言"任务的完成，同时也利用图像数据提升了语言处理能力，使模型的性能提升不再仅依赖于大量的语言数据。

纵观 ChatGPT 系列的发展，我们可以看到 OpenAI 始终贯彻大规模数据与生成式预训练 Transformer 模型的技术路线，并且在追求更大规模的模型和更强大的能力的同时，也在不断探索新的训练方法和模型架构。由此，模型的规模和能力都在持续增长，对人类语言的理解和生成能力也在不断提升。

1.1.2 ChatGPT的特点

现在我们已经知道 ChatGPT 的发展脉络了，那么 ChatGPT 到底具备了哪些特点，才让大家如此热烈地追捧呢？

这里我们可以总结出 ChatGPT 的七大特点。

（1）对话交互。这是 ChatGPT 最显而易见的特点，它以对话方式进行交互，你问我答、有问必答。

（2）连续多轮互动。ChatGPT 可以根据上下文了解用户意图，并且能够记忆先前用户的对话信息，以回答某些假设性的问题，从而极大地提升了对话交互模式下的用户体验，完成多轮对话，真正像人类一样进行聊天交流。比如你可以先说"我喜欢吃巧克力"，然后再问"你能推荐一款吗？"ChatGPT 会记住你之前的对话，并给出推荐的巧克力，如下所示。

```
Question:
我喜欢吃巧克力。
Answer:
那真是太好了！巧克力是一种非常美味的甜点，它不仅口感丰富，而且还含有能够提振人的心情的化合物。
你有特别喜欢的巧克力品牌或者类型吗？比如黑巧克力、牛奶巧克力或者是带有坚果的巧克力？
Question:
你可以推荐一款给我吗？
Answer:
当然可以。如果你喜欢口感丰富且品质上乘的巧克力，我会推荐你试试Lindt的瑞士巧克力。Lindt是一家瑞士
的巧克力品牌，它的巧克力口感细腻、味道丰富，非常受欢迎。特别是它的Lindt Excellence系列，有多种可口的
口味，比如70%的黑巧克力、橙味黑巧克力，以及带有海盐、辣椒或者杏仁的巧克力，都是非常值得一试的。
当然，巧克力的口味因人而异，我建议您尝试多种口味，找到最适合你的那一款。
```

（3）多场景应用。ChatGPT 能够完成多种日常任务，是一个功能强大的贴心助手，无论你是需要写一封邮件、创作一个视频脚本还是设计一段广告文案，甚至进行语言翻译或编写代码，ChatGPT 都能帮你完成。

（4）问答系统。ChatGPT 是聊天机器人和问答系统的结合，还可以帮助我们完成一些问答的功能。你可以向它提各种问题，比如"第一次鸦片战争发生在哪一年"或者"$E=mc^2$是什么意思？"它都能给出相应的答案。

（5）承认无知和错误。ChatGPT 能够主动承认自身的无知和错误，并在用户指出错误后进行优化或者给出解决途径。比如：

```
User:
ChatGPT4用到了多少参数?
Answer:
截止到我最后一次更新（2021年9月），OpenAI发布的最新版本是GPT-3，它使用了1750亿个参数。GPT-4
尚未发布，因此我无法提供关于GPT-4的参数数量的信息。如果有新的版本发布，我建议您查阅OpenAI的官方文
档或者相关的科学论文来获取最新和最准确的信息。
```

（6）主动质疑不正确的问题。当遇到不正确的问题时，ChatGPT 能够指出问题的错误并调整输出结果，比如：

```
Question:
汉高祖刘邦出生于公元1996年。
Answer:
对不起，这个信息不准确。汉高祖刘邦实际上出生于公元前256年，他是中国历史上的一位重要人物，是西
汉的创始人。他在公元前202年建立了汉朝，这一朝代持续了四个世纪，对中国的历史产生了深远影响。公元
1996年是近代，距离刘邦的生活时期已经过去了两千多年。
```

（7）支持多模态。ChatGPT 4.0 可以支持"图像 – 语言"任务的完成，比如我们可以问
ChatGPT"请用图表展示和简单说明 ChatGPT 的版本迭代"，于是 ChatGPT 可以输出如图 1.1 所
示的示例。

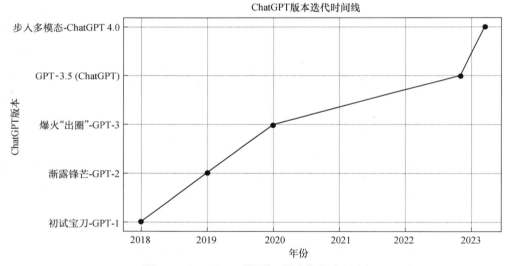

图1.1　ChatGPT"图像–语言"任务示例

当然，世界上不存在绝对完美的事物，ChatGPT 也是如此，这里我们也需要点出一些它的
缺陷，主要体现在如下几个方面。

（1）数据泄露。ChatGPT 是在大量的互联网文本上训练的，尽管它不会记住特定的数据
源或文档，但它可能会生成在训练数据中看到过的信息，从而使它生成一些不准确或误导性的

信息。

（2）生成能力的限制。虽然 ChatGPT 可以生成流畅且看似有意义的文本，但它并不真正理解它正在说什么，从而导致它可能会"一本正经地胡说八道"。

（3）可能会生成不适当的内容。尽管 OpenAI 已经采取了一些措施来防止 ChatGPT 生成不适当或冒犯性的内容，但它仍然有概率生成一些不适当的回答。

1.2　ChatGPT和数据分析

在 1.1 节，我们深入探讨了 ChatGPT 的概念和原理，了解了它如何学习、理解和生成人类语言。但是，这些只是理论上的知识，我们可能会好奇，ChatGPT 在实际数据分析应用中能做些什么？它的能力如何被转化为实际的价值？所以在接下来的一节中，我们将探讨 ChatGPT 在数据分析中的应用。

1.2.1　数据分析的基本概念

在讲解 ChatGPT 在数据分析的应用场景之前，我们有必要先梳理一遍数据分析的各种相关概念。

数据分析是用适当的统计分析方法对收集来的大量数据进行分析，将它们加以汇总和理解并消化，以求最大化地开发数据的功能和发挥数据的作用。数据分析的目的是把隐没在一大批看来杂乱无章的数据中的信息集中、萃取和提炼出来，以找出所研究对象的内在规律。

数据分析可以伴随企业经营或者产品运营的全过程，在企业或产品的"过去""现在"和"将来"三个时间维度上，数据分析都能发挥极大的作用。

对于"过去"，数据分析可以帮助企业回顾和理解历史数据，进行原因分析。比如，企业可以通过分析过去的销售数据，了解哪些产品或服务最受欢迎，哪些销售策略最有效，从而为未来的决策提供依据。对于"现在"，数据分析可以帮助企业实时监控业务运行状态，洞察业务整体运作情况，及时发现和解决问题。比如，企业可以通过实时分析生产数据，发现生产过程中的瓶颈或故障，及时进行调整，确保生产的顺利进行。对于"将来"，数据分析可以帮助企业预测未来的趋势，为公司制订业务目标，并提供有效的战略参考和决策依据提前做好准备。比如，企业可以通过分析历史数据和市场趋势，预测未来的销售情况，从而提前调整生产计划，避免库存积压或缺货的情况。无论是回顾过去、把握现在，还是预测未来，数据分析都是企业不可或缺的工具。

那么，数据分析的基本流程是怎样的呢？我们可以把数据分析的流程总结为如下六个步骤，如图 1.2 所示。

（1）定义问题和目标。在开始数据分析之前，我们需要问自己：为什么要进行数据分析？这次分析能解决什么问题？一旦目标明确，我们就可以开始规划分析策略、构建分析框架。我们需要将大目标分解为几个小目标，明确每个小目标需要从哪些角度进行分析，需要使用哪些指标。

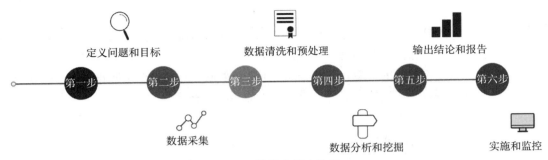

图1.2 数据分析全流程

（2）数据采集。在明确了问题和目标之后，我们需要采集相关的数据。数据分为两种：第一手数据为可直接获取的数据，第二手数据为加工整理后得到的数据。常用的数据来源包括自有数据库、公开数据集、互联网爬虫、调查问卷等。

（3）数据清洗和预处理。初步采集到的数据往往是"脏的"，也就是说，它们可能包含错误、缺失值、异常值等各种问题。在这个阶段，可能需要进行数据清洗、数据转换、数据提取和数据计算等一系列操作，从而使数据变得规整且可用。

（4）数据分析和挖掘。在数据处理完成后，我们可以使用适当的方法和工具对数据进行分析，提取有价值的信息，得出有效的结论。在这一步，我们既可以对数据进行探索性分析，了解数据的基本特性，也可以选择合适的模型对数据进行建模。需要特别注意的是，如果数据本身存在错误，那么即使我们使用最先进的分析方法，得到的结果也可能是错误的。

（5）输出结论和报告。数据分析报告是对整个数据分析过程的总结和呈现。通过报告，我们可以完整地展示数据分析的起因、过程、结果和建议，供相关人员参考。

（6）实施和监控。在报告完成之后，我们可以根据报告的建议或决策实施，并对实施结果进行监控和评估。

在数字化时代，数据分析将不仅仅是专业的数据从业者才被要求掌握的能力，它将越来越多地融入各个岗位，成为不可或缺的技能之一。

1.2.2 ChatGPT在数据分析中的应用场景

前文我们在讲解ChatGPT特点时提到过它可以在多个场景应用，包括但不限于写邮件、写文章甚至编写代码等，那么ChatGPT会如何赋能数据分析呢？

实际上，当ChatGPT在搭配上各种实用插件后，其功能之强大让人赞叹，几乎可以在数据分析的各个流程、各个环节中都起到极大的辅助乃至主力作用。对照前文的数据分析流程，ChatGPT数据分析全流程应用如图1.3所示。

在明确分析目的和确定思路阶段，ChatGPT可以帮助数据分析师定义问题和设计分析方案。例如，你可以向ChatGPT描述你的业务问题，然后它可以帮助你将这个问题转化为一个或多个具体的数据分析任务，并给出你一些思路去尝试。

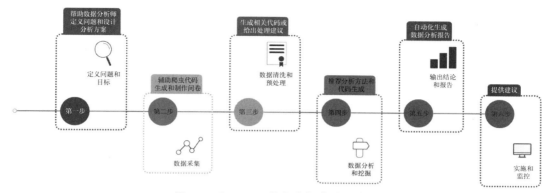

图1.3　ChatGPT数据分析全流程应用

在数据采集阶段，ChatGPT 一方面可以辅助编写代码制作爬虫采集数据，另一方面可以通过一些插件去制作问卷，从而辅助数据的收集。此外，如果你向 ChatGPT 描述你的数据需求，那么它可以给你提供一些可能的数据源或者数据收集方法。

在数据清洗和预处理阶段，ChatGPT 可以生成数据清洗和预处理的代码，帮助你更高效地处理数据，当前一些智能化的插件甚至可以主动地帮助你指出需要处理的问题并生成相应代码。

在数据分析和挖掘阶段，ChatGPT 可以帮助你选择合适的数据分析方法和算法模型，并生成相应的代码。例如，你可以向 ChatGPT 描述你的分析目标，然后它可以推荐一些可能的分析方法，生成相应的代码，并且可以生成可视化图表。

在输出结论和报告阶段，ChatGPT 可以自动化生成数据分析报告。例如，你可以将你的数据分析结果或者数据集输入 ChatGPT 中，然后让它自动生成一份详细的数据分析报告。

总而言之，ChatGPT 可以作为数据从业者或者有数据需求的人员的强大助手，帮助他们更高效、更快捷地完成数据分析的各个阶段的工作。

第 2 章

ChatGPT 使用方法

在揭开 ChatGPT 的神秘面纱后，我们已经了解了它的基础概念和背后的基本原理。现在，我们将进入更为实用的领域，探索如何将这个强大的工具应用到我们的日常生活和工作中。就像我们学习新的工具或技能一样，理解其背后的原理是第一步，但真正的掌握来自实际的使用和实践。

2.1 基础用法：从注册账号到谈笑风生

本节首先讲述如何注册和登录 ChatGPT，再介绍一些基本的使用方法和注意事项，为后续讲解提示工程打下基础。

2.1.1 注册和登录ChatGPT

1. 注册 OpenAI 账户

要使用 ChatGPT，首先需要注册一个 OpenAI 账户，账号可以在 OpenAI 官网进行免费注册：chat.openai.com/，图 2.1 所示为 OpenAI 官网。

单击右上角的"Sign up"，可以进入账号注册页面，你可以使用 Google 或 Microsoft 账户在注册页面上登录，若已有注册好的 OpenAI 账号，则可单击"Log in"直接登录账号。图 2.2 所示为注册页面，先在 Email address 框内输入你的邮箱地址，单击"Continue"，再在 Password 框中

图2.1　OpenAI官网

填入你的密码，完成后再次单击"Continue"。

2. 电子邮箱验证和个人信息填写

在注册页面填写完邮箱并设置好密码后，OpenAI 会发送一封确认邮件到你的邮箱里，如图 2.3 所示，单击"Verify email address"打开确认电子邮箱的链接，后续需要你提供你的姓名、组织（可选）。

3. 手机号码验证

填写完个人信息后，就会进入电话号码验证环节（OpenAI 不支持中国号码验证），输入手机号码，单击"Send code"，接收验证码后，将验证码填入框内即可，如图 2.4 所示。

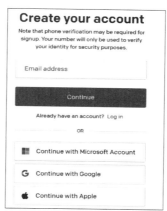

图2.2　OpenAI账号注册页面

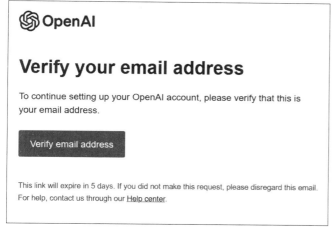

图2.3　确认邮件

图2.4　手机号码验证

若我们缺少海外号码，则一方面我们可以使用其他 AI 工具，这些工具我们将在本小节的末尾做集中展示；另一方面可以通过朋友或者接码平台等工具接收验证码，相关使用方法大家可以在搜索引擎中自行了解。

4. 登录 ChatGPT

手机号码验证成功后，即完成注册，此时可通过单击步骤 1 中提及的官网右上角的"Login"，填入邮箱和密码，弹出的模块选择页面如图 2.5 所示，我们选择最左侧的 ChatGPT，即可进入首页，如图 2.6 所示。

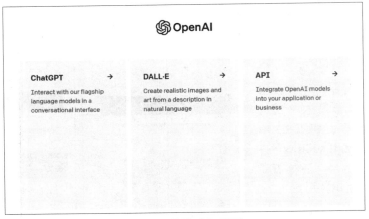

图2.5　模块选择页面

图2.6　ChatGPT首页

　　若我们由于网络波动或无法接收验证码等问题无法通过 OpenAI 官网登录 ChatGPT，可以考虑使用如表 2.1 所示的各种方法获取 ChatGPT 服务或者近似的 AI 工具。

表 2.1　部分获取 ChatGPT 服务或者近似 AI 工具渠道

渠道	名称
微信公众号	AI 智能问答探索与应用
微信公众号	问心智能 AI
微信公众号	聊叭 CHAT BEEP
微信小程序	ChatG 小工具
微信小程序	微魔方 Chat AI 助手

续表

渠道	名称
微信小程序	Chat 中文
https://yiyan.baidu.com/	文心一言
https://qianwen.aliyun.com/	通义千问

2.1.2 ChatGPT对话初体验

在和ChatGPT正式对话前，需要先了解ChatGPT页面上的各个按钮和选项的具体含义，我们可以大致将页面上的各个模块划分为输入区、输出区、设置区、历史区、版本控制区。

1. 输入区

ChatGPT输入区在首页的正下方，如图2.7所示，该区域文本框是用户可以输入问题或者指令的地方，ChatGPT会根据这些输入生成回应，当问题或指令输入完成后，单击文本框右侧的箭头即可发送输入给ChatGPT。

图2.7　ChatGPT输入区

2. 输出区

当你向ChatGPT进行提问后，输出区会出现在输入区正上方。该区域是显示ChatGPT回应的地方，它通常会显示一连串对话记录，包括用户的输入和ChatGPT的回应。ChatGPT回应右侧——图2.8中红色方框圈出的位置的三个按钮的含义依次为复制ChatGPT回答、点赞ChatGPT回答、踩ChatGPT回答。如果你觉得ChatGPT的回答是有用的、准确的或者有深度的，可以给这个回答点赞，这样的反馈可以帮助OpenAI了解哪些回答是有效的，哪些方式的回答更能满足用户的需求；相反，如果你觉得ChatGPT的回答不靠谱，可以给这个回答踩，从而反馈给OpenAI了解哪些回答是不准确的，或者在哪些方面需要改进。

3. 设置区

点开设置区后，三个部分从上到下依次代表Plus续费计划、设置和退出登录，如图2.9所示。

其中Settings & Beta是该区域中最重要的部分，它主要涉及外观设置、实验性新功能和数据控制三部分。外观设置允许用户选择不同风格的主题或清除和ChatGPT的聊天记录；实验性新功能主要包括第三方插件的开启和 Interpreter 功能的开启，这些功能将会在后续章节中统一介绍；数据控制部分则主要包括数据导出、分享你和 ChatGPT 对话等功能。

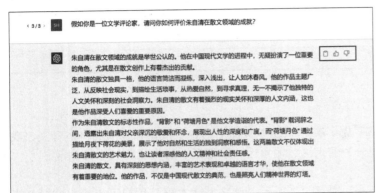

图2.8　ChatGPT输出区

图2.9　ChatGPT设置区

4. 历史区

历史区在首页左侧部分，主要展示你和 ChatGPT 此前的一系列聊天，可以在这里查看你曾经提出的问题和 ChatGPT 的回答。

5. 版本控制区

版本控制区在输出区正上方，主要是方便用户切换使用 3.5 版本和 4.0 版本，同时若用户选择 Plus 版本，还可以进一步选择是否使用插件功能或使用 Interpreter。

总的来说，ChatGPT 用户界面简单清晰、功能区域简要明了，非常容易上手，ChatGPT 具有出色的能力来生成对提示的响应，并成为从撰写论文到为你概括一本书内容的重要辅助工具。此外，它还能编写和修复代码，进行计算，帮助你编写简历、翻译信息等。以下是一些简单的示例提示，你可以从这些开始尝试。

（1）请解释一下什么是历史地理学。

（2）请用海子的风格写一首关于失眠的诗。

（3）请为我概括一下《海边的卡夫卡》这本书的主要内容。

（4）请为我的孩子写一张因为感冒需要休息的请假条。

当然，以上的提示只是入门级别的，当我们学习过提示工程相关内容后，我们将会更好、更有效地进行提问。

2.1.3　识别和处理ChatGPT的错误输出

在 2.1.2 节我们探讨了如何有效使用 ChatGPT 以及在使用过程中需要注意的事项，我们现在将转向另一个重要的主题：如何处理 ChatGPT 的错误输出。任何技术工具在使用中总归是不完美的，ChatGPT 也一样，有时可能会产生错误或不符合预期的结果。因此我们要学会识别出 ChatGPT 的回答正确与否以及如何处理这些错误输出以得到准确的回答。

1. 识别错误

关于 ChatGPT 会输出错误信息的判断，我们可以先问问当事人自己的看法：

> User:
> 如何识别ChatGPT输出的内容是否有错误?
>
> ChatGPT:
> 识别ChatGPT输出内容是否有误，主要依赖于以下几个方面：
> 1.事实性错误：如果ChatGPT提供的信息与已知的事实不符，那么这就是一个错误。例如，如果ChatGPT声称巴黎是英国的首都，那就是一个明显的事实错误。在这种情况下，你可以通过查阅可靠的参考资料来验证信息的准确性。
> 2.逻辑错误：如果ChatGPT的回答在逻辑上不合理或自相矛盾，那么这也可能是一个错误。例如，如果ChatGPT在同一段对话中先后声称同一件事情既是真又是假，那么这就是一个逻辑错误。
> 3.语言错误：如果ChatGPT的回答包含语法错误、拼写错误或不合语境的词语，那么这也是一个错误。虽然ChatGPT通常能够生成语法正确、拼写准确的文本，但它偶尔也会犯这类错误。
> 4.理解错误：如果ChatGPT的回答表明它误解了你的问题或指示，那么这也是一个错误。
> 5.不适当的内容：如果ChatGPT的回答包含冒犯性的语言、不适当的内容或违反社区准则的信息，那么这也是一个错误。ChatGPT被设计为尽可能地避免这类错误，但在某些情况下，它可能仍然会犯这类错误。
> 请注意，虽然以上方法可以帮助你识别ChatGPT的错误，但并不是所有的错误都能被轻易发现。有时，错误可能隐藏在看似合理的回答中，或者仅仅是因为ChatGPT的回答没有充分考虑到所有相关的信息和上下文。在使用ChatGPT时，始终保持批判性思考是非常重要的。

可以看到当事人对可能出错这件事供认不讳，并且给出了可能犯的错误类型和判断标准，在 ChatGPT 给出的回答基础之上，我们给出一些更实用的方法来进行判断。

（1）连续追问：如果 ChatGPT 前后给出的答案之间存在无法互相印证甚至直接否定了之前的答案，那么我们就要判断一下前后的答案哪个说法可能更准确了；比如：

问题 1：木星是太阳系中最大的天体吗？

ChatGPT 回答 1：是的，木星是太阳系中最大的天体。

问题 2：太阳与木星相比，哪个更大？

ChatGPT 回答 2：与木星相比，太阳比它更大。

这个时候，我们就需要通过业务经验、搜索引擎或其他相关知识判断哪个说法是正确的了。

（2）直接调试：如果我们给 ChatGPT 的任务是生成一段代码等可以直接运行其输出结果的，那不妨直接将结果拿去运行，看看是否报错或者是否能满足我们的需求。比如：

ChatGPT 生成了如下代码：

```
data = array([1, 2, 3, 4, 5])
    print(data)
```

当我们在本地直接运行调试时会发现没有导入 numpy 库，由此导致报错。

（3）结合情境和经验判断：对于回答的评判标准有时候可能要根据具体情境决定。比如：

你要求 ChatGPT 为你写一封给老板的关于品牌运营的邮件，那你需要判断回答是否使用了合适的语气以及是否符合品牌的准则等。

2. 处理错误

识别错误说到底还是为了更好地处理错误，在这一部分我们会简单地了解一些处理 ChatGPT 错误的大方向和基本方法。

（1）重新表述问题。这就像你在与人交谈时，如果对方没有理解你的问题，你可能会以不同的方式重新表述你的问题。例如，如果你问 ChatGPT "谁是第一位登月的人？"，而它给出了错误的答案，你可以尝试以不同的方式提问，比如 "哪位宇航员是第一个踏上月球的人？"。这样做可以帮助 ChatGPT 更好地理解你的问题，并给出正确的答案。

至于如何更加结构化、更加有效地进行表述，我们会在 2.2 节的提示工程给出详细的方法和案例。

（2）提供更多的上下文。有时 ChatGPT 可能会因为缺乏足够的上下文信息而给出错误的答案。这就像你在与人交谈时，如果对方没有足够的背景信息，他们可能无法理解你的问题或给出正确的答案。在这种情况下，你可以尝试提供更多的上下文信息。例如，如果你问 "他是谁？"，而 ChatGPT 无法回答，那么你可以提供更多的上下文，如 "在《哈利·波特》系列中，'他'通常指的是谁？"。

（3）把需求描述得更准确。如果 ChatGPT 的答案不符合你的需求，你可以尝试更明确地表达你的需求。比如你让 ChatGPT 写一个故事，但它写的故事不是你想要的类型，你可以尝试更明确地指定你想要的故事类型，如 "写一个关于海盗的冒险故事"。

（4）上报问题。如果 ChatGPT 持续给出错误的答案或表现出不适当的行为，你应该报告这些问题给 OpenAI。这就像我们在使用 App 时发现了问题，那我们可以选择反馈 Bug 或者在 App 内进行问题反馈。这不仅可以帮助我们解决问题，也可以帮助 OpenAI 改进其产品。

2.2　ChatGPT提示工程：prompt的艺术

"提示"（prompt）这个词汇背后隐藏着 AI（人工智能）界的一个巨大秘密，提示不仅仅是一个指令或请求，它更是与机器交流的艺术，是使其释放巨大潜力的钥匙。在这一节中，我们将深入挖掘 "提示" 的魔法，学习如何巧妙地与 ChatGPT 互动，以及如何最大限度地利用其知识和能力。从提示的基础概念到技巧，让我们一起探索如何与机器建立更深入的对话。

2.2.1　提示工程的概念

在当前市面上，无论是 OpenAI 的 ChatGPT 还是其他 AI 聊天机器人，其核心都是基于大模型的理念。它们通过无监督预训练学习，吸收了海量的数据，最终形成了上知天文、下知地理的通才型 AI，这种 AI 会根据我们的输入，预测并输出下一个语义单元，也就是预测接下来的内容会是什么。

然而值得注意的是，输入问题的差异可能会导致输出结果的质量大不相同。如果你直接让 ChatGPT 去设计数据分析师模拟面试，得到的结果并不理想。比如：

User:
请你设计数据分析师模拟面试。

ChatGPT:
当然可以。以下是一个模拟的数据分析师面试。
面试官：你好，欢迎参加这次面试。首先请自我介绍一下。
候选人：（自我介绍）
面试官：谢谢你的介绍。我注意到你的简历上提到了一些你过去的数据分析项目。能否挑选一个你最有成就感的项目，详细告诉我一下？
候选人：（回答）
面试官：很好。你可以讲讲你在这个项目中是如何处理和分析数据的吗？包括你使用的工具、你对数据的理解，以及你如何从这些数据中提取出有用的信息。
候选人：（回答）
面试官：你有经验使用python和R语言进行数据分析吗？你更偏向于使用哪一种，为什么？
候选人：（回答）
……
以上就是一个模拟的数据分析师面试流程。它涵盖了自我介绍，过去项目经验，数据处理和分析能力，编程语言偏好，数据清洗技巧，数据可视化工具和技术，以及面对与预期不符的数据情况的处理方式等等。希望这个可以帮助你准备数据分析师的面试。

　　ChatGPT 输出的这些内容当然可以作为我们准备数据分析师面试题的参考资料，但是存在几个问题：缺少交互，也缺少面试评价等，针对这些问题，我们可以这样修改：

User:
请你扮演数据分析师的面试官，而我是要应征数据分析师的面试者，请你对我模拟面试。
请注意，你需要遵守以下规则：
1.你只能问我有关职位的面试。
2.你不需要写多余的解释。
3.你需要像面试官一样等我回答问题，再提问下一个问题。
4.待面试结束后，请给出面试评价。
ChatGPT:
很好，让我们开始。您好，我很高兴今天能与您面谈。我会依照规则进行面试。
请您做一下自我介绍，并且详述一下您的教育和工作经历。
User:
尊敬的面试官您好，我是×××，硕士毕业于××大学，曾在××、××××等公司担任资深数据分析师职务，有8年数据分析从业经验，主要负责用户增长相关分析。
ChatGPT:
非常感谢您的介绍。接下来的问题是，您在过去的工作或项目中，哪一个最能展示您的数据分析能力？您在这个项目中具体做了什么？
User:
在××项目中，我作为分析师和项目经理，通过××工具使用××方法和××方法，将××关键指标提升了10个百分点；同时协调上下游资源，合理推动项目进展。
ChatGPT:
听起来您在该项目中的表现非常出色。下一个问题是，您熟悉哪些数据分析工具和编程语言？
……
ChatGPT:
面试结束后的评价：您的专业知识非常深厚，无论是对数据分析的理论知识还是实际应用的理解都非常深入。您的经验丰富，解决问题的思路清晰，能够快速找到问题的关键，对数据有深入的理解和敏锐的洞察力。同时，您对大数据工具和编程语言也有很强的掌握能力。我认为您非常适合我们的数据分析师职位。如果有任何进一步的问题或需要更多信息，请随时联系我们。期待与您的进一步合作。

在我们修改的提问中，我们就使用了提示词的相关方法。

对于大模型来说，提出一个好的问题就像是打开了通向知识宝库的钥匙。只有精准地提问，才能引导模型给出我们想要的答案。对于 ChatGPT 而言，提问的艺术就是获取优质结果的关键，而提问艺术的集中体现，就是提示工程。

提示工程是一系列围绕 ChatGPT 输入提示的设计、测试和优化活动，旨在通过精确、创造性的输入，引导模型产生高质量、相关的输出，并根据反馈进行迭代优化。其步骤主要包括三部分：确定输入提示、处理模型输出和根据反馈优化提示。

（1）确定输入提示。模型的输入或提示是进行提示工程的初始步骤，它们通常是问题、命令或场景描述。通过精确和有针对性的提示，引导模型产生期望的思考和输出。

（2）处理模型输出。处理模型输出涵盖了输出的解析、格式化以及进一步的处理和转化。模型输出的文本可能需要进一步转化为图表或图像，以便更直观、易理解。

（3）根据反馈优化提示。这一阶段关注的是根据用户反馈或模型输出结果的反馈对输入提示进行迭代和优化。通过不断的优化和调整，模型的输出更精确、更符合预期。

提示工程的目标是最大化 ChatGPT 的性能和效用。通过精心设计和优化提示，我们可以引导模型生成更高质量的输出，更好地满足用户的需求。需要注意的是，提示工程并不是一次性的过程，而是一个持续的迭代过程。随着模型的更新和优化，以及用户需求的变化，我们需要不断地进行提示工程，以保持模型的最佳性能。

2.2.2　提示的设计

通过 2.2.1 节的内容，我们知道优质的提示词对于引导 ChatGPT 生成高质量的输出至关重要。因此在设计提示词前我们得先明白一个问题：什么样的提示词可以被称为优质提示词？提示词的"优质"主要应当体现在如下方面。

（1）明确性。提示词应该清晰明确，这样模型能够理解其含义并产生相应的输出，如果提示词出现模糊不清或含糊其词的表达，那 ChatGPT 有时便会输出让我们哭笑不得的回答。

（2）完整性。提示词应该是完整的句子或问题，并且能提供足够的上下文信息，帮助模型理解预期的响应类型。如果你只是给出一个词"天气"，ChatGPT 可能不清楚你想要知道的是当前的天气、天气预报，还是关于天气的一般信息。相反，如果你问"2022 年 5 月上海的天气整体如何？"这个提示就提供了更多的上下文。

（3）简洁性。虽然提示词需要提供足够的上下文，但也应该尽可能简洁。过于冗长或复杂的提示词可能会使模型混淆，从而影响其输出的质量。如果你的提示词是一个长篇的段落，模型可能会在处理这么多信息时产生困难。

（4）通用性。在同类任务上，更换主体词后，同样可以得到优质的结果。如此一来，这个提示词就可以作为模板存起来，在想要生成类似内容时，改变主题和要求就可以快速地复用。

（5）中立性。因为 ChatGPT 的输出通常会反映提示词的语气和观点，所以提示词应该尽可能地中立，避免引入任何偏见或主观观点，除非你是带着预期向 ChatGPT 进行提问的（不建议这样做！）。

根据这些优质提示词的要求，我们可以设计图 2.10 所示的提示词的书写结构。

图2.10 提示词设计结构

提示词设计结构 = 指定扮演角色 + 描述任务或需求 + 限定范围或主题 + 指定关键要求。

简单地说，就是告诉 ChatGPT "你是谁" "你需要做什么" "你要在什么条件下做" "你在做的过程中要注意什么" 这样的思路来设计我们的提示词。

（1）指定扮演角色。指定扮演角色有助于为 ChatGPT 提供更明确的上下文和指引，从而使其更容易理解我们的问题和需求。AI 模型，尤其是像 ChatGPT 这样的大型预训练模型是拥有广泛的知识和信息的。但是，它们通常没有固定的身份或角色。当我们给予模型一个特定的身份，我们实际上是在为它设定一个 "框架" 或上下文，让它能够更有针对性地提供回答。所以当我们以特定角色来提问时，ChatGPT 会根据这个角色的知识和经验来回答问题，从而生成更专业、更具针对性的回答。

（2）描述任务或需求。在提示词中清楚地指明我们希望生成的文本的目标或任务，如描述、解释、比较、总结等。模型的功能非常广泛，从简单的数据查询到复杂的数据分析，它都可以做。明确地给出 ChatGPT 指示可以确保我们得到所需的答案，而不是与之相关但不完全符合要求的信息。比如 "列出" 可能会让模型提供一个项目列表，而 "解释" 则会让模型提供更详细的描述或定义。

（3）限定范围或主题。在提示词中指定特定的主题、领域或背景，以便模型生成与之相关的内容。模型的知识库非常大，但是如果没有具体的方向，它可能会在各种相关的主题之间跳来跳去。通过限定范围或主题，我们可以确保答案集中在我们真正关心的领域。比如当询问关于 "太阳" 的信息时，明确指出我们想了解 "太阳的组成" 可以帮助模型专注于太阳的成分，而不是它在太阳系中的位置或与其他星体的关系。

（4）指定关键要求。这里的关键要求是多方面的，主要包括三个方面：特定的文本格式或结构要求，特定的语气或风格，关键的信息或要素。

① 特定的文本格式或结构要求：文本的格式或结构在传达信息时起着关键作用，正确的格

式可以使信息更易于理解和消化，从而让我们的需求更直接地被满足。如果我们希望得到一个问题的答案，并希望答案按照"定义－原因－结果"这样的结构，那么我们可以提出："请按照定义、原因和结果的顺序解释（某事）。"这样，模型的回答将按照这一结构进行，从而使得答案更加条理清晰。

② 特定的语气或风格：不同的语境和目标群体可能需要不同的语气或风格。如果我们想为孩子编写一个故事，我们可以给出提示："请以童话故事的语气描述（某事）。"这样 ChatGPT 就会使用轻松、有趣和适合孩子的语言来描述指定的对象。

③ 关键的信息或要素：在某些情况下，我们可能只对某些信息感兴趣，或者有特定的信息要求，因此确保提供的答案中包含这些关键信息或要素。比如我们可以给出提示："请描述（某公司）的财务状况，特别是其流动资产和长期债务。"这样一来，尽管答案可能包含该公司的其他财务信息，但流动资产和长期债务必须被明确地包括在内。

现在，我们回到 2.2.1 节给出的关于数据分析师模拟面试的例子，我们对原先的提示进行优化。

> 请你设计数据分析师模拟面试。

① 我们在提示词中加入指定扮演的角色："扮演数据分析师的面试官"；
② 我们更详细地描述任务或需求："我是面试者，请你对我模拟面试"；
③ 我们限定范围或主题为"数据分析"；
④ 我们指定关键要求："请注意，你需要遵守以下规则……"
由此得到我们优化后的提示词：

> User:
> 请你扮演数据分析师的面试官，而我是要应征数据分析师的面试者，请你对我模拟面试。
> 请注意，你需要遵守以下规则：
> 1. 你只能问我有关职位的面试。
> 2. 你不需要写多余的解释。
> 3. 你需要像面试官一样等我回答问题，再提问下一个问题。
> 4. 待面试结束后，请给出面试评价。

在我们优化后的提示中，"请你扮演数据分析师的面试官"即为指定扮演角色；"我是要应征数据分析师的面试者"即为限定范围或主题；"请你对我模拟面试"即为描述任务或需求；"请注意，你需要遵守以下规则"及其之后的内容即为指定关键要求。

当然，在实践中我们要具体问题具体分析，具体的提示词构建需要根据具体的文本生成任务和上下文来灵活调整，以最佳地满足我们的需求。

2.2.3 提示的优化技巧

在 2.2.2 节，我们深入探讨了 ChatGPT 的提示词设计结构，了解了如何通过指定角色、明确任务、限定主题范围以及提出关键要求来形成高效的提示词。这样的结构化设计可以提高

ChatGPT 的交互质量。但是，仅仅知道如何构建这些提示词还不够。

为了真正发挥 ChatGPT 的潜力，我们还需要掌握一些优化技巧，有时候这些技巧可以起到四两拨千斤的效果。这里我们给出最常用的六种技巧，供大家作为工具手册进行回顾。

1. 分步骤引导

为了获得更具结构性的答案，我们可以尝试使用分步骤的方式引导 ChatGPT。通过将问题分解为多个步骤，可以帮助 AI 更深入地了解你的需求。

例如，如果我们需要一个数据分析项目的策划方案，可以将 prompt 分为以下几个步骤。

（1）理解数据的来源和特点。

（2）明确数据分析的主要目的。

（3）选择最合适的数据处理和分析技术。

（4）评估分析结果的准确性和可靠性。

通过这些步骤，我们可以确保 ChatGPT 给出的内容更加具体、翔实，而不是简单的"请帮我策划一个数据分析项目的策划方案"。

因此采用分步骤引导，有助于生成具有结构性的答案；相反，若过于简单，可能导致输出的答案缺乏结构。

2. 巧用符号

这里我们给出符号的使用方法，如表 2.2 所示。

表 2.2　编写提示词中符号使用方法

符号	作用	示例
"" 或 "	明确指示用引号	请描述"臭氧空洞"的影响
*	强调重点用星号	告诉我关于 光合作用 * 的基本过程
_	请求填充用下画线	太阳是一个 _
()	提供上下文或用圆括号	请描述太阳 (一个恒星) 的构造
""" 或 '''	多行文本或段落用三引号	""" 当我们需要模型生成多段或多行的文本时，可以使用三引号 """
``` ` ```	代码或格式文本用三反引号	使用三反引号 (即 ``` ``` ```) 可以指示 ChatGPT 生成代码或需要保持特定格式的文本。例如：编写一个 python 函数来计算两数之和
---	创建分隔用三破折号	当我们需要模型在输出中创建明确的部分或分隔，尤其是请求多部分答案时，可以使用三破折号 (即 ---)
<>	特殊标记或注释	<title> 请为我的文章创建一个标题 </title>
[]	列表或数组	列出以下水果的营养价值：[苹果 , 橙子 , 香蕉]

3. 利用示例和类比

在设计提示时，使用示例和类比可以帮助 ChatGPT 更好地理解我们的需求。

（1）示例可以提供一个具体的情境，使抽象或不明确的指令变得清晰起来。对于模型来说，这可以作为一个参考，从而更准确地捕捉到我们的意图。比如当我们觉得自己的问题不够明确

时，可以提供一个相关示例为模型提供更多上下文。

（2）类比可以将复杂的信息与已知的信息进行比较，等于提供了一个框架给 ChatGPT，使其更容易地将新的概念与其已有的知识相匹配。

4. 用"继续"不断输出

在 ChatGPT 上一个回答中断后，直接输入"继续"命令，ChatGPT 就能延续上文内容输出回答。这是使回答变得优质的最有效也最简单的办法之一。

5. 调整提示中要求的复杂度

如果我们希望获得更深入的答案，可以尝试提高提示词中要求的复杂度。相反，如果我们只需要简单地回答，可以尝试降低提示词中要求的复杂度。这个办法其实就是在提示词中加入"详细地""完整地"或者"简略地"等修饰词来控制输出结果。

假设我们需要关于某个话题的简要概述，则提示词可以是："请简要介绍大数据分析的概念、应用和趋势。"如果我们需要更详细的回答，可以将提示词修改为："请详细讨论大数据分析的概念、关键技术、应用案例和未来发展趋势。"

6. 用英文提问

ChatGPT 是在大量的英文数据上进行了训练，因此，它更广泛地接触到英文内容，对英语的理解更加深入。同时，由于可用来源的多样性，英文训练数据中嵌入的细微差别和上下文可能更为丰富。这可能导致模型提供更准确和符合上下文的回应。在技术、科学和学术领域，许多技术和专业术语主要是用英文讨论的。因此，当讨论专业话题时，英文提问可能会得到更准确和详细的答案。

通过恰当的提示和技巧，我们能够更加有效地与 ChatGPT 交互，从而获得更精准、更有深度的答案。

2.3 实用ChatGPT应用

在 2.1 节和 2.2 节中，我们学习了 ChatGPT 的基本使用和提示的设计与技巧，在本节，我们将探讨 ChatGPT 为我们带来的一些非常实用的应用，它不仅可以辅助我们编程，还可以帮助我们生成各种文本内容。

2.3.1 python简介、下载安装和环境配置

在正式进入 ChatGPT 辅助编程的内容前，我们需要先学习python的基本知识和环境配置的预备知识。

python 是一种解释型、面向对象、动态数据类型的高级程序设计语言，被广泛用于 Web 开发、数据分析、人工智能、自动化、科学计算等领域。它的简单易读的语法和强大的标准库使其成为许多公司和研究机构的首选语言。python 还有一个庞大的社区，提供了大量的第三方库和框架，可以帮助开发者快速实现各种功能。

当然 python 也有它的缺点，最主要的问题就是它的运行速度相对较慢。与 C 语言相比，python 作为解释型语言在执行时会逐行转换为机器码，这一过程耗时，导致运行速度不及 C 语言。

下面我们来学习 python 的下载安装，不同系统上安装 python 的方法不尽相同。

1. Window 系统安装 python

（1）打开浏览器访问 https://www.python.org/downloads/windows/，如图 2.11 所示。

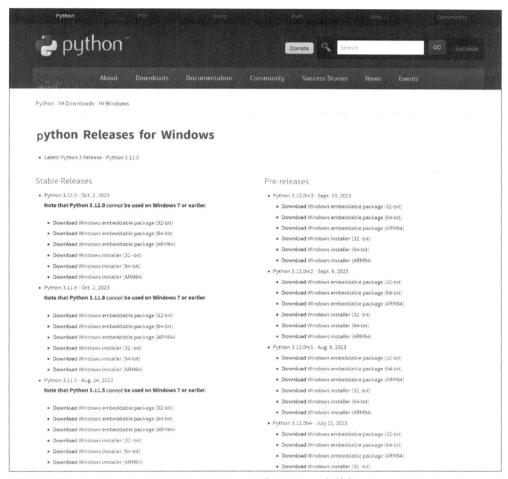

图2.11　Window系统下python安装包

（2）在下载列表中选择 Windows 平台安装包，根据电脑位数选择 32 位或 64 位，如 Download Windows installer (64-bit)，如图 2.12 所示。

下载后的包格式为：python-3.10.3-amd64.exe 文件，-3.10.3 为我们要安装的版本号，-amd64 为我们系统的版本。

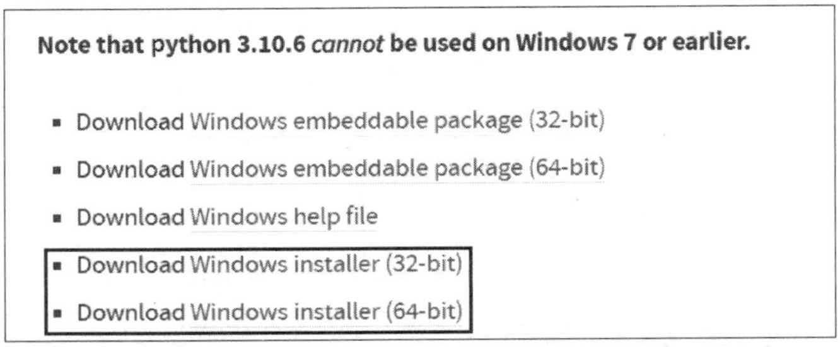

Note that python 3.10.6 *cannot* be used on Windows 7 or earlier.

- Download Windows embeddable package (32-bit)
- Download Windows embeddable package (64-bit)
- Download Windows help file
- Download Windows installer (32-bit)
- Download Windows installer (64-bit)

图2.12　Windows平台python32位和64位安装包

（3）下载后，双击下载包，进入 python 安装向导，安装非常简单，我们只需要使用默认的设置一直单击"下一步"直到安装完成即可。

2. Unix & Linux 平台安装 python

打开 Web 浏览器访问 https://www.python.org/downloads/source/，选择适用于 Unix/Linux 的源码压缩包，下载及解压压缩包。以 3.10.5 版本为例，即下载如图 2.13 所示的内容。

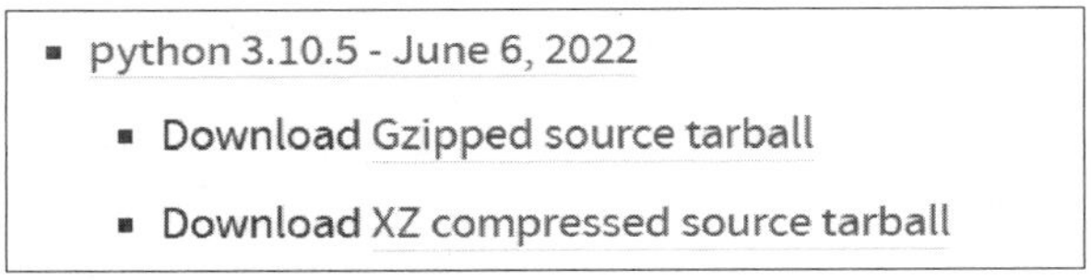

- python 3.10.5 - June 6, 2022
  - Download Gzipped source tarball
  - Download XZ compressed source tarball

图2.13　python 3.10.5版本下载

实际上，python 作为 Linux 系统的一个依赖，很多 Linux 系统都会默认安装 python 环境（甚至误删 python 环境会导致系统崩溃），在很长一段时间，很多 Linux 系统都默认安装了 python2，但随着 python2 停止维护结束了它的使命，大多数 Linux 系统已经更新到了 python3 版本，如果对 python3 的小版本没有特殊要求的话，最新的 Linux 系统基本可以做到不需要安装即可使用 python 环境。

3. MAC 平台安装 python

MAC 系统一般都自带 python2.× 版本的环境，我们也可以访问 https://www.python.org/downloads/mac-osx/ 下载最新版安装。

最后，我们来看 python 环境变量的配置。

程序和可执行文件可以在许多目录，而这些路径很可能不在操作系统提供可执行文件的搜索路径中。Path（路径）存储在环境变量中，这是由操作系统维护的一个命名的字符串。这些变量包含可用的命令行解释器和其他程序的信息。

Unix 或 Windows 中路径变量为 PATH（UNIX 区分大小写，Windows 不区分大小写）。在 Mac OS 中，安装程序过程中改变 python 的安装路径。如果你需要在其他目录引用 python，你必须在 Path 中添加 python 目录。

（1）在 Unix/Linux 设置环境变量。

① 在 csh shell 输入 setenv PATH "$PATH:/user/local/bin/python" 后按 Enter 键。

② 在 bash shell(Linux) 输入 export PATH="$PATH:/user/local/bin/python" 后按 Enter 键。

③ 在 sh 或者 ksh shell 输入 PATH="$PATH:/user/local/bin/python"，按 Enter 键。

注意：/user/local/bin/python 是指 python 的安装目录。

（2）在 Windows 设置环境变量。

如果我们在 python 安装的时候勾选自动添加 python 到 Path 路径可以免去配置环境这个过程，这里介绍的是当在命令提示符中输入 python 显示指令不存在的情况下需要进行的操作。

在命令提示符中 (cmd) 输入 path=%path%;C:\python，按 Enter 键。

也可以通过以下方式设置：

（1）右击"计算机"，然后单击"属性"；

（2）单击"高级系统设置"；

（3）选择"系统变量"窗口下面的"Path"，双击即可；

（4）在"Path"行，添加 python 安装路径即可（D:\python32），路径直接用分号";"隔开。

（5）设置成功以后，在 cmd 命令行输入命令"python"，就可以有相关显示。

环境变量配置步骤示意如图 2.14 所示。

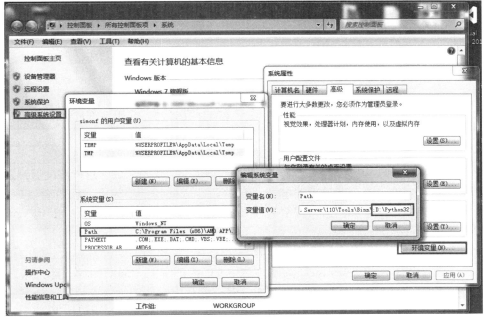

图2.14　环境变量配置步骤示意

下面我们来介绍集成开发环境（Integrated Development Environment，IDE）：Jupyter Notebook。Jupyter Notebook 是一个开源的 Web 应用程序，允许用户创建和共享包含代码、方程式、可视化和文本的文档。它的用途包括数据清理和转换、数值模拟、统计建模、数据可视化、机器学习等。

下载方法 1：

建议使用 Anaconda 发行版安装 python 和 Jupyter，其中包括 python、Jupyter Notebook 和其他常用的科学计算和数据科学软件包。

首先，下载 Anaconda。在 https://www.anaconda.com/download/ 下载 Anaconda 的最新 python 3 版本。其次，请按照下载页面上的说明安装下载的 Anaconda 版本。

下载方法 2：

通过 pip 命令安装：

```
pip install jupyter
```

后续本书将主要使用 Jupyter Notebook 进行代码演示。

2.3.2　ChatGPT辅助编程

在数字时代的腾飞下，编程已经成为我们工作、生活的一部分。无论你是一位资深的开发者，还是只是对编程产生了浅显的兴趣，你都可能会遇到某些问题或困境。此时，想象一下，如果有一个智能助手随时为你提供指导、解答疑问，甚至帮助你完成复杂的代码设计，那会是多么方便。

这不再是遥不可及的梦想。ChatGPT 不仅可以与我们进行深入的对话，还可以在编程方面为我们提供专业的建议和解决方案。无论是 SQL、python 还是其他编程语言，ChatGPT 都可以为我们带来新的启示和思路。

让我们深入了解一下 ChatGPT 在编程辅助方面的神奇之处，并探索如何利用它使我们的编程之旅更加轻松和有趣。

首先我们来明确使用 ChatGPT 进行编程的流程，整体流程如图 2.15 所示。

（1）需求分析。在编程中，开始之前理解真正的需求是至关重要的。这能够确保开发工作与我们的期望和需求对齐，并避免在后期做无谓的修改。因此我们要先弄明白需要实现的功能、效果或问题，和相关方一起多沟通，澄清模糊点，确保理解细节和边界条件。从而了解和明确我们的编程需求和目标。

（2）编写代码。这是实现功能的核心步骤。在这一步，我们需要根据需求分析的结果，结合我们上一节所学提示词相关知识，将需求传达给 ChatGPT，让 ChatGPT 输出代码。

（3）测试代码。测试确保代码按预期工作，并帮助找出可能的错误或缺陷。通常我们可以直接运行代码并检查输出，如果有必要，可以设计测试案例，重点检查边界情况。

（4）迭代优化。根据第（3）步的结果进行判断，如果代码运行报错，则我们要及时地将报错信息传达给ChatGPT，让ChatGPT修改代码直到输出可运行的代码；若代码虽然能正常运行但

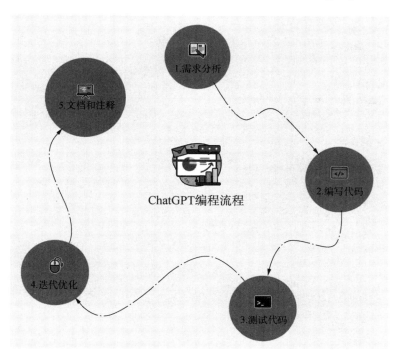

图2.15 ChatGPT编程流程

却无法实现我们的预期，则需要返回上一步，修改我们的提示词，直至 ChatGPT 能输出满足我们需求的代码。

（5）文档和解释。良好的文档可以帮助我们日后理解、使用和维护代码。因此我们可以通过写提示词让 ChatGPT 提供代码的解释和注释。如果有必要，还可以让 ChatGPT 帮助创建相关文档。

下面我们会在 ChatGPT 中做实际的尝试。

```
User:
    假如你是一位资深软件工程师，我们需要你使用python语言编写一个可以实现冒泡排序的函数。请注意，你给出的代码中应包含中文注释，且写完后请先自己测试一下函数。

ChatGPT:
    好的，我会为您提供一个冒泡排序的python函数，并加上中文注释。
    冒泡排序是一种简单的排序算法，其基本原理是通过相邻元素的比较和交换，使得每一次循环后最大的元素被放到正确的位置。这样经过足够的循环后，整个数组就被正确排序了。
    以下是实现这一算法的python代码：
    def bubble_sort(arr):
        """
        冒泡排序函数
        参数：
```

```
        arr: 需要排序的列表
        返回:
        已排序的列表
        """
        # 获取列表长度
        n = len(arr)
        # 外层循环代表排序的趟数
        for i in range(n):
            # 初始化一个标志位为False, 用于判断此趟是否进行了交换
            swapped = False
            # 内层循环用于比较和交换元素
            # 注意: 每一趟后, 最大的元素都被排到了正确的位置, 所以我们可以减少比较的次数
            for j in range(0, n - i - 1):
                # 如果前一个元素大于后一个元素, 则交换它们
                if arr[j] > arr[j + 1]:
                    arr[j], arr[j + 1] = arr[j + 1], arr[j]

                    # 如果发生了交换, 标志位设为True
                    swapped = True
            # 如果此趟没有进行交换, 说明列表已经是有序的, 可以提前退出循环
            if not swapped:
                break
    return arr
# 测试函数
test_list = [64, 34, 25, 12, 22, 11, 90]
sorted_list = bubble_sort(test_list)
sorted_list

RESULT
[11, 12, 22, 25, 34, 64, 90]
```
这就是使用冒泡排序对列表进行排序的结果。如您所见, 列表64,34,25,12,22,11,9064,34,25,12,22,11,90已经被正确排序为11,12,22,25,34,64,9011,12,22,25,34,64,90。

我在代码中加入了中文注释, 以帮助您更好地理解每一步的操作。如果您有任何问题或需要进一步的解释, 请告诉我。

我们可以看到, ChatGPT 生成了相关代码, 并且自己进行了测试, 同时对代码进行了中文注释。为保险起见, 我们可以将这段代码放进自己的 python 环境中运行, 以确保可用性。图 2.16 是该代码在 Jupyter Notebook 中的运行结果, 可知 ChatGPT 输出的这段代码确实可以满足我们的需求。

此外, 如果我们对 ChatGPT 生成的代码步骤有不了解的地方, 我们可以继续追问, 假如我们对 "如果前一个元素大于后一个元素, 则交换它们" 的步骤不理解, 则可以提问:

```
User:
    你代码中的"如果前一个元素大于后一个元素, 则交换它们"那一步我没有理解, 请你扮演计算机老师的角色, 深入浅出地讲解这一步骤。
```

```
In [1]: def bubble_sort(arr):
            """
            冒泡排序函数

            参数:
            arr: 需要排序的列表

            返回:
            已排序的列表
            """

            # 获取列表长度
            n = len(arr)

            # 外层循环代表排序的轮数
            for i in range(n):

                # 初始化一个标志位为False, 用于判断此轮是否进行了交换
                swapped = False

                # 内层循环用于比较和交换元素
                # 注意: 每一趟后, 最大的元素都被排到了正确的位置, 所以我们可以减少比较的次数
                for j in range(0, n - i - 1):

                    # 如果前一个元素大于后一个元素, 则交换它们
                    if arr[j] > arr[j + 1]:
                        arr[j], arr[j + 1] = arr[j + 1], arr[j]

                        # 如果发生了交换, 标志位设为True
                        swapped = True

                # 如果此轮没有进行交换, 说明列表已经是有序的, 可以提前退出循环
                if not swapped:
                    break

            return arr

        # 测试函数
        test_list = [64, 34, 25, 12, 22, 11, 90]
        sorted_list = bubble_sort(test_list)
        sorted_list

Out[1]: [11, 12, 22, 25, 34, 64, 90]
```

图2.16 代码测试

ChatGPT:
当然可以, 我会尽量简单明了地解释这一步。

首先, 冒泡排序的核心思想是: 通过不断地交换相邻的元素, 使得较大的元素向数组的末尾移动, 就像气泡在水中向上浮一样。

现在, 让我们详细地了解这一步骤。

想象一下, 你有一排数字卡片, 按顺序放在桌子上:

3, 1, 4, 1, 5, 9, 2, 63,1,4,1,5,9,2,6

从左到右, 我们开始比较每两张相邻的卡片。

第一对: 3和1。3 > 1, 所以我们交换它们。现在排列变成了:

1, 3, 4, 1, 5, 9, 2, 61,3,4,1,5,9,2,6

接着, 我们继续向右移动, 比较下一对数字。

第二对: 3和4。因为3 < 4, 所以它们的顺序是正确的, 我们不做任何交换。

1, 3, 4, 1, 5, 9, 2, 61,3,4,1,5,9,2,6

第三对: 4和1。4 > 1, 所以我们交换它们。现在排列变成了:

1, 3, 1, 4, 5, 9, 2, 61,3,1,4,5,9,2,6

以此类推, 直到最后一对数字。

完成这一轮后, 最大的数字 (在这个例子中是9) 会被移动到最右边, 就像最大的气泡会浮到水的表面。

然后, 我们再次从左到右进行比较和交换, 但这次不需要考虑最后的数字9, 因为它已经在正确的位置了。

经过足够的轮次后, 所有的数字都会被排序到正确的位置。

为什么要这样做?

我们的目标是将数字排序。通过不断地比较和交换相邻的元素, 我们可以确保每一轮后, 最大的元素被移到了正确的位置。这样, 经过几轮操作后, 整个序列就被正确地排序了。

希望这样的解释能帮助您理解冒泡排序中的这一关键步骤! 如果您还有其他问题, 或者需要进一步的解释, 请告诉我。

ChatGPT 针对我们的疑问，既给出了原理，也给出了例子，深入浅出地讲解了相关问题，因此，ChatGPT 不仅可以为我们生成代码，甚至可以帮助我们学习和理解代码。

2.3.3 ChatGPT辅助文章生成

第 1 章提到过 ChatGPT 在多场景都具备强大的应用能力，其中就提到了文章生成的应用，本节我们就一起来看看 ChatGPT 在业务邮件、商业报告等类型的文章中如何展现威力。

ChatGPT 可以根据用户提供的关键信息（如收件人、邮件的目的、重点内容等）生成中文的商务邮件。这包括但不限于询价、合作提议、会议安排、项目更新等。对于英文邮件，ChatGPT 也可以为用户生成内容，涵盖了与中文邮件相似的范围，用户只需提供相应的英文关键信息即可。

现在让我们用实际案例看看 ChatGPT 的产出。

> **User:**
> 假如你是公司职员小李，请你写一封200字左右的邮件，安排下周三上午10点与王总讨论新项目合作事宜。请注意中文邮件的格式（包括空格、换行和落款等），并且语气要诚恳。
>
> **ChatGPT:**
> 尊敬的王总：
>
> 　　您好！
> 　　随着公司业务的不断拓展，我们即将启动一个新的项目。为了更好地推进这一项目，我认为与您进行深入的沟通与讨论至关重要。在此，我恳请能够于下周三上午10点，与您进行一次面对面的会议，详细探讨新项目的合作事宜。
> 　　请您在百忙之中抽空回复，确认此时间是否方便。如有其他安排或建议，也请您不吝告知，我们会尽量调整。
> 　　期待与您的会面，共同探索更多合作的可能性。
>
> 　　谨祝商祺！
>
> 　　敬上，
>
> 小李
2023年8月7日

ChatGPT 默认使用中性的语言风格和语气，但在实际的商务沟通中，每个人可能有自己的写作风格和习惯。我们需要对生成的邮件进行微调，以使其更符合个人或公司的风格。并且在某些特定情境下，ChatGPT 可能无法完全理解所有的细微差别和背景信息。因此，虽然 ChatGPT 是一个强大的工具，可以帮助我们快速生成商务邮件，但我们仍然需要对生成的内容进行一定的检查和调整，以确保邮件的准确性、恰当性和专业性。

除了商务邮件，ChatGPT 甚至可以帮助我们生成诸如市场分析报告、公司年报、项目总结等商业报告。

对于市场分析报告而言，ChatGPT 可以基于我们提供的行业数据、趋势和关键信息来帮助生成市场分析报告，主要包括对当前市场的概述、竞争对手分析、潜在的机会和威胁等。

对于公司年报，如果我们提供公司的财务数据、年度亮点、挑战和未来计划等关键信息，那么 ChatGPT 可以帮助整合这些信息，生成一个结构化的年报。

对于项目总结，ChatGPT 可以基于项目的目标、实际结果、成功和失败的经验等信息来生成总结报告。

这里我们以市场分析报告为例，展示 ChatGPT 在生成商业报告中的应用：

> User:
> 假设你是一位资深分析师，目前新兴的健康食品市场的增长率为20%，主要竞争对手为A公司和B公司，消费者倾向于购买有机和无添加的产品。请根据这些信息，写一篇市场分析报告。
>
> ChatGPT:
> 健康食品市场分析报告
> 1．市场概览
> ● 近年来，随着消费者对健康和饮食质量的日益关注，健康食品市场正在经历一个显著的增长期。最新数据显示，该市场的年增长率已达到20%，预示着巨大的商业机会和潜在机会。
> 2．主要竞争对手分析
> ● 在当前的市场格局中，A公司和B公司已经稳固地占据了领先地位。它们的市场策略、产品线和品牌影响力都对其他小型和新兴企业产生了较大的压制。
> ● **A公司**：以其持续的产品创新和广泛的分销网络著称，已经建立了稳固的客户基础。
> ● **B公司**：凭借其高品质的产品和出色的品牌形象，成功吸引了大量的高端消费者。
> 3．消费者购买趋势
> ● 当前的消费者研究显示，市场上的消费者越来越偏向于购买有机和无添加的产品。这一趋势的背后是消费者对健康的日益关注，以及对食品添加剂和化学成分的担忧。因此，提供纯天然、无添加和有机认证的产品将更容易获得消费者的青睐。
> 4．建议与结论
> ● 鉴于上述的市场动态和消费者趋势，建议公司：
> （1）重点研发和推广有机、无添加的健康食品产品。
> （2）在市场宣传中强调产品的天然和健康特点。
> （3）密切关注A公司和B公司的市场策略，以制定出有针对性的市场响应策略。
> ● 综上所述，健康食品市场虽然竞争激烈，但仍存在巨大的增长潜力。只要我们紧跟市场趋势，不断创新，就有可能在这一市场中占据一席之地。

可以看到，根据我们提供的信息，ChatGPT 可以快速生成一份健康食品市场分析报告，这份初次生成的报告其实更像一个大纲或摘要，我们可以根据自己的所需，让 ChatGPT 对其中某一部分进行更详细、更深入的讨论，或者提供给 ChatGPT 更多的背景数据，也可以提高其产出的文章质量。当然，如果有示例直接给到 ChatGPT 去模仿和学习，那么产出的内容质量自然会进一步提高。这里我们采取第一种办法，让这份报告的某个部分更加完整翔实：

> User:
> 关于市场概览部分，请你从市场背景、市场规模、主要驱动力、市场细分等角度展开，做进一步详细论述。
>
> ChatGPT:
> 健康食品市场概览
> 1．市场背景
> ● 近年来，随着全球健康意识的觉醒，尤其是在经过一系列食品安全事件后，消费者对食品来源和成分的关注度明显上升。同时，随着生活水平的提高，人们愈发注重生活质量和健康状况，这为健康食品市场的发展提供了有利的背景。

2．市场规模
- 目前，新兴的健康食品市场年增长率为20%，预计在未来五年内，该市场规模将以每年至少20%的速度增长。如果这一趋势持续，未来几年，健康食品市场的整体规模可能翻倍，达到数百亿规模。

3．主要驱动力
- 消费者意识提高：由于近年来的食品安全问题和公众对健康的关注，消费者越来越重视食品的质量和成分。
- 技术进步：食品科技的进步使得生产健康食品更为经济和高效，同时也为食品的营养和口感带来了提升。
- 政府政策和法规：许多国家的政府都在推动更为严格的食品安全标准和法规，这促使企业投资研发更加健康、安全的产品。
- 全球化和供应链优化：随着全球化的进程，优质的原材料和技术更容易在全球范围内流通，有助于健康食品的生产和分销。

4．市场细分
- 有机食品：这是健康食品市场中增长最快的细分市场，消费者认为有机食品更加纯净、无污染。
- 无添加食品：针对那些担心食品添加剂和化学成分的消费者，无添加食品成为他们的首选。
- 功能性食品：如富含蛋白、低脂、低糖或其他具有特定健康益处的食品。
- 特定人群食品：例如为儿童、孕妇或老年人设计的特定食品，以满足他们的特定营养需求。
- 总体来说，健康食品市场呈现出多样化、细分化的特点，为企业提供了广阔的市场空间和机会。但同时，这也意味着市场竞争将更加激烈，企业需要不断创新和调整策略，以满足消费者不断变化的需求。

可以看到，当我们给出希望更加详细展开的部分和展开的角度后，ChatGPT 给出了更加翔实、更加言之有物的内容。

第 3 章

ChatGPT 插件应用

随着 ChatGPT 逐渐被应用在各行各业和 ChatGPT API（应用程序编程接口）的开放，基于其打造各类插件应用已经蓬勃发展，这些插件极大拓展了 ChatGPT 能力边界，将其带入更多实际场景，提高数亿用户的工作效率。如果说 ChatGPT 是人工智能的"大脑"，那么插件就是"大脑"的延伸，将 AI 赋能给普通用户。

截至 2023 年 8 月，各类 ChatGPT 插件总量已经超过 800 个，这些插件应用覆盖了办公效率、创作辅助、程序开发等多个领域，可以极大提升我们的工作效率。

可以预见，随着 ChatGPT 模型的迭代升级，其应用场景还将不断扩大。未来，ChatGPT 插件有可能渗透到我们工作和生活的各个领域，实现"所想即所得"。本章我们将深入探讨 ChatGPT 的插件应用，看看这些小小的工具是如何为这个 AI 巨人注入更多的力量的。

3.1　插件的基本使用

本节首先简单介绍 ChatGPT 插件，然后详细介绍 Code Interpreter 插件的概念、用途和具体案例。

3.1.1　插件概述

在我们日常的生活和工作中，"插件"这个词经常会出现，它主要是指可以增强或扩展某种基础功能的工具。例如，浏览器插件可以为我们的网络浏览器增加广告拦截、翻译或其他功能。

ChatGPT 插件的概念与此类似，它们是为 ChatGPT 设计的小型程序或工具，用于增强或扩展 ChatGPT 的基础功能。通过使用插件，ChatGPT 可以执行它原本不能执行的任务，比如通过联网，ChatGPT 可以获取实时信息并不用局限于 2021 年 9 月之前的训练数据；通过链接第三方应用，ChatGPT 可以访问第三方应用的数据，满足更加复杂和个性化的需求。这些插件可以来自为特定的业务需求或客户群体开发插件的企业团队；也可以来自为了研究目的或教育需求开发插件的学术研究者或基于兴趣或专业需求而创建插件的独立开发者。

ChatGPT 插件不仅增强了 ChatGPT 的功能，还为用户提供了更加个性化和高效的体验。拥有更多插件的 ChatGPT 将不再只是一个健谈的 AI，而是一个多功能的 AI，ChatGPT 的定位也会升级为"真正可定制的 AI 伙伴"。插件是 ChatGPT 持续创新和发展的关键部分，使其能够满足各种各样的用户需求。

3.1.2 安装和启用插件

需要注意的是，ChatGPT 插件只对 ChatGPT Plus 用户开放，所以想使用 ChatGPT 插件，必须先升级账户。

预备，升级到 Plus 账户

升级账户只要单击界面上的 Upgrade to Plus，然后按照指引付费即可。

付款完成后，可进入 My plan 中查看购买情况，如图 3.1 所示。

1. 开启 Plugins 设置

在左下角的设置区，单击 Setting & Beta，弹窗中选择"Beta features"也就是体验功能，打开"Plugins"和"Code interpreter"这两项，如图 3.2 所示。

图3.1　付款后My Plan界面

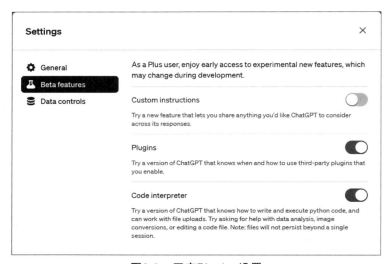

图3.2　开启Plugins设置

2. 进入 Plugins 或 Code Interpreter 模式

在界面的正上方，先单击 GPT-4 图标，让模型从 GPT-3.5 切换到 GPT-4，再将光标在 GPT-4 图标上保持悬停，此时会弹出模式选择的页面，选 Code Interpreter 或 Plugins 均可，如图 3.3 所示。

图3.3　模式选择

当然，Code Interpreter 模式和 Plugins 模式的使用各有千秋，这一点我们后续介绍二者的用法时再详细描述。

3. 进入商店安装插件

若在第 2 步你选择打开 Code Interpreter 模式，则直接开启且仅开启 Code Interpreter 这个插件，该步骤可省略。

若在第 2 步你选择打开 Plugins 模式，则需要单击 Plugin store，弹出页面如图 3.4 所示。

图3.4　Plugin store页面

在 Plugin store 中可以看到每个插件的名称、简介和开发者信息，供我们了解每个插件的作用，对于我们想要使用的插件，直接单击插件名称下方的 install 按钮即可安装。

4. 选择插件

待插件安装完毕后，由于每次和 ChatGPT 对话时最多使用 3 个插件，因此我们单击下拉箭头打开已安装插件列表，找到需要使用的插件，勾选以启用，选择好的插件会在列表上方显示，如图 3.5 红框中所示。

图3.5　选择插件

至此，ChatGPT 插件的安装和启用就完成了，在接下来的小节里，我们将重点学习 Code Interpreter 和其他可用于数据分析中的插件的使用方法。

3.2　Code Interpreter功能用法详解

本节将介绍 Code Interpreter 插件的工作原理和功能，并通过具体案例详细阐述如何运用这个强大的工具。

3.2.1　Code Interpreter功能介绍

在 3.1.2 节介绍 ChatGPT 插件的开启方式时，我们提到过当我们切换到 GPT-4 后，可以在其弹出的页面中选择 Code Interpreter 模式，当我们进入该模式后，我们可以显而易见地发现文本框的左侧多了一个加号按钮，单击它可以上传文件，之后就可以直接操作这个文件了，文件类型可以是各种格式的，包括但不限于 .csv、.txt、.png/jpg、.zip、.pdf 等，待上传成功后，文本框上侧会显示文件的名称，如图 3.6 所示。

图3.6　上传文件按钮

在该模式下，我们可用且仅可使用 Code Interpreter 插件，但是千万不要因此就认为这个模式不堪大用，恰恰相反，这个模式对于我们的数据分析工作大有裨益，对于我们数据分析工作的效率会起到质的提高。

OpenAI 官网对于 Code Interpreter 的介绍是："我们在一个沙盒式、防火墙执行环境中提供了一个可用的 python 解释器，以及一些临时的磁盘空间。我们的解释器插件运行的代码在一个持久化的会话中进行评估，该会话在聊天会话期间一直存在（有一个上限超时时间），随后的调用可以在其上构建。我们支持将文件上传到当前的聊天工作区，并下载您的工作结果。"

从中可以看出，Code Interpreter 的核心是给 ChatGPT 提供了一个封装的 python 运行环境，并且是一个预装了 300 多个库和软件包的沙盒防火墙环境，这样 ChatGPT 可以像程序员一样在这个环境中编写和执行代码。简单地说，它可以根据你的需求，自动写 python 代码，执行程序并输出结果的插件。有了这个插件，就算你自己不会写代码，也可以完成很复杂的数据分析工作。其工作流程如图 3.7 所示。

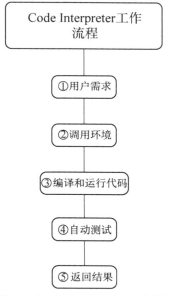

图3.7　Code Interpreter工作流程

具体来说，它的工作流程有以下几个。

（1）用户要给 ChatGPT 一个包含需求描述的提示，例如"读取这个 CSV 数据文件，生成条形图"。

（2）ChatGPT 会调用 Code Interpreter 的 python 环境，并在这个环境中编写代码来实现该需求。

（3）代码自动编写完成后，Code Interpreter 会自动对 ChatGPT 编写的 python 代码进行编译，并会在自己的 python 环境中运行这段代码。

（4）代码执行的过程中，如果有错误或异常，Code Interpreter 会自动进行捕获并给出提示。

（5）当代码成功执行完毕后，Code Interpreter 会将结果返回给 ChatGPT（对于生成图像等任务，Code Interpreter 可以直接显示或提供文件），ChatGPT 最后将结果通过对话的形式返回给用户。

在这个过程中，Code Interpreter 为 ChatGPT 提供了一个安全可控的编程"沙盒"，并自动完成了编译、运行、调试等程序员的工作，Code Interpreter 智能地扮演了"程序员"这个角色，让 ChatGPT 把更多注意力放在需求分析和代码设计上，从而大大提高了它的编程能力。我们先了解 Code Interpreter 在数据分析中的应用有哪些，在 3.2.2 节，我们将会围绕它在数据分析中的作用详细说明使用方法。

1. 上传文件

（1）多格式支持。除了前文提到的 .csv、.txt、.png/jpg、.zip、.pdf 等格式，Code Interpreter 还支持 .JSON、.XML、.SQL 等多种数据格式的文件上传，假如用户上传一个 JSON 格式的数据文件，Code Interpreter 能够无缝地读取和解析。

（2）自动识别。Code Interpreter 能够自动识别文件的编码格式、分隔符等属性，简化上传流程，假如我们上传一个以逗号分隔的 CSV 文件，Code Interpreter 能够自动识别并正确读取数据。

（3）数据理解。上传文件后，Code Interpreter 可以提供数据的简要概览，让用户对数据有一个初步的了解，比如我们上传一个 CSV 文件后，Code Interpreter 展示前 10 行数据，让用户初步了解数据结构。

2. 编写代码

（1）代码提示。在编写代码时，Code Interpreter 可以提供代码提示和自动补全功能，帮助用户更快速地完成编写。比如我们输入"mean("，Code Interpreter 会自动提示"mean(column_name)"。

（2）错误提示。如果用户编写的代码存在错误，Code Interpreter 会提供错误提示和建议的修正方法。

（3）模板代码。此为常见的数据处理任务，如数据清洗、统计分析等，Code Interpreter 可以提供模板代码，用户只需进行简单的修改即可。比如我们想要进行数据清洗，Code Interpreter 可以提供一个去除空值的模板代码供我们使用。

```
User:
假如你是一位数据科学家，请提供我一个在电商数据分析中去除空值的模板代码。

ChatGPT:
当然可以。在电商数据分析中，数据清洗是一个非常重要的步骤，去除空值是其中的一个常见操作。
以下是使用python的pandas库进行数据清洗的模板代码：

import pandas as pd
# 读取数据
df = pd.read_csv('your_e-commerce_data_file.csv')
# 查看含有空值的列
print(df.isnull().sum())
# 去除含有空值的行
df_cleaned = df.dropna()
# 另一种方法是填充空值，例如使用列的中位数
# df_filled = df.fillna(df.median())
# 保存清洗后的数据
df_cleaned.to_csv('cleaned_e-commerce_data.csv', index=False)
print("Data cleaning completed!")
注意：
请将your_e-commerce_data_file.csv替换为您的电商数据文件名。
根据您的需求，您可以选择直接删除含有空值的行，或者使用某种策略（如中位数、平均数、众数等）填充
空值。
保存清洗后的数据时，可以选择不同的文件名以避免覆盖原始数据。
这只是一个基础的模板，实际的数据清洗可能需要更复杂的操作，取决于数据的具体情况和分析需求。
```

3. 数据分析交互

（1）智能问答。用户可以向 Code Interpreter 提问，它会根据数据内容给出相应的答案或代码建议，比如我们询问"销售额的总和是多少？"，Code Interpreter 会返回相应的代码和结果。

（2）实时反馈。在数据分析过程中，Code Interpreter 可以实时展示中间结果，帮助用户更好地理解数据。

（3）历史记录。Code Interpreter 会保存用户的查询和代码历史，方便用户回溯和复用。

4. 生成图表

（1）自定义样式。用户可以自定义图表的颜色、大小、标题等属性，使图表更符合自己

的需求。比如我们对 Code Interpreter 输出的柱状图颜色不满意，想要将柱状图的颜色更改为蓝色，Code Interpreter 会按照我们的指令调整图表颜色。

（2）交互式图表。生成的图表不仅仅是静态的，用户可以通过交互式的方式，如缩放、拖动等，更深入地探索数据。

（3）图表导出。用户可以将生成的图表导出为图片或其他格式，方便分享和报告。

5. 文件编辑

（1）批量操作。Code Interpreter 支持对数据进行批量操作，如批量替换、批量删除等。比如我们想要将所有"未知"值替换为"N/A"，Code Interpreter 可以执行批量替换操作。

（2）数据转换。用户可以使用 Code Interpreter 将数据从一种格式转换为另一种格式，如从 CSV 转为 Excel。假如我们上传了一个 Excel 文件，并希望将其转换为 CSV 格式，Code Interpreter 完成转换并提供下载链接。

（3）版本控制。Code Interpreter 提供文件的版本控制功能，用户可以随时回退到之前的版本，确保数据的安全性。万一我们不小心删除了某列数据，通过 Code Interpreter 的版本控制功能，能够恢复到删除前的版本。

由此可见，Code Interpreter 显著拓展了 ChatGPT 的应用场景，使其成为一个超强的数据分析好帮手，甚至将推动人机协作方式的革新。

3.2.2　Code Interpreter功能实战

在 3.2.1 节，我们对 Code Interpreter 功能进行了深入的探索，了解了它的基本特点和功能。它不仅仅是一个简单的代码执行工具，更是一个能够与我们互动、协助我们解决问题的智能助手。但是，只了解理论是远远不够的，真正的掌握和理解往往来自实践。

现在，我们即将进入一个更加激动人心的部分——Code Interpreter 插件实战。在这一节中，我们将使用实际案例探讨如何在实际场景中使用这个插件，如何与它互动，并解决一系列实际问题。

这里我们需要先介绍一下使用到的数据集和相关平台。Kaggle 是全球最大的为数据科学家和机器学习工程师提供竞赛、数据集和教程的平台，我们接下来要使用的数据集就是 Kaggle 平台的泰坦尼克数据集，它来自一个叫作"Titanic-Machine Learning from Disaster"的竞赛（中文名：泰坦尼克号 - 灾难中的机器学习，数据集下载链接：https://www.kaggle.com/competitions/titanic/data），该数据集同时也是数据科学和机器学习社区中最为人所熟知的入门级数据集之一。数据集包含了泰坦尼克号上乘客的信息，如年龄、性别、舱位等，以及他们是否在事故中生还，而数据集的主要目标是根据乘客的个人信息预测他们是否能够在泰坦尼克号的沉船事故中生还。Kaggle 的 Titanic-Machine Learning from Disaster 竞赛首页如图 3.8 所示。

为了下载该数据集，我们可以单击"Data"栏，跳转到数据集页面，然后在"Data Explorer"下分别选择三个数据集，单击 ↓ 进行下载；也可以直接单击右下角的"Download All"按钮下载该比赛所有数据集，如图 3.9 所示。

图3.8　Titanic-Machine Learning from Disaster竞赛首页

图3.9　数据集下载

现在让我们使用这个数据集来实践学习 Code Interpreter 的强大功能。

1. 上传数据

单击文本框的左侧的加号按钮上传我们前面下载好的数据文件，待上传成功后，文本框上侧会显示文件的名称，如图 3.10 所示。

图3.10　数据上传

2. 查看数据概览

在 3.2.1 节，我们提到过 Code Interpreter 可以为我们解读数据，从而让我们对数据内容有一个初步的了解。

> User:
> 假设你是一位数据科学家，请提供这三个数据文件的内容概览。

ChatGPT 很快给出了回答。

> ChatGPT:
> 好的，首先让我查看这三个文件的内容，以便了解它们包含的数据。我会从 "train.csv" 开始，然后检查 "test.csv" 和 "gender_submission.csv"。
> 这些数据看起来与泰坦尼克号的乘客有关。以下是各个文件的初步概览
> 1. train.csv
> ·PassengerId:乘客的唯一标识符。
> ·survived:乘客是否存活（0表示未存活，1表示存活）。
> ·Pclass:乘客的舱位等级（1是一等舱，2是二等舱，3是三等舱）
> ·Name:乘客的姓名。
> ·sex:乘客的性别。
> ·Age:乘客的年龄。
> ·sibsp:在船上的兄弟姐妹或配偶的数量。
> ·Parch:在船上的父母或子女的数量。
> ·Ticket:船票编号。
> ·Fare:船票价格。
> ·Cabin:船舱号。
> ·Embarked:乘客上船的港口（C= Cherbourg;Q= Queenstown;S= Southampton）
>
> 2. test.csv
> ·这个文件包含与 "train.csv" 相同的字段，但不包含 "Survived" 字段。它是用来预测哪些乘客在泰坦尼克号事故中存活的。
>
> 3. gender_submission.csv
> ·PassengerId:乘客的唯一标识符。
> ·Survived:乘客是否存活（0表示未存活，1表示存活）。
> ·这个文件看起来像是一个提交样本或基准解决方案，它可能是基于性别预测的存活率。
> 接下来，我会为这些数据提供一些基本统计信息。
>
> 以下是这些数据集的基本统计信息:
> 1. train.csv:

- 共有891名乘客的信息。
- 平均存活率为38.38%。
- 大约74%的乘客年龄信息是可用的，平均年龄为29.7岁，年龄范围从0.42岁到80岁。
- 大多数乘客（超过75%）没有与父母或子女同行。
- 票价范围从0到512.33，平均票价为32.20。
- 大部分乘客从Southampton（S）登船

2. test.csv：
- 共有418名乘客的信息。
- 平均年龄为30.3岁。
- 票价范围从0到512.33，平均票价为35.63。
- 与训练数据集相似，大多数乘客从Southampton（S）登船

3. gender_submission.csv：
- 这是一个预测结果的示例数据，包含418名乘客的信息。
- 预测的平均存活率为36.36%。

这些信息为我们提供了一个关于数据的初步概览。接下来，我们可以进一步探索数据、进行数据清理、特征工程以及建模等步骤。您希望如何进行下一步操作？

可以看到，在 Code Interpreter 的加持下，ChatGPT 不仅给出了各个数据文件的字段，判断出了各个字段的含义，还根据字段信息推断出了 3 个数据文件分别的作用，最后甚至推断出了该数据集和泰坦尼克号有关。

同时，Code Interpreter 还给出了我们 3 张数据表中的基本统计信息，这使我们从整体上对这些数据的量级、意义上有了更直观的感受。

最终，Code Interpreter 给出了我们一些进一步分析的建议，比如它提出可以进一步探索数据、进行数据清理、特征工程以及建模等步骤。

3. 数据清洗

在 Code Interpreter 的应用中，我们提到它在数据分析中可以应用于代码编写和数据分析交互，这也就意味着，从数据清洗、探索数据到特征工程和建模，我们都可以通过 Code Interpreter 去完成并直接得到结果。

我们先来看数据清洗。

```
User：
请继续保持数据科学家的身份，针对上述数据先进行数据清洗。
```

我们分析的过程不会那么一帆风顺，有时可能会产生如下问题。

```
ChatGPT：
好的，数据清理是数据预处理的一个重要部分。常见的数据清理任务包括：
1. 处理缺失值
2. 处理异常值
3. 转换数据类型（如果必要）
4. 处理重复值
```

我将从上述步骤开始，首先检查数据中的缺失值。

很抱歉，似乎我们的代码执行环境遇到了问题。我将重新加载数据并检查缺失值。

很抱歉，我遗漏了导入必要的库。我将重新导入它们并继续检查缺失值。

很抱歉，由于之前的环境问题，您需要重新上传那三个数据文件。如果您提供，我将继续从数据清理开始。

ChatGPT 此时仿佛在自言自语一样来回地修改代码，虽然没能给出结果，但是好在它通过自动地测试找出了问题所在，那么我们按照它找出的原因进行解决。

ChatGPT:
谢谢您的耐心。我会重新加载这些文件并开始数据清理的步骤，首先检查缺失值。
以下是训练和测试数据中的缺失值：
1.train.csv:
·Age: 177个缺失值
·Cabin: 687个缺失值
·Embarked: 2个缺失值
2.test.csv:
·Age: 86个缺失值
·Fare: 1个缺失值
·cabin: 327个缺失值

接下来，我会采取以下措施来处理这些缺失值！
1.Age:使用中位数填充缺失值，因为年龄数据可能会有偏态。
2.Cabin:由于缺失值过多，我们可以将其转化为一个二元变量，表示是否有船舱信息。
3.Embarked:使用训练数据中的众数填充缺失值，因为它只有少量的缺失值。
4.Fare:使用中位数填充缺失值，因为票价数据可能会有偏态。
开始进行上述数据清理操作。
数据清理完毕，现在训练和测试数据中已经没有缺失值了。

具体操作如下：
1.Age: 使用中位数填充缺失值。
2.Cabin:已转化为一个二元变量，表示是否有船舱信息。
3.Embarked:使用众数填充缺失值。
4.Fare: 使用中位数填充缺失值。

接下来，我们可以进入数据探索、特征工程或建模阶段。您希望怎么做？

可以看到，当我们重新上传数据后，ChatGPT 不仅找出了各个字段中的缺失值数量，还智能地分析了各个字段的缺失值应当使用何种方法进行填充。

4. 探索数据

User:
请继续保持数据科学家的身份，针对上述数据进行数据探索。

当我们给出这个指令后，ChatGPT 输出了极长的内容。

> ChatGPT:
> 好的，数据探索是一个关键步骤，可以帮助我们更好地理解数据并为建模做准备。
>
> 在这个阶段，我将：
> 1.可视化存活率与各个特征之间的关系，以获取直观的洞察。
> 2.查看数值特征的分布情况。
> 3.分析分类特征的分布情况及其与存活率的关系。
> 首先，我们来看一下存活率与性别之间的关系。

存活率与性别之间关系的可视化结果如图 3.11 所示。

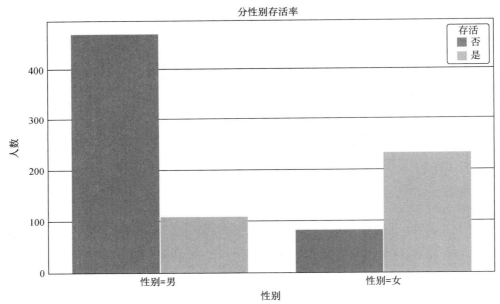

图3.11　存活率与性别之间关系的可视化结果

> ChatGPT:
> 从图3.11中，我们可以观察到以下两点：
> 1.女性的存活率明显高于男性。尽管男性乘客的数量比女性多，但更多的女性乘客在泰坦尼克号沉船事故中存活下来。
> 2.这与"女士优先"(即在紧急情况下优先疏散女性和儿童)的原则相一致。
> 接下来，我们将探讨舱位等级 (Pelass) 与存活率之间的关系。

舱位等级与存活率之间的关系如图 3.12 所示。

> ChatGPT:
> 从图3.12中，我们可以观察到以下几点：

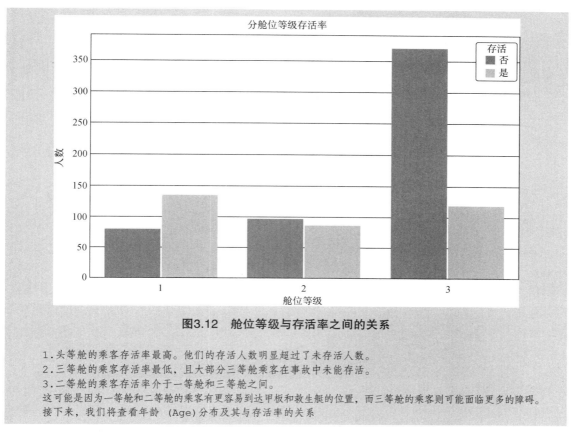

图3.12 舱位等级与存活率之间的关系

1.头等舱的乘客存活率最高。他们的存活人数明显超过了未存活人数。
2.三等舱的乘客存活率最低，且大部分三等舱乘客在事故中未能存活。
3.二等舱的乘客存活率介于一等舱和三等舱之间。
这可能是因为一等舱和二等舱的乘客有更容易到达甲板和救生艇的位置，而三等舱的乘客则可能面临更多的障碍。
接下来，我们将查看年龄（Age）分布及其与存活率的关系

该部分输出的可视化结果如图 3.13 所示。

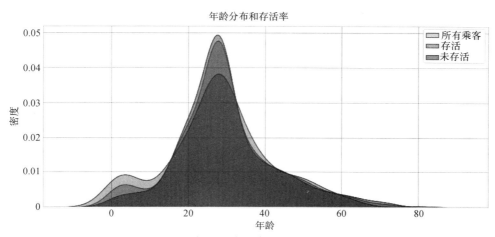

图3.13 年龄分布与存活率关系示意图

ChatGPT:
从图3.13中，我们可以观察到以下两点：
1.儿童(特别是年龄在0~10岁之间的乘客)的存活率较高，这与紧急疏散时通常优先考虑儿童的原则相一致。
2.年轻成年人(特别是20~30岁)的死亡率较高，这可能是因为他们在尝试帮助他人或寻找救生艇时遇到了困难。
除了儿童外，年龄与存活率之间没有明显的趋势。
接下来，我们可以查看票价 (Fare) 分布及其与存活率的关系。

该部分输出的可视化结果如图 3.14 所示。

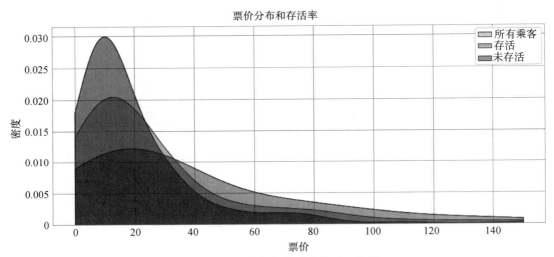

图3.14　票价分布与存活率关系示意图

从图3.14中，我们可以观察到以下两点：
1.低票价的乘客有更高的死亡率，尤其是那些票价在0~20范围内的乘客
2.高票价的乘客存活率相对较高，特别是那些票价在20~60范围内的乘客
这可能是因为票价更高的乘客可能预订了更好的舱位，这使得他们在紧急疏散时更容易到达甲板和救生艇。

在整个数据探索部分中，Code Interpreter 给出了可视化存活率与各个特征之间的关系、数值特征的分布情况并分析分类特征的分布情况及其与存活率的关系。可以看到，Code Interpreter 的数据探索做得非常完善，如果我们刚拿到数据还没有得到分析思路，Code Interpreter 可以为我们开路，给我们各种线索以形成我们自己的分析思路。

比如当我们看到 Code Interpreter 返回的结果中，在性别中，"女性"存活率较高；在舱位等级中，高等级船舱存活率较高，那么我们是否可以做交叉分析呢？我们可以向 ChatGPT 提问。

User:
根据数据探索的结果，进一步探索性别和舱位等级交叉后的存活率情况。

ChatGPT 绘制的交叉分析结果如图 3.15 所示。

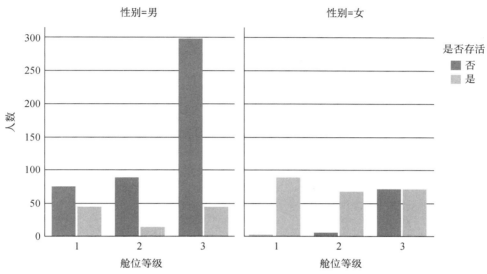

图3.15 性别和舱位等级交叉后存活率分析

ChatGPT:
从图3.15中，我们可以观察到以下两点：
1.女性乘客：
·一等舱和二等舱的女性乘客有非常高的存活率。只有少数一等舱和二等舱的女性乘客在事故中未能存活。
三等舱的女性乘客存活率较低，但相比同为三等舱的男性，她们的存活率仍然较高。
2.男性乘客：
·一等舱的男性乘客存活率相对较高，但仍然低于未存活的男性乘客数量。
·二等舱和三等舱的男性乘客存活率非常低，特别是三等舱。
总体上，无论是哪个性别，一等舱的乘客存活率都明显高于二等舱和三等舱。而且，不同舱位等级中的女性乘客的存活率都高于男性。
这进一步强调了性别和舱位等级在存活率上的重要性。这两个特征很可能在后续的建模中非常有用。

5. 特征工程和建模

同样地，在特征工程和建模阶段我们依然先让 ChatGPT 自行发挥：

User:
请继续保持数据科学家的身份，针对上述数据进行特征工程和建模。

ChatGPT 给出的特征工程和建模过程如下：

ChatGPT:
好的，接下来的步骤是特征工程和建模。特征工程可以提高模型的性能，使模型更好地理解数据。
特征工程
我计划进行以下特征工程：
1.家庭大小：结合SibSp（兄弟姐妹/配偶数）和Parch（父母/子女数）创建一个新的特征，表示家庭的大小。
2.是否独自一人：基于家庭大小创建一个新的二元特征，表示乘客是否独自一人。
3.姓名的称谓：从Name特征中提取称谓（如Mr、Mrs、Miss等），这可能与存活率有关。
4.对分类变量（如Sex, Embarked, Title）进行独热编码。
5.删除不需要的特征。

建模
一旦特征工程完成，我将使用以下步骤进行建模：
1.将数据分为训练集和验证集。
2.使用随机森林分类器作为初始模型（因为它通常在此类问题上表现良好）。
3.评估模型的性能。
4.根据需要进行调优。

首先，我们开始进行特征工程。
特征工程已完成，以下是我们所做的更改：
1.添加了一个FamilySize特征，表示家庭的大小。
2.添加了一个IsAlone二元特征，表示乘客是否独自一人。
3.从Name特征中提取了Title并进行了清洗和整理。例如，我们将少见的称谓合并为 "Rare" 类别。
4.对Sex, Embarked和Title进行了独热编码。
5.删除了不再需要的特征，如PassengerId, Name, Ticket, SibSp和Parch。

现在，我们可以进行建模。
首先，我将数据分为训练集和验证集，然后使用随机森林分类器作为初始模型。
模型的表现如下：
训练集准确率：98.46%
验证集准确率：84.36%
可以看到，模型在训练集上的表现非常好，但在验证集上的表现较差。这可能是因为模型过拟合了训练数据。
为了解决这个问题，我们可以：
1.调整模型的参数以防止过拟合。
2.使用交叉验证来更好地评估模型的性能。
3.尝试其他机器学习模型。
您希望如何进行下一步操作？

可以看到，ChatGPT 不仅给出了特征工程处理方法，还给出了使用随机森林的建模方法。

根据 ChatGPT 输出的结果，我们可以看到模型在训练集上的准确率为 98.46%，也就是说模型在已知数据上的预测准确性是较好的；但是在验证集上的准确率为 84.36%，验证集是从原始数据集中分离出来的，模型在训练期间并没有"看到"它，在验证集上的准确率表现较差，因此我们需要提出一些优化建议。

User:
请你调整模型的参数以防止过拟合、使用交叉验证来更好地评估模型的性能和将其他机器学习模型的方法都尝试一遍，得出最优方案。

在我们的建议下，ChatGPT 进行了以下一番优化。

```
ChatGPT:
当然，我将采用以下几个步骤来找到最佳模型：

1.调整随机森林参数：使用交叉验证和网格搜索来找到最佳参数。
2.尝试其他模型：比如逻辑回归、支持向量机和梯度提升机等。
3.比较模型：基于交叉验证的准确率来比较这些模型，选择最佳的一个。

首先，我们从调整随机森林的参数开始。
随机森林的最佳参数如下：
1.max_depth: None (不限制树的最大深度)
2.min_samples_leaf: 2 (叶节点的最小样本数)
3.min_samples_split: 5 (拆分内部节点所需的最小样本数)
4.n_estimators: 150 (决策树的数量)
使用这些参数，随机森林的交叉验证准确率为83.84%。

接下来，我们将尝试其他机器学习模型，并使用交叉验证来评估它们的性能。我们将尝试以下模型：
1.逻辑回归
2.支持向量机
3.梯度提升机

让我们开始。
以下是我们尝试的不同模型的交叉验证准确率：
1.逻辑回归: 81.93%
2.支持向量机: 83.05%
3.梯度提升机: 83.05%
4.随机森林（经过调优）: 83.84%
从上述结果中，我们可以看到调整后的随机森林模型在交叉验证中的表现是最好的，准确率达到了83.84%。
因此，最优方案是使用调整后的随机森林模型。

如果您有任何其他要求或问题，请随时提出！！
```

在这一轮的改进中，ChatGPT 使用了随机森林的最佳参数并尝试其他机器学习模型，使用交叉验证来评估它们的性能，最终得出结论：调整后的随机森林模型在交叉验证中的表现是最好的，准确率达到了 83.84%。

值得注意的是，尽管调优后的模型在交叉验证中的性能略有下降，但这不意味着模型的质量较差。交叉验证提供了更稳健、更一般的性能估计，而单次分割（训练／验证）可能会受到特定数据分布的影响。所以选择模型时，我们通常会根据交叉验证的结果，因为它提供了模型在不同数据子集上的一般性能。

经过以上案例的实践，我们可以感受到 Code Interpreter 在数据分析领域的强大功能。或许在将来某一天，"人人都是数据分析师"的场面会到来，大家都可以通过 AI 工具提升我们的工作效率和产出。

3.3 其他数据分析常用插件介绍

本节主要介绍 Noteable 插件的注册、安装和基本使用，并将其他常用插件列出清单以供读者在需要时查阅。

3.3.1 Noteable插件的基本使用

Code Interpreter 插件仅在 Code Interpreter 模式下才可用，那么在 Plugin 模式下会有哪些对数据分析有帮助的插件呢？

在这里我们推荐大家使用 Noteable 插件。

Noteable 插件是由协作数据笔记本平台（http://Noteable.io）开发的第三方工具，它将 ChatGPT 的自然语言处理（NLP）功能与 Noteable 的数据笔记本平台无缝集成。这个基于云的平台，类似于 Jupyter Notebook，是一个 Web 应用程序，允许用户创建和共享包含实时代码、方程、可视化图表和 Markdown 注释的文档。它广泛应用于数据清理、转换、分析、数值模拟、统计建模、数据可视化和机器学习等领域。

通过 Noteable 插件，用户可以与 ChatGPT 对话，加载数据集、执行探索性数据分析、创建图表、运行机器学习模型等，所有这些都在一个可以与他人共享的 Jupyter Notebook 风格的笔记本环境中进行。此外，它还提供了代码单元、版本控制和实时协作等内置功能。这种集成不仅简化了数据分析流程，还使即使不懂编程的人也能通过直观的对话界面进行专业数据分析。

使用 Noteable 的步骤包括以下几步。

（1）在 Plugin store 搜索 Noteable 并在 Noteable 插件列表中单击"Install"，如图 3.16 所示。

图3.16　安装Noteable插件

（2）单击"Install"按钮后插件会自动进行安装，待安装完毕后会弹出 Noteable 账户的登录页面，我们需要将 Noteable 账户连接到 ChatGPT；如果没有弹出登录页面，可以访问 http://Noteable.io，注册一个免费账户。在弹出的页面中我们输入自己的邮箱并设置密码，如图 3.17 所示。

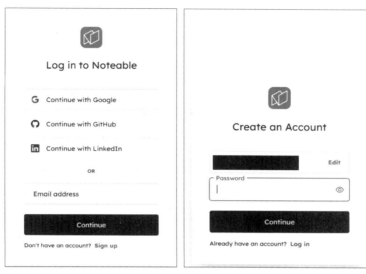

图3.17　注册Noteable账号

单击"Continue"后，网站会发出一封确认邮件到我们的邮箱中，单击"Verify email"即可创建账号，如图 3.18 所示。

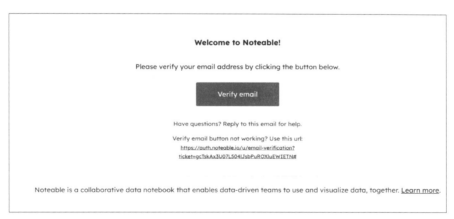

图3.18　确认邮件

（3）创建 Noteable 账户后，ChatGPT 会自动激活 Noteable 插件，此时选择 ChatGPT 版本按钮下方会出现 Noteable 的标志，这就代表我们成功安装和激活了 Noteable 插件，如果 Noteable 插件没有被自动选中的话，可以在选择 GPT 版本的按钮下方的插件列表里选中它，如图 3.19 所示。

（4）在 Noteable 平台添加 Project，这里我们将 Project 命名为 example，如图 3.20 所示，需要注意的是，该步骤和后续的添加数据的步骤都是在 Noteable 自身的平台中进行添加的。

图3.19 激活Noteable插件

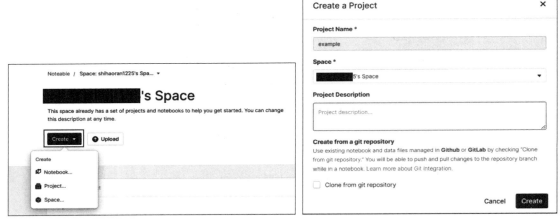

图3.20 添加Project

（5）单击刚刚创建的 project 进入其中，单击 Upload 上传需要分析的数据文件，这里我们选择上传的数据是鸢尾花数据集（Iris dataset），鸢尾花数据集是一个常用的机器学习和统计学习领域的经典数据集。它包含了三种不同品种的鸢尾花（Iris setosa、Iris versicolor 和 Iris virginica）的样本数据，该数据集的目标是根据这四个特征预测鸢尾花的品种，下载链接为 https://www.kaggle.com/datasets/uciml/iris?select=Iris.csv，上传过程如图 3.21 所示。

图3.21 上传数据到Noteable平台

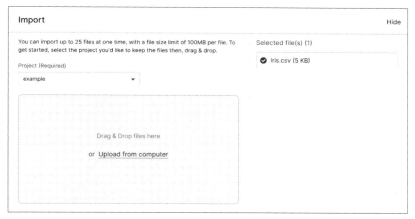

图3.21 上传数据到Noteable平台（续）

打开上传的 CSV 文件，我们需要记住生成的 URL（统一资源定位符）如图 3.22 所示，比如此次我们生成的 URL 为 https://app.noteable.io/f/e41de484-5492-4a7e-85db-f32200a9b385/Iris.csv。

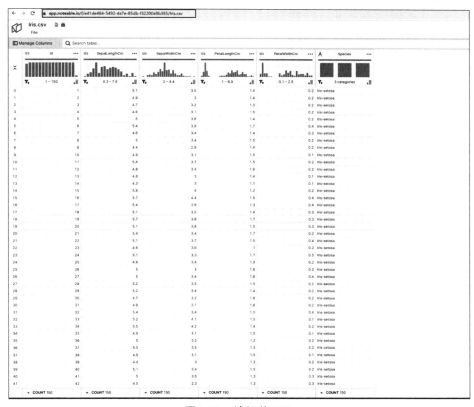

图3.22 请记住URL

（6）回到 ChatGPT 界面，我们需要让 ChatGPT 知道读取数据文件的 URL 以及我们具体希望它进行何种操作。

```
User:
    假设你是一位数据科学家，我已经将CSV文件放入Notebook中，这个是URL地址：https://app.
noteable.io/f/e41de484-5492-4a7e-85db-f32200a9b385/Iris.csv，解读该数据的内容，并预测鸢
尾花的品种。
```

ChatGPT 在 Noteable 插件下智能、自动地输出了从数据解读、数据探索与可视化的内容，并且自动通过随机森林模型对鸢尾花的品种进行了预测，最终还给出了模型效果的评估，可以说 Noteable 输出的内容已经比较完整了，如下文所示。当然后续我们可以就 Noteable 在分析中的某个步骤做具体追问，可以参考 3.2.2 节 Code Interpreter 的使用案例，在此主要介绍 Noteable 的使用操作，该内容不做赘述。

```
ChatGPT:
1. 导入库和加载数据
    首先，我们导入了数据处理和可视化所需的库，包括pandas, numpy, seaborn, matplotlib, 以及用
于机器学习的sklearn库。然后，我们加载了鸢尾花数据集。
2. 数据预处理和探索性数据分析
    基本信息：数据集包含150个样本，每个样本有5个特征（不包括编号）。没有缺失值。
    统计描述：对数据集的数值特征进行了描述性统计分析，包括均值、标准差、最小值、最大值等。
    品种分布：数据集均匀分布在三个品种（Iris-setosa, Iris-versicolor, Iris-virginica）中，
每个品种50个样本。
    特征关系可视化：使用seaborn的pairplot函数绘制了特征之间的关系图，可以看出不同品种的鸢尾花在
花瓣和萼片的尺寸上有明显区别。
3. 训练机器学习模型
    数据分割：将数据集分为特征（X）和标签（y），然后将其分割为训练集和测试集（70%训练，30%
测试）。
    特征缩放：使用StandardScaler对特征进行缩放，以标准化数据集的范围。
    模型训练：使用K最近邻（KNN）算法训练模型。选择了5个邻居（n_neighbors=5）。
4. 模型评估
    性能评估：在测试集上评估模型，结果显示模型的准确度为100%。
    分类报告：显示了精确度、召回率和F1分数，所有指标均为100%，表明模型在所有品种的分类上都表现
出色。
    混淆矩阵：混淆矩阵显示模型在所有测试样本上的预测都是正确的。
    总结
    整个分析过程表明，使用的KNN模型能够非常准确地预测鸢尾花的品种。数据集的特征之间存在明显的区
分，这有助于模型的高准确度。
```

其中生成的特征关系可视化图表如图 3.23 所示。

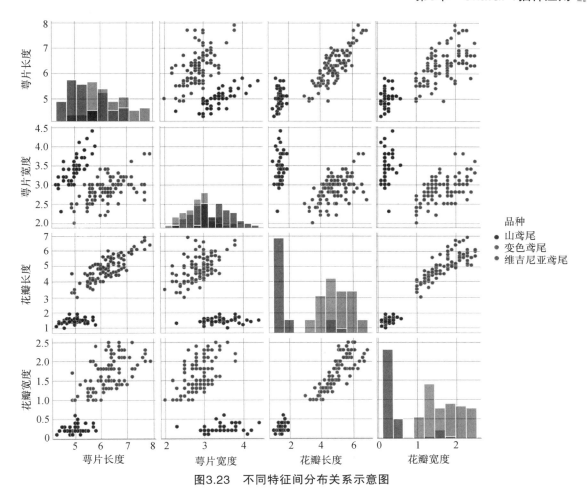

图3.23 不同特征间分布关系示意图

3.3.2 其他常用插件介绍

目前 plugin store 中有 800 多个插件,浩如烟海,因此本节我们将通过表格方式告诉大家一些数据分析中常用的重点插件,大家可以自行下载安装这些插件,感受其用途,如表 3.1 所示。

表 3.1　数据分析常用重点插件

名称	简介
Chat With Excel	该插件使用户能够使用 AI 进行复杂的 Excel 操作
Data Interpreter	在安全执行环境中使用 python 代码解释器分析数据
Yabble	创建调查,收集数据并进行分析

续表

名称	简介
Yay! Forms	创建 AI 驱动的表格、调查、测验或问卷调查形式
Wolfram	通过 Wolfram|Alpha 和 Wolfram 语言访问计算、数学、精选知识和实时数据
Sentiment Analysis	协助用户对文本进行情感分析
WebPilot	浏览和质量保证网页、PDF 和数据，根据一个或多个 URL 生成文章
AI Data Analyst	官方介绍："以前所未有的方式深入研究您的数据。没有代码，没有复杂的查询；只是简单的英语。"
PortfolioPilot	您的 AI 投资指南：组合评估、推荐以及回答所有金融问题
KeyMate.AI Search	KeyMate.AI 是一个 AI 驱动的网络搜索引擎，可以通过自定义搜索引擎搜索网络
ChatSpot	获取营销 / 销售数据，包括域名信息、公司研究和搜索关键词研究
Statis Fund Finance	用于分析股票的金融数据工具，可以获取股票报价，分析移动平均线、RSI（相对强弱指数）等

第 4 章
ChatGPT 构建指标体系实战

每当各种"大促"结束后，各个电商平台或者电商商家往往会放出一系列诸如"本次大促 GMV 突破 100 亿元"或者"本次大促销售商品数量破万件"的战报。然而实际上如果想要更加全面、客观地评估大促乃至企业的业务运行状况，只看各个孤立的重要指标是远远不够的，还要从整体入手，通过构建指标体系来衡量业务状况。

所谓指标体系，就是将多个指标按照一定关系构成一个整体，指标体系在数据分析中有着非常重要的作用和地位。它把业务逻辑化，是衡量和评估业务运行状况的关键工具，可以帮助企业或组织了解运行状况，发现问题，寻找迭代优化方向，进而提高企业效率。

使用 ChatGPT 协助人工自动化构建指标体系，既可以减少人工工作量和时间成本，还可以更有效地保证指标体系的完整和全面。此外，它构建指标体系时可以减少主观因素的干扰，提供客观而一致的评估标准。

4.1 案例背景和任务

近年来，电子商务行业迎来了垂类电商公司的兴起。这些公司或专注于特定的垂直市场，或潜心在特定领域锤炼产品，通过深度专注和精细化服务来满足消费者的特定需求。

5 年前，A 公司创始团队注意到在美容和护肤领域，消费者对个性化和高品质产品的需求日益增长，并且以此为契机建立了一个专注于高品质美容产品的电商平台。在初创阶段，团队积极寻找与其品牌理念和价值观相契合的高品质美容品牌进行合作，从而确保产品的品质和可靠性，他们还对市场进行了深入研究，根据消费者的需求和趋势，精选出一系列具有差异化竞争优势的产品。此外，为了提升用户体验和加强个性化服务，他们开发了一个直观且易于导航的电商平台，并提供详细的产品信息、用户评价和专业的美容建议，从而为用户提供无缝的购物体验。在这一套组合拳的帮助下，A 公司在短短几年内就实现了业务的大幅增长。

但是，随着业务体量和团队规模的扩大，A 公司内部也逐渐暴露出一些问题。比如当员工们讨论业务状况时，大家衡量业务的方法和指标五花八门，甚至有些指标的名字一样，可是含义和口径却大相径庭；有些部门在考量部门运作情况时选择了过多或过少的指标，甚至错误选择了与业务目标无关或不可操作的指标；有些部门虽然形成了自己的指标体系，但是却缺乏对指标结果的分析和反馈机制，使得指标体系仅仅成为"大家看一看就过去了"的可有可无的存在。这些问题不仅困扰着各个业务团队，由于缺乏标准定义和适当的指标管理，开发团队在进行数据采集和数据更新时也会陷入需求沟通混乱、重复返工导致进度延期甚至产出不满足业务需求的境况。

在这种情况下，对于A公司来说，选取合适的指标构建指标体系和形成对应的指标字典来监测、指导业务发展已是刻不容缓的事。然而与此同时，A公司的数据分析团队在两个月前才创立，此时正忙于团队培训和处理业务部门堆积的取数需求，并没有足够的人力投入该事项中。

最终，数据分析团队和业务部门经过商议后决定，该项目将由 ChatGPT 生成相关内容，人工主要对其生成结果进行调整和落地。

4.2 指标体系知识提要

本节将从常用指标和指标体系构建方法两个方面对指标体系相关知识进行总结，尽管我们可以将具体的指标体系生成工作交给 ChatGPT 去处理，但是只有掌握了这些相关知识，我们才能有的放矢地通过 ChatGPT 搭建指标体系，且我们产出的指标体系也会因此更加富有逻辑性和框架性。

4.2.1 常用指标

指标是指将业务单元细分后量化的度量值，它使得业务目标可描述、可度量、可拆解。它是业务和数据的结合，是统计的基础，也是量化效果的重要依据。

指标在我们的生活中其实无处不在，比如当我们想要知道自己的身体是否健康时，如果仅用"我感觉今天头有点不舒服"或者"我身体一直非常棒"这样的语言来描述，就会显得过于主观并且缺乏依据。只有当我们去医院做完体检后，凭借体检报告中血压、血糖等各项身体指标才能客观、有理有据地说明我们的健康状况。

对于企业也是同理，我们如果要表达"A 产品最近卖得不如 B 产品好"或者"C 网站近期吸引到不少流量"，一定要用合适的指标和精准的数值描述清楚。

（1）"A 产品最近卖得不如 B 产品好" ⇒ "A 产品 2023 年 7 月销量为 18273 件，GMV 为 381023 元；而 B 产品 2023 年 7 月销量为 29112 件，GMV 为 598846 元"。

（2）"C 网站近期吸引到不少流量" ⇒ "C 网站近 30 天 UV 为 180000，环比增长 40%，同比增长 30%"。

数据指标主要可以通过两个角度进行分类：一是按照分析对象将其划分为用户数据指标、行为数据指标、货品数据指标；二是按照流程顺序将其划分为结果型指标和过程型指标。

首先我们来看按照分析对象将其划分出来的指标。

1. 用户数据指标

几乎所有的产品都可以将其用户分为五个类型：新增用户、活跃用户、留存用户、沉默用户和流失用户，因此用户数据指标主要围绕上述用户类型展开，图4.1归纳总结了常用用户数据指标。

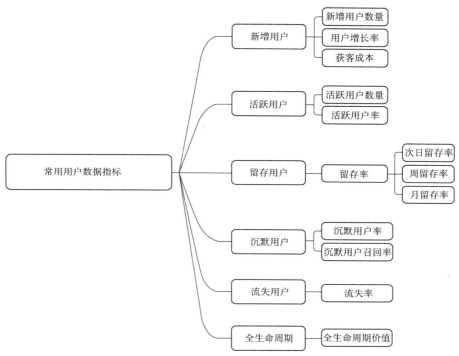

图4.1 常用用户数据指标

如果把产品的所有用户当成一个池子，那么新增用户就是活水，能够保持水的流动鲜活。针对新增用户的数据指标主要用来描述商家从不同渠道获取的新增用户的数量及新增用户的质量，常用到的新增用户指标主要包括新增用户数量、用户增长率和获客成本。

（1）新增用户数量。顾名思义，新增用户数量就是一段时间内新注册或加入的用户数量，适用于评估市场吸引力和用户增长趋势，以及衡量营销活动的效果。

（2）用户增长率。用户增长率用于衡量用户数量的增长速度。其计算方式为

$$用户增长率 =（新增用户数量 / 前期用户数量）\times 100\%$$

它主要用于评估产品或服务的用户数量是否在增加，以及市场份额的扩大程度。

（3）获客成本。获客成本是获得新客户的近似成本，简单地说，就是将潜在客户转化为想要购买产品或服务的客户所花费的资金和资源。由于获得新客户的方式有很多种，因此获客成本会有所不同。该指标的计算可以包括广告费用、市场推广费用、销售人员薪资、促销活动成本等。其计算方式为

$$获客成本 = 营销和销售成本 / 新客户数量$$

活跃用户是指在特定时间段内与产品、服务或平台进行交互或使用的用户，通俗地说，也就是那些时不时喜欢在产品或平台上"溜达"的用户。活跃用户不仅仅注册或安装了应用程序，而且会实际参与和使用产品。常用到的活跃用户指标主要包括活跃用户数量和活跃用户率。

（1）活跃用户数量。活跃用户数量就是在特定时间段内与产品、服务或平台进行交互或使用的用户的数量。不同业务和平台对活跃用户数量的计算各有差别，例如，在社交媒体平台上，活跃用户数量可以是发表帖子、评论、点赞或分享内容的用户数量；在电商平台上，活跃用户数量可以是进行购物、下订单或发表评价的用户数量。

（2）活跃用户率。活跃用户率是指活跃用户数与总用户数之间的比例关系，可以衡量用户参与度和产品使用程度。

如果没有用户，我们的产品就无用武之地；如果用户留存不好，那产品就离下线不远了。所谓留存用户，就是在特定时间段后继续使用产品、服务或平台的用户。管理学家彼得·F.德鲁克（Peter F.Drucker）指出："商业的目的在于创造和留住顾客"，留存用户对于产品或平台运营的重要程度可见一斑。数据分析中针对留存用户的数据指标主要是留存率。

留存率表示在给定时间段内继续使用产品或服务的用户比例，留存率可以用于不同时间段的衡量，如次日留存率、周留存率、月留存率等。其计算公式为

$$留存率 = （继续使用产品或服务的用户数 / 起始时期的用户数） \times 100\%$$

假设在某一周的起始时 A 公司有 1000 个用户，而在该周结束时期有 800 个用户继续使用产品或服务，则该周的留存率为

$$留存率 = （800/1000） \times 100\% = 80\%$$

处在留存状态的用户人群中，往往会有一群与商家互动行为较为稀疏或者已经处于流失边缘的用户，这些用户被称为沉默用户。衡量沉默用户状况的指标主要包括沉默用户率和沉默用户召回率。

（1）沉默用户率。沉默用户率是沉默用户数与总用户数之间的比例关系，它衡量的是处于沉默状态的用户在整体用户基数中的占比，它可以帮助企业评估用户参与度的下降情况，并作为改进用户留存策略、产品和改善用户体验的参考。

（2）沉默用户召回率。面对用户在流失边缘徘徊，企业肯定不能坐以待毙，往往会尝试各种方式进行用户召回。沉默用户召回率就是指企业成功重新激活沉默用户的比例，也称为沉默用户再参与率，它衡量的是企业在尝试重新吸引沉默用户后取得的成功程度。其计算方式为

$$沉默用户召回率 = 重新激活的沉默用户数 / 总沉默用户数 \times 100\%$$

流失用户是指曾经使用过产品、服务或平台，但在一段时间内完全停止使用并放弃了关系的用户，这些用户不再与产品或平台进行交互，可能取消了订阅、注销了账户或干脆卸载了相关软件。衡量流失用户状况的主要数据指标是流失率。

流失率是在给定时间段内停止使用产品或服务的用户比例。其计算方式为

$$流失率 = （流失用户数 / 起始时期的用户数） \times 100\%$$

它主要用于评估产品或服务的用户流失情况，判断用户流失的严重程度，为改进用户留存策略提供依据。

当我们需要评估用户在整个生命周期内对平台的贡献时，就需要用到用户生命周期价值这个指标。它衡量了一个用户在整个与企业的互动过程中对企业的经济价值，是用户在各个阶段的变现能力之和。其计算方式为

用户生命周期价值 =（平均购买金额 × 购买频率 × 用户生命周期长度）– 用户获取成本

2. 行为数据指标

在通过各种用户数据指标了解了我们的用户后，我们还需要通过一系列指标去刻画特定时间段内用户群体特定行为发生的次数和频率，这就是行为数据指标。行为数据指标可以用于评估客户行为触点的有效性，并优化低效和改进的客户行为触点，以增加特定行为的频率、提高业务行为效率和优化业务流程，从而为企业创造更多收益。

不同行业和业务流程适用的行为数据指标有较大差异，因此本部分主要讲述一些具有代表性的行为类指标：PV 和 UV、平均访问深度、转化率、K 因子。

（1）PV 和 UV。PV 即页面浏览量，是统计网站或移动应用在一定时间内页面被访问的总次数，每次页面加载算作一次浏览；与 PV 常常捆绑出现的指标是 UV，即独立访客数，它是统计网站或移动应用在一定时间内独立访问者的数量。也就是说，如果 A 公司的平台网页某日被5000 人共计打开了 10000 次，那么对应的 UV 是 5000，PV 则是 10000。

（2）平均访问深度。平均访问深度是一次访问行为中浏览的平均页面数，其计算方式为

$$平均访问深度 = PV/UV$$

如果把网站想象成图书馆，那么平均访问深度就是读者在图书馆里阅读书籍的数量，读者在图书馆中读的书越多越能说明图书馆的藏书对读者有很大的吸引力，因此平均访问深度主要用于评估用户在单次访问中的浏览兴趣和活跃程度，指导网站或应用的内容布局和导航设计。

（3）转化率。转化率是用户在网站或移动应用中完成特定目标（如购买、注册等）的比例，主要用于评估网站或移动应用的目标达成情况，衡量营销活动的效果，优化用户转化路径和提升用户转化率。

（4）K 因子。我们都希望我们的产品能快速"破圈"然后大面积"圈粉"，由星星之火发展成燎原之势，那么火焰的蔓延速度就是 K 因子。在用户运营中，K 因子常用于分析评估用户参与度和内容传播的效果，其计算方式为

$$K 因子 =（每个用户平均带来的新用户数量 × 转发率）– 1$$

3. 货品数据指标

在企业的日常实践中，用户数据指标可以帮助企业了解目标市场的需求和偏好，从而推动货品的设计与优化；反过来，货品的性质和质量又会直接影响用户的行为，因此用户数据指标、行为数据指标和货品数据指标都不是孤立存在的，而是互相联系的。

货品数据指标可以根据应用场景分成两种类型：其一是库存类货品指标，其二是业务成交类货品指标，这两个指标一"后"一"前"，互相配合。库存类货品指标在后方为业务的成交提供弹药，而业务成交类货品指标就是在衡量弹药有没有在一线业务中被充分地打出去。

图 4.2 归纳总结了常用货品数据指标。

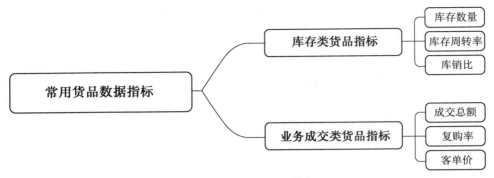

图4.2　常用货品数据指标

首先来看常见的库存类货品指标，该类型指标主要包括库存数量、库存周转率和库销比。

（1）库存数量。库存数量即企业在某个时间点持有的产品或物料的数量或在某个时间段持有的平均货品数量。在计算该指标时可以选择以下两种方式中的任意一种：

① 单位时间内库存总数量或库存总金额 / 单位时间天数；

② 单位时间内，(期初库存数量或金额 + 期库存数量或金额)/2。

（2）库存周转率。库存周转率是企业在一定时间内销售或使用库存的速度和效率，从企业经营角度来看，库存周转率越高，则库存货品越是能够快速转化为销售收入，从而减少库存风险和降低滞销风险，其计算方式为库存周转率 = 销售额 / 平均库存数量。

（3）库销比。库销比反映了库存持有风险和资金利用效率，其计算方式为库销比 = 平均库存数量 / 平均销售额。

业务成交类货品指标主要包括成交总额、复购率和客单价，下面介绍这些指标的概念和应用场景。

（1）成交总额。如果你对电商行业有一定关注，那么 GMV 这个指标你一定不会陌生，成交总额就是我们常说的 GMV。成交总额是指在特定时间段内，所有交易或销售活动所产生的总收入或总销售额。需要注意，GMV 在统计时包括销售额、取消订单金额、拒收订单金额和退货订单金额。

（2）复购率。复购率是在一定时间段内再次购买同一产品或服务的客户比例，可以衡量客户忠诚度和产品的再购买吸引力。

（3）客单价。客单价可以用来评估用户的价值和盈利能力，帮助企业了解客户购买行为和消费习惯，不同行业的客单价会有天然的差距，比如奢侈品企业的客单价往往要比快消品企业高得多。

按照分析对象将其划分出来的各种常用指标主要就是前面讲的这些，现在我们来看按照流程顺序划分出的结果型指标和过程型指标。针对这两个指标，我们主要掌握它们的划分依据和应用场景。

（1）结果型指标用于衡量用户发生某个动作后所产生的结果，通常是延后知道的，很难进行干预。结果型指标更多的是监控数据异常，或者是监控某个场景下用户需求是否被满足。

（2）过程型指标是用户在做某个动作时所产生的指标，可以通过某些运营策略来影响这个过程指标，从而影响最终的结果，过程型指标更加关注用户的需求为什么被满足或没被满足。

4.2.2　指标体系构建方法

在4.2.1节，我们了解了不同指标的概念和应用，但是要完整、全面地描述业务，光用单个指标肯定是远远不够的。比如我们在描述天气的时候，如果只知道今天的温度是25摄氏度，那我们今天出门是穿长袖还是短袖？要不要带伞？要不要涂抹防晒霜？只有知道今天的温度、湿度、天气类型等各个指标才能作出分析判断。

因此我们要把多个指标按照一定关系构成一个整体，也就是形成指标体系，才能更有效地进行分析和决策。

指标体系构建方法主要包括两个步骤：一是指标选取，二是指标体系搭建。

1. 指标选取

如果你不幸在森林中迷路需要辨别方向，寻找北极星这个老生常谈的方法肯定会第一时间出现在你的脑海里，因为无论你在哪里，北极星总是指向北方。同样，公司如果想要辨别自己的方向，找出适合自己的经营模式，也是需要"北极星"来指引的，也就是我们所说的北极星指标（North Star Metric）。

北极星指标是指标选取的常用方法，也被称为第一关键指标，它是在产品的当前阶段与业务或战略相关的绝对核心指标，应当紧密联系公司的核心业务目标，并通过衡量用户行为和价值创造来反映公司的业务增长情况。

因此，在选择北极星指标时首先要明确公司的核心业务目标和战略方向，其次要深入了解目标用户群体及其需求，分析用户对产品或服务的核心价值并识别影响业务增长的关键业务要素。在此基础上，对候选指标进行综合权衡和筛选，考虑指标的全面性、代表性、适应性和灵活性，最终选择能够全面反映公司业务健康状况且与业务目标一致的北极星指标。

如果发现单一指标不能全面体现公司的经营情况，可以考虑加入其他指标作为"制衡指标"，比如很多电商公司会将北极星指标设置为GMV，将辅助指标设置为订单量。既然有指引方向的作用，那方向一定要一致，所以要尽量控制指标数量，越聚焦越好。指标也不可选太多，指标太多，容易变得不知轻重；指标太少，只有一个，容易变得视野狭隘、盲目前进。

2. 指标体系搭建

指标体系搭建方法主要有两种，即指标分级和OSM模型，下面对这两种方法分别进行介绍。

（1）指标分级。指标分级主要是指标内容纵向的思考，根据企业战略目标、组织及业务过程进行自上而下的指标分级。对指标进行层层剖析，主要分为三级，分别称为T1级指标、T2级指标和T3级指标。

如果企业是一棵参天大树，那么T1级指标就是树根，是最高级别的指标，直接与企业的战略目标和核心价值相关。这些指标对于企业的成功和可持续发展至关重要，能够全面反映企业整体业务表现和业务增长情况。

T2级指标就像是树干，是次级别的指标，衡量关键业务要素和关键业务流程的关键驱动因素。这些指标对于实现T1级指标和战略目标具有重要影响，能够直接衡量和监控企业的关键业务表现和业务健康状况。

T3级指标就像是树枝，是更具细化和具体性的指标，用于提供更详细的业务信息和补充性的分析。这些指标通常用于支持决策、优化业务流程和深入了解特定业务环节，但相对于T1级和T2级指标来说，对企业整体业务目标的直接影响较小。

（2）OSM模型。OSM模型是指标体系建设过程中辅助确定核心的重要方法。它包含业务目标、业务策略和业务度量，是指标内容横向的思考，下面我们分别解释"O""S""M"的含义。

"O"即objective，代表目标。目标是组织设定的具体、可衡量的业务目标。它们应与组织的战略目标和长期愿景保持一致。目标应具有明确的定量或定性度量标准，以便进行衡量和追踪。

"S"即strategy，代表策略。策略是为实现目标而制定的行动方案和决策。在OSM模型中，策略是指导实现目标的路线图和计划。策略选择需要考虑组织的资源、竞争环境和市场需求等因素，以确保有效地实现目标。

"M"即measurement，代表度量。度量是指标体系中用于衡量和评估业务绩效的具体度量指标。在OSM模型中，度量是与目标和策略对应的指标。这些指标应该准确地反映业务绩效和目标的达成情况，选择适当的度量指标能够帮助组织监控和改进业务绩效。

4.2.3　指标字典

在4.1节的案例中，我们提到A公司的指标混乱的现状：指标命名随意，不易理解；各部门指标的名称不同口径相同、指标名称相同口径不同等。要解决这些问题，需要公司各部门统一数据口径，要共用指标，也就是公司要有大家都参考使用的指标说明。

那如何形成一个大家都认同的指标说明呢？

假设我们把公司的各个指标比作一个庞大的词汇库，那么"指标字典"就好比一本词典。在这本词典里，每一个指标都被有序、有组织地整理好，就像词典中的每一个词条。当你对某个指标有疑问时，只需翻阅这本词典，就能找到关于该指标的详细解释，包括它的定义、计算方法、相关维度等。

这样的指标字典不仅能确保公司内部各部门对指标的理解保持一致，还能大大提高沟通效率，减少不必要的误解和重复劳动。它是公司数据化建设的基石，也是数据平台搭建的关键。

而"指标体系"与"指标字典"虽然都涉及指标，但它们的侧重点不同。指标字典更像是一个索引，列出了所有的指标，并为每一个指标提供详细的解释。而指标体系则更注重指标之间的逻辑关系，它按照业务的组织结构对指标进行分类和整合。

要建立一个完善的指标字典，我们需要考虑以下几个方面。

（1）指标分类。为了方便查找，我们需要按照业务方向对指标进行分类。

（2）指标名称。每个指标的名称都应该简单明了，且具有规范性。

（3）计算方法。明确每个指标的计算方式，包括它的汇总方法和度量单位。

（4）可用维度。列出与该指标相关的所有可能维度，如时间、年龄、性别等。这些维度可以根据实际需求进行选择和组合。

（5）指标映射。解释这个指标能够反映的业务情况和它的应用场景。

表4.1是某指标字典示例，供大家直观感受。

表 4.1 某指标字典示例

序号	指标分类	指标名称	计算方法	可用维度	指标映射
1	销售	日销售额	总销售额 / 天数	时间、产品类别、地区	反映每日的销售情况
2	销售	月度退货率	退货数量 / 总销售数量 ×100%	时间、产品类别	反映产品的退货情况
3	客户	新增客户数	当日新注册客户总数	时间、来源、地区	反映每日吸引的新客户数量
4	客户	客户留存率	第二次购买客户数 / 首次购买客户数 ×100%	时间、产品类别	反映客户的忠诚度

4.3 使用ChatGPT搭建指标体系

在4.2节的理论知识提要中，我们学习了常用的业务指标以及搭建体系指标的流程和方法，从本节开始，我们将回到4.1节的背景案例中，结合A公司的实际需求以及ChatGPT使用方法，完成指标体系的搭建、绘制指标体系结构图，并根据指标体系进行实际的洞察和分析，在此先介绍ChatGPT使用流程（图4.3）。

（1）定义问题和产出，在使用ChatGPT前，我们就应想明白需要解决的具体问题和预期产出的结果。

（2）向ChatGPT提问，即通过和ChatGPT的交互来获取答案。考虑到不同的问答方式将得到不同的答案，该步骤的重点问题在于我们该如何提问。

（3）评价答案，即针对ChatGPT给出的答案，联系第一步定好的"预期"，我们要评价答案满足了我们的哪些预期、哪里有不足、哪里还能改进，并且可以通过更深层的问题来确认答案是否值得采纳。

（4）迭代提问内容，即根据针对答案的评估结果，迭代提问内容或者进行追问，从而让ChatGPT给出的答案满足我们的预期。

（5）产出成果应用，当ChatGPT给出我们预期的产出后，要将产出与实际结合起来进行应用。

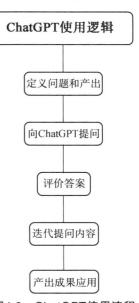

图4.3 ChatGPT使用流程

4.3.1 选择北极星指标

现在我们开始正式使用ChatGPT去为A公司搭建指标体系，作为开始的第一步，我们需要使用 ChatGPT 找到 A 公司在现阶段最重视、最关键的指标，这个指标要为整个指标体系定下基调，整个数据指标体系都围绕着它，如同众星捧月，而这，也就是本节的主角——北极星指标。

在这里我们需要 ChatGPT 输出清晰明了且符合 A 公司实际需求的北极星指标和配套指标，也就是说，我们不仅需要知晓选择某指标作为北极星指标的原因，还需要追问 ChatGPT 不选择其他指标的原因，以确保 ChatGPT 输出内容的自洽。

因此在向 ChatGPT 传达这个任务时，我们需要把握好以下几点。

（1）为了让 ChatGPT 生成的内容更符合实际所需，在传给 ChatGPT 的任务中我们需要简单地向它介绍一下 A 公司。

（2）考虑到 ChatGPT 可能会生成不止一个北极星指标和配套指标，我们需要在任务中对此作出限制。

（3）ChatGPT 在这个任务中应当扮演 A 公司资深数据分析师的角色。

根据上述思考，我们对 ChatGPT 的第一个提示如下。

> Question:
> A公司是一家初创五年的专注于高品质美容产品的电商平台，假设你是该公司的资深数据分析师，请你为该公司设计北极星指标和与北极星指标配套的辅助指标，请注意，北极星指标和辅助指标各只有一个。

ChatGPT 很快给出了回复。

> Answer:
> 在设计北极星指标和辅助指标时，我们需要考虑公司的业务模式、目标和战略。
> 对于一家专注于高品质美容产品的电商平台，我们可以考虑以下指标：
> 1.北极星指标：月活跃用户数（MAU）
> 月活跃用户数是衡量用户参与度和平台吸引力的关键指标。对于电商平台来说，用户的活跃度直接影响了销售额和增长。这个指标可以帮助我们了解用户对我们的产品和服务的兴趣和参与度。
> 2.辅助指标：平均订单值（AOV）
> 平均订单价值是衡量用户在每次购买时花费的平均金额。这个指标可以帮助我们了解用户的购买行为和消费水平，以及我们的产品定价策略是否有效。如果AOV较低，可能意味着我们需要调整产品定价或推出更高价值的产品。
>
> 这两个指标可以帮助我们了解用户的参与度和购买行为，从而制定更有效的营销和销售策略。同时，我们也需要定期检查和更新这些指标，以确保它们仍然符合我们的业务目标和战略。

ChatGPT 的答复中，既给出了北极星指标应当选择月活跃用户数（MAU）而对应的辅助指标为平均订单价值（AOV）的结论，也给出了相关的理由。

出于检验其回答正确性的目的，防止反复，我们可以继续提问它为什么不选其他指标，比如我们可以提问为什么不选择 GMV。

> Question:
> 请解释北极星指标选择MAU而不选择GMV的理由。

ChatGPT给出了如下四条理由，这些理由一方面对比了MAU和GMV侧重点的不同，另一方面结合了 A 公司的实际状况，有较强的说服力。

```
Answer:
选择月活跃用户数（MAU）作为北极星指标而不是总交易额（GMV）的理由主要有以下几点：

1.用户活跃度是业务健康的关键指标：
对于电商平台来说，用户活跃度是衡量业务健康的关键指标。一个高活跃度的用户群体意味着用户对平台的
产品和服务有持续的兴趣和需求，这对于公司的长期成功至关重要。
2.MAU反映用户参与度：
MAU是一个反映用户参与度的指标，它可以帮助公司了解用户对平台的黏性，以及平台的吸引力。如果MAU持
续增长，说明平台的用户基础在扩大，这对于公司的增长至关重要。
3.GMV可能受价格波动影响：
GMV是一个反映销售额的指标，但它可能会受到价格波动的影响。例如，如果公司提高了产品价格，GMV可能
会上升，但这并不一定意味着用户数量或活跃度也在增加。因此，GMV可能无法准确反映公司的业务健康状况。
4.MAU更能反映用户价值：
对于一家电商平台来说，用户的价值不仅仅体现在他们的购买行为上，还体现在他们的参与度和对品牌的忠
诚度上。MAU可以更好地反映这种用户价值，因为它衡量的是用户的活跃度，而不仅仅是他们的购买行为。

总的来说，选择MAU作为北极星指标，可以帮助公司更好地了解和提升用户的参与度，从而驱动业务的增长
和成功。
```

因此，我们可以确定 A 公司指标体系中的北极星指标为月活跃用户数，配套辅助指标为平均订单价值。

4.3.2　搭建指标体系

在 4.3.1 节中，我们明确了北极星指标为月活跃用户数，其配套辅助指标为平均订单价值，接下来，根据前文提到的指标体系搭建方法，我们可以在北极星指标的基础上，结合 OSM 模型和指标分级方法进行完整的指标体系搭建，我们对 ChatGPT 产出的指标体系的预期包括以下几个。

（1）输出的指标体系必须涵盖 T1、T2、T3 三个层级。

（2）输出的指标体系中，各个层级的指标必须清晰明确，不能言语模糊或产生歧义。

（3）T2 级指标应当是 T1 级指标的完整拆解，T3 级指标应当是 T2 级指标的完整拆解。

和之前一样，在传给 ChatGPT 的任务中我们会向它介绍一下 A 公司，并继续让 ChatGPT 扮演资深数据分析师的角色，同时，在这一步，我们要增加前置条件，将北极星指标已被确定的信息告知 ChatGPT。

```
Question:
A公司是一家初创五年的专注于高品质美容产品的电商平台，假设你是该公司的资深数据分析师，目前已经确
定北极星指标是MAU，北极星指标配套的辅助指标是平均订单价值，请结合OSM模型和指标分级方法搭建指标体系。
```

以下是 ChatGPT 的答复：

```
Answer:
在这个指标体系中:
我们的目标(objective)是提高月活跃用户数(MAU)和平均订单价值。
我们的策略(strategy)包括提高用户参与度和提高用户购买力。
我们的度量(measurement)包括:
T1级指标: MAU和平均订单价值
T2级指标: 对于MAU, 我们有新用户数、用户留存率和用户活跃度; 对于平均订单价值, 我们有订单数量、
每单商品数量和每单商品平均价格。
T3级指标: 对于新用户数和订单数量, 我们进一步细分为通过各个渠道获得的新用户数和各个产品类别的订
单数量。
这个指标体系可以帮助我们更好地理解和度量我们的业务目标和策略的效果。
```

　　但是这样的回答显然不满足我们的预期,因为在上述回答中,不仅对 T2 级指标和 T3 级指标的列举内容较为模糊,不够清晰,并且没有对 T1、T2、T3 各层级指标之间的拆解关系进行表述。

　　因此我们可以尝试更详细地向 ChatGPT 解释何为 OSM 模型和指标分级方法,即在原先的提示后加入 OSM 模型和指标分级方法的概念和具体方法,以便 ChatGPT 更好地理解我们的指令。

　　比如我们可以在原提示后补充如下内容:"其中,OSM 模型(objective, strategy, measurement)是指标体系建设过程中辅助确定核心的重要方法。它包含业务目标、业务策略和业务度量,是指标内容横向的思考;指标分级主要是指标内容纵向的思考,根据企业战略目标、组织及业务过程进行自上而下的指标分级。对指标进行层层剖析,主要分为三级,分别称为 T1、T2 和 T3。"

```
Question:
　　A公司是一家初创五年的专注于高品质美容产品的电商平台, 假设你是该公司的资深数据分析师, 目前已经确
定北极星指标是MAU, 北极星指标配套的辅助指标是平均订单价值, 请结合OSM模型和指标分级方法进行指标体系
的搭建。其中, OSM模型(objective, strategy, measurement)是指标体系建设过程中辅助确定核心的
重要方法。它包含业务目标、业务策略和业务度量, 是指标内容横向的思考; 指标分级主要是指标内容纵向的思
考, 根据企业战略目标、组织及业务过程进行自上而下的指标分级。对指标进行层层剖析, 主要分为三级, 分别
称为T1、T2和T3。
```

　　在让指令更加清晰后,ChatGPT 给出了如下回答:

```
Answer:
　　首先, 我们需要明确A公司的业务目标(objective)。假设A公司的业务目标是提高用户活跃度和提升用户
购买力。
　　接下来, 我们需要确定实现这些目标的业务策略(strategy)。对于提高用户活跃度, 策略可能包括提供
更多的产品种类、提高产品质量、提供优质的客户服务等。对于提升用户购买力, 策略可能包括提供吸引人的优
惠和促销, 提供便捷的购物体验, 提供个性化的产品推荐等。

　　然后, 我们需要确定如何度量(measurement)这些策略的效果。对于提高用户活跃度, 我们已经确定了北
极星指标是MAU(月活跃用户数)。对于提升用户购买力, 我们已经确定了辅助指标是平均订单价值。

　　接下来, 我们可以根据指标分级方法进行指标体系的搭建。具体来说, 我们可以将指标分为三级: T1、T2和T3。
　　T1级指标: 这是最高级别的指标, 直接反映公司的战略目标。在这个例子中, T1级指标可以是MAU和平均订
单价值。
　　T2级指标: 这些指标是T1级指标的分解, 反映了实现T1级指标的关键业务过程。例如, 对于MAU, T2级指标
```

可以是新用户数、活跃用户数、用户留存率等；对于平均订单价值，T2级指标可以是订单数量、每单商品数量、每单商品平均价格等。

T3级指标：这些指标是T2级指标的进一步分解，反映了实现T2级指标的具体操作。例如，对于新用户数，T3级指标可以是通过各个渠道获得的新用户数；对于订单数量，T3级指标可以是各个产品类别的订单数量。

以上就是根据OSM模型和指标分级方法进行指标体系搭建的基本思路。具体的指标可能需要根据A公司的实际情况进行调整。

在新给出的回答中，我们可以看到：

（1）对 T1、T2、T3 各层级指标之间的拆解关系进行了表述；

（2）相对于原先的回答，给出了更完整、更明了的 T2 级指标。

因此大体上我们可以认为该回答相较之前的回答更符合我们的预期，但是，该回答对于 T3 级指标依然没有明确地给出内容，且仅给出了 T2、T3 级指标的名称，缺少基本的解释。

针对这些问题，我们要继续向它提出任务：

```
Question:
对于T2级指标和T3级指标，请完整举例。
```

这次 ChatGPT 在我们更为细化的要求提示下，给出了更加完善、可用的答复：

```
Answer:
好的，根据之前的讨论，我们可以进一步细化T2和T3级别的指标。

对于T1级别的北极星指标MAU（月活跃用户数）：

T2级指标可能包括：
    DAU（日活跃用户数）：每日使用平台的用户数量。
    用户留存率：在一定时间段内，返回使用产品的用户占比。
    用户转化率：完成特定行为（如购买）的用户占比。
对于这些T2级别的指标，我们可以进一步细化为T3级别的指标：

对于DAU：
    T3级指标可能包括各个渠道的DAU（如通过社交媒体、电子邮件、搜索引擎优化等获得的DAU）。

对于用户留存率：
    T3级指标可能包括各个时间段的用户留存率（如1日留存率、7日留存率、30日留存率等）。

对于用户转化率：
    T3级指标可能包括各个行为的用户转化率（如浏览到购买的转化率、加入购物车到购买的转化率等）。

对于T1级别的辅助指标平均订单价值：

T2级指标可能包括：
    订单数量：每月用户下单的数量。
    每单商品数量：每个订单中商品的平均数量。
```

> 每单商品平均价格：每个订单的平均商品价格。
>
> 对于这些T2级别的指标，我们可以进一步细化为T3级别的指标：
>
> 对于订单数量：
> T3级指标可能包括各个产品类别的订单数量。
>
> 对于每单商品数量：
> T3级指标可能包括各个产品类别的每单商品数量。
>
> 对于每单商品平均价格：
> T3级指标可能包括各个产品类别的每单商品平均价格。
>
> 这些都是根据A公司的业务目标和策略设定的可能的T2级和T3级指标。具体的指标可能需要根据A公司的实际情况进行调整。

让我们一一对照我们的预期，看看 ChatGPT 是否不打折扣地完成了任务。

（1）输出的指标体系必须涵盖 T1、T2、T3 三个层级 ⇨ 输出结果涵盖这三个层级，该预期已实现。

（2）输出的指标体系中，各个层级的指标必须清晰明确，不能言语模糊或产生歧义 ⇨ 输出结果中给出了完整且明确的指标内容，该预期已实现。

（3）T2 级指标应当是 T1 级指标的完整拆解，T3 级指标应当是 T2 级指标的完整拆解 ⇨ 输出结果中给出了各个层级间的拆解关系，该预期已实现。

至此，ChatGPT 已经成功结合 OSM 模型和指标分级方法进行完整的指标体系搭建，给出了从 T1 级指标到 T3 级指标全部的搭建工作。我们可以通过调用 Diagrams 插件来绘制指标体系结构图，该插件的具体使用方法在第 3 章中有详细讲述，在此不赘述。

> Question:
> 请根据上述的内容，给出一份完整的T1、T2、T3指标体系结构图，语言为中文，且指标体系结构图的文字不要重叠。

ChatGPT 输出的 A 公司指标体系结构图如图 4.4 所示。

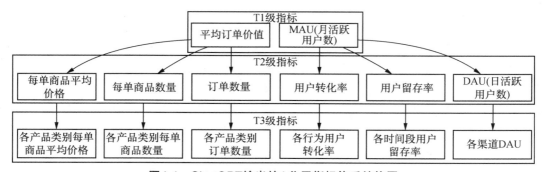

图4.4　ChatGPT输出的A公司指标体系结构图

接下来，我们要使用该指标体系对 A 公司的实际业务进行洞察，根据 ChatGPT 给出的指标体系，我们调研 A 公司各个关键指标数据如表 4.2 所示。

表 4.2　A 公司某月各项数据指标

数据指标	数值
MAU（月活跃用户数）	100000
DAU（日活跃用户数）	10000
用户留存率	50%
转化率	5%
平均订单价值	$50
每单商品数量	2
平均商品价格	$25
直接访问的 DAU	6000
社交媒体渠道的 DAU	2000
搜索引擎渠道的 DAU	2000
护肤品类订单数量	5000
香水类订单数量	3000
护肤品类每单商品数量	2
香水类每单商品数量	1

我们既可以采用 Code Interpreter 上传这些数据，也可以通过 Noteable 插件先传输至 Noteable Notebook，再使用 ChatGPT 进行读取。这两种方式的具体实现在第 3 章的插件说明中有详细论述，在此不做赘述。

在实际应用的步骤中，我们可以继续要求 ChatGPT 扮演 A 公司资深数据分析师的角色，对我们给出的各项数据指标进行洞察，并给出我们可能的分析思路和相关结论。

Question:
　　假设你是A公司的资深数据分析师，根据上传的数据，先写出你对各个指标结果的洞察和现状判断，再详细写下你的后续分析思路和可能的结论。

ChatGPT 的回答如下：

ChatGPT:
好的，让我们根据上述的指标数值进行分析。
洞察和现状判断：
● 我们的MAU为100000，DAU为10000，这意味着我们的用户基础相对稳定，但日活跃用户数相对于月活跃用户数较低，可能存在用户黏性不足的问题。
● 用户留存率为50%，这是一个相对较高的留存率，说明我们的用户体验和产品质量得到了用户的认可。
● 用户转化率为5%，这个数字相对较低，可能存在用户在浏览和购买之间的转化问题，需要进一步分析用户的购物行为。

- 平均订单价值为50美元，每单商品数量为2，每单商品平均价格为$25，这说明我们的用户在每次购买时都会购买多个商品，且商品的平均价格较高，这是我们的优势。
- 从各渠道的DAU来看，直接访问渠道的用户最多，说明我们的品牌知名度较高，但社交媒体和搜索引擎的引流效果需要提升。
- 从各产品类别的订单数量和每单商品数量来看，护肤品类的销售最好，但香水品类的每单商品平均价格最高，说明不同的产品类别有不同的销售特点，需要针对性的策略。

后续分析思路和可能的结论：

- 对于用户黏性不足的问题，我们需要进一步分析用户的行为数据，了解用户的活跃度低的原因，可能的原因包括产品种类不足、用户体验不佳等。我们可以通过用户调研、数据挖掘等方式获取更多信息。
- 对于用户转化率低的问题，我们需要深入理解用户的购物行为，了解用户在浏览和购买之间的转化障碍，可能的原因包括价格过高、购物流程复杂等。我们可以通过A/B测试、用户访谈等方式进行验证。
- 对于各渠道的引流效果，我们需要分析各渠道的用户质量和转化率，了解哪些渠道的用户更有可能进行购买，然后优化我们的营销策略，提高有效的用户引流。
- 对于各产品类别的销售情况，我们需要分析各类别的用户偏好和购买行为，了解哪些类别的产品更受欢迎，然后优化我们的产品结构，提高销售额。

以上就是我对当前指标结果的洞察和现状判断，以及后续的分析思路和可能的结论。希望这些信息能帮助我们更好地理解A公司的业务状况，并为后续的决策提供支持。

可见，根据当前 A 公司的某月指标数据，我们发现 A 公司可能存在用户黏性不足、浏览购买转化率较低、社交媒体和搜索引擎的引流效果需要提升的问题，同时 A 公司当前的优势包括留存率较高、用户单次购买商品数量多且价格较高等。

当然，这些洞察结论需要和相关业务部门进行探讨后才能得到最终确认。

此外，ChatGPT 还给出了后续针对 A 公司业务的分析思路和可能的结论，我们可以在后续的分析中尝试落地这些思路，从而指导业务解决当前 A 公司存在的问题。

4.3.3 输出指标字典

通过 4.3.1 节和 4.3.2 节的努力，我们成功地通过 ChatGPT 输出了完整的指标体系，但是前面提到的 A 公司所面临的众多问题中，有一项问题我们还尚未解决："有些指标的名字一样，可是含义和口径却大相径庭"，对于该问题，我们可以通过指标字典来确保公司内部各部门对指标的理解一致，从而减少不必要的误解和重复劳动。

结合前文讲解指标字典的相关知识，我们对 ChatGPT 产出的指标字典的预期应包括以下几个。

（1）输出的指标字典应当是完整性的，即指标字典至少应当包括指标分类、指标名称、计算方法、可用维度和指标映射。

（2）考虑到我们在构建指标体系时采用了指标分级方法，因此输出的指标字典中应当包括各个指标的层级。

（3）输出的指标字典应当完整覆盖我们的指标体系的全部指标。

（4）输出的指标字典对于各个指标的名称、分类、计算方法等内容的描述应当清晰准确，不能语焉不详。

根据上述思考，我们对 ChatGPT 的提示如下：

Question:
请你扮演资深数据分析师的角色，为A公司的指标体系构建指标字典，输出的指标字典应为表格，且应当包括指标层级、指标类别、指标名称、计算方法、可用维度、指标映射等内容。

请注意，A公司的指标体系如下，对于T1级别的北极星指标MAU（月活跃用户数）：

T2级指标可能包括：
DAU（日活跃用户数）：每日使用平台的用户数量。
用户留存率：在一定时间段内，返回使用产品的用户占比。
用户转化率：完成特定行为（如购买）的用户占比。

对于这些T2级别的指标，我们可以进一步细化为T3级别的指标：
对于DAU：
T3级指标可能包括各个渠道的DAU（如通过社交媒体、电子邮件、搜索引擎优化等获得的DAU）。

对于用户留存率：
T3级指标可能包括各个时间段的用户留存率（如1日留存率、7日留存率、30日留存率等）。
对于用户转化率：
T3级指标可能包括各个行为的用户转化率（如浏览到购买的转化率、加入购物车到购买的转化率等）。

对于T1级别的辅助指标平均订单价值：
T2级指标可能包括：
订单数量：每月用户下单的数量。
每单商品数量：每个订单中商品的平均数量。
每单商品平均价格：每个订单的平均商品价格。

对于这些T2级别的指标，我们可以进一步细化为T3级别的指标：
对于订单数量：
T3级指标可能包括各个产品类别的订单数量。
对于每单商品数量：
T3级指标可能包括各个产品类别的每单商品数量。
对于每单商品平均价格：
T3级指标可能包括各个产品类别的每单商品平均价格。

很快，ChatGPT 给出了回答，它提供的指标字典如表 4.3 所示。

表 4.3　指标字典初稿

指标层级	指标类别	指标名称	计算方法	可用维度	指标映射
T1	用户活跃度	MAU	每月使用平台的独立用户数量	时间维度	观察月度用户活跃情况
T2	用户活跃度	DAU	每日使用平台的独立用户数量	时间维度	观察日度用户活跃情况
T2	用户活跃度	用户留存率	在一定时间段内，返回使用产品的用户占比	时间段（如1日、7日、30日）	观察用户的忠诚度和产品的黏性

续表

指标层级	指标类别	指标名称	计算方法	可用维度	指标映射
T2	用户活跃度	用户转化率	完成特定行为的用户占比	行为（如浏览、购买）	观察用户从进入到完成购买的转化情况
T3	用户活跃度	各渠道DAU	每日通过特定渠道使用平台的独立用户数量	渠道	观察各渠道的日度用户活跃情况
T3	用户活跃度	各时间段用户留存率	在特定时间段内，返回使用产品的用户占比	时间段	观察不同时间段的用户留存情况
T3	用户活跃度	各行为用户转化率	完成特定行为的用户占比	行为	观察从浏览到购买的转化情况
T1	销售数据	平均订单价值	总销售额/订单数量	时间维度、产品类别	观察用户的购买力
T2	销售数据	订单数量	每月用户下单的数量	时间维度、产品类别	观察月度销售情况
T2	销售数据	每单商品数量	每个订单中商品的平均数量	产品类别	观察用户的购买习惯
T2	销售数据	每单商品平均价格	每个订单的平均商品价格	产品类别	观察产品的受欢迎程度
T3	销售数据	各产品类别订单数量	每月特定产品类别的订单数量	产品类别	观察各产品类别的月度销售情况
T3	销售数据	各产品类别每单商品数量	每个订单中特定产品类别的商品数量	产品类别	观察用户对各产品类别的购买习惯
T3	销售数据	各产品类别每单商品平均价格	每个订单的特定产品类别的平均商品价格	产品类别	观察各产品类别的受欢迎程度

根据ChatGPT输出的指标字典，我们可以看到该指标字典包括指标层级、指标类别、指标名称、计算方法、可用维度、指标映射六个字段，覆盖了我们的前两个预期，同时它也完整覆盖我们的指标体系的全部指标。

但是在该指标字典中，我们可以看到对于可用维度的描述比较笼统，没有具体说明，不够清晰，因此针对这个问题，我们需要在这个回答的基础上追问ChatGPT。

```
Question:
    对于可用维度部分，请你展开描述，比如：时间维度可以包含哪些时间周期？渠道具体可以包含哪些渠道？产品类别可以包含哪些产品类目？行为具体有哪些？请细化维度后再次输出指标字典。请注意，A公司是一个专注于高品质美容产品的电商平台。
```

这次，ChatGPT首先指出：

```
Question:
●   时间维度：可以包括日、周、月、季度、年等时间周期。
●   渠道：可能包括社交媒体（如Instagram、Facebook、WeChat）、电子邮件营销、搜索引擎优化
```

（SEO）、搜索引擎营销（SEM）、直接访问、推荐链接、合作伙伴推广等。
- 产品类别：考虑到是高品质美容产品的电商平台，产品类别可能包括护肤、彩妆、香水、护发、身体护理、美容工具等。
- 行为：可能包括浏览、搜索、加入购物车、购买、收藏、评论、分享等。

接着 ChatGPT 给出了新的指标字典，如表 4.4 所示。

表 4.4　A 公司指标字典

指标层级	指标类别	指标名称	计算方法	可用维度	指标映射
T1	用户活跃度	MAU	每月使用平台的独立用户数量	月	观察月度用户活跃情况
T2	用户活跃度	DAU	每日使用平台的独立用户数量	日	观察日度用户活跃情况
T2	用户活跃度	用户留存率	在一定时间段内，返回使用产品的用户占比	1日、7日、30日、90日、365日	观察用户的忠诚度和产品的黏性
T2	用户活跃度	用户转化率	完成特定行为的用户占比	浏览、搜索、加入购物车、购买、收藏、评论、分享	观察用户从进入到完成购买的转化情况
T3	用户活跃度	各渠道 DAU	每日通过特定渠道使用平台的独立用户数量	社交媒体、电子邮件、SEO、SEM、直接访问、推荐链接、合作伙伴	观察各渠道的日度用户活跃情况
T3	用户活跃度	各时间段用户留存率	在特定时间段内，返回使用产品的用户占比	1日、7日、30日、90日、365日	观察不同时间段的用户留存情况
T3	用户活跃度	各行为用户转化率	完成特定行为的用户占比	浏览、搜索、加入购物车、购买、收藏、评论、分享	观察从浏览到购买的转化情况
T1	销售数据	平均订单价值	总销售额 / 订单数量	护肤、彩妆、香水、护发、身体护理、美容工具	观察用户的购买力
T2	销售数据	订单数量	每月用户下单的数量	护肤、彩妆、香水、护发、身体护理、美容工具	观察月度销售情况
T2	销售数据	每单商品数量	每个订单中商品的平均数量	护肤、彩妆、香水、护发、身体护理、美容工具	观察用户的购买习惯
T2	销售数据	每单商品平均价格	每个订单的平均商品价格	护肤、彩妆、香水、护发、身体护理、美容工具	观察产品的受欢迎程度
T3	销售数据	各产品类别订单数量	每月特定产品类别的订单数量	护肤、彩妆、香水、护发、身体护理、美容工具	观察各产品类别的月度销售情况
T3	销售数据	各产品类别每单商品数量	每个订单中特定产品类别的商品数量	护肤、彩妆、香水、护发、身体护理、美容工具	观察用户对各产品类别的购买习惯
T3	销售数据	各产品类别每单商品平均价格	每个订单的特定产品类别的平均商品价格	护肤、彩妆、香水、护发、身体护理、美容工具	观察各产品类别的受欢迎程度

可以看到，经过我们的第二次追问和提示之后，ChatGPT完善了可用维度的内容，当前的结果也得以满足我们在本小节开篇所设想的四个预期。

4.4 ChatGPT指标体系搭建实战总结

1.常用指标知识总结

常用指标是量化和评估业务性能的关键工具。它们提供了一种方法来衡量、比较和追踪业务活动的效果。

（1）用户数据指标。

① 定义：关注用户群体和其与产品的互动。

② 主要指标：包括新增用户、活跃用户、留存用户、流失用户等。

（2）行为数据指标。

① 定义：反映用户在产品或服务中的具体行为。

② 主要指标：如页面浏览次数、点击率、交互频次等。

（3）货品数据指标。

① 定义：与产品相关的性能指标。

② 主要指标：如销售量、库存水平、退货率等。

2.指标选取知识总结

北极星指标是指标体系构建中的一种关键方法，旨在确定一个核心指标，指引和激励整个企业的战略方向和日常操作。

（1）北极星指标的定义与重要性。

① 定义：北极星指标是一个单一的关键指标，代表了企业的核心价值并直接与长期成功相关。

② 重要性：它帮助团队集中注意力和资源，确保所有努力都围绕推动这个核心指标的增长。

（2）确定北极星指标。

① 与业务目标一致：确保北极星指标与企业的长期目标和愿景紧密相连。

② 衡量关键行为：该指标应反映用户或客户的核心行为，这些行为直接影响企业的成长和收益。

③ 易于理解和沟通：一个有效的北极星指标应该直观，易于所有团队成员理解。

3.指标分级方法知识总结

指标分级方法涉及将指标按照重要性和功能分为不同的层级，以建立一个清晰、结构化的指标体系。

（1）高层指标：这些通常是战略层面的指标，反映企业的整体目标和长期愿景。

（2）中层指标：关注业务单元或部门的性能，如营销、销售、客户服务等。

（3）低层指标：这些指标通常是操作层面的，关注日常活动和过程的效率。

4. OSM 模型知识总结

OSM 模型是一种全面的指标体系构建方法，它将企业的目标、战略和具体措施紧密结合。

（1）组成要素。

① 目标：清晰定义企业的长期愿景和目标。

② 战略：确定达成这些目标的战略方法或途径。

③ 措施：具体的行动计划和指标，用以执行战略并实现目标。

（2）实施步骤。

① 目标设定：基于企业愿景和市场状况设定清晰、可量化的目标。

② 战略制定：开发达成这些目标的战略计划。

③ 措施确定：制订具体的行动计划和衡量成功的关键指标。

5. 重点实操总结

（1）选择北极星指标。在本阶段，我们使用 ChatGPT 输出清晰明了且符合 A 公司实际需求的北极星指标和配套指标，并明确了北极星指标定为月活跃用户数（MAU），其配套辅助指标为平均订单价值。提示词如下：

> Question:
> 　A公司是一家初创五年的专注于高品质美容产品的电商平台，假设你是该公司的资深数据分析师，请你为该公司设计北极星指标和与北极星指标配套的辅助指标，请注意，北极星指标和辅助指标各只有一个。

（2）搭建指标体系。在本阶段，我们使用 ChatGPT 结合 OSM 模型和指标分级方法进行完整的指标体系搭建，输出了涵盖 T1、T2、T3 三个层级的指标体系。提示词如下：

> User:
> 　A公司是一家初创五年的专注于高品质美容产品的电商平台，假设你是该公司的资深数据分析师，目前已经确定北极星指标是MAU，北极星指标配套的辅助指标是平均订单价值，请结合OSM模型和指标分级方法进行指标体系的搭建。其中，OSM模型（Objective, Strategy, Measurement）是指标体系建设过程中辅助确定核心的重要方法。它包含业务目标、业务策略和业务度量，是指标内容横向的思考；指标分级主要是指标内容纵向的思考，根据企业战略目标、组织及业务过程进行自上而下的指标分级。对指标进行层层剖析，主要分为三级，分别称为T1、T2和T3。

（3）输出指标字典。在本阶段，我们使用 ChatGPT 结合前文讲解指标字典的相关知识，输出了完整的指标字典，指标字典应当包括指标分类、指标名称、计算方法、可用维度和指标映射，完整覆盖我们的指标体系的全部指标，提示词如下：

> User:
> 　请你扮演资深数据分析师的角色，为A公司的指标体系构建指标字典，输出的指标字典应为表格，且应当包括指标层级、指标类别、指标名称、计算方法、可用维度、指标映射等内容。
> 　请注意，A公司的指标体系如下："对于T1级别的北极星指标MAU（月活跃用户数）：

T2级指标可能包括：
- DAU（日活跃用户数）：每日使用平台的用户数量。
- 用户留存率：在一定时间段内，返回使用产品的用户占比。
- 用户转化率：完成特定行为（如购买）的用户占比。

对于这些T2级别的指标，我们可以进一步细化为T3级别的指标：

对于DAU：
- T3级指标可能包括各个渠道的DAU（如通过社交媒体、电子邮件、搜索引擎优化等获得的DAU）。

对于用户留存率：
- T3级指标可能包括各个时间段的用户留存率（如1日留存率、7日留存率、30日留存率等）。

对于用户转化率：
- T3级指标可能包括各个行为的用户转化率（如浏览到购买的转化率、加入购物车到购买的转化率等）。

对于T1级别的辅助指标平均订单价值：

T2级指标可能包括：
- 订单数量：每月用户下单的数量。
- 每单商品数量：每个订单中商品的平均数量。
- 每单商品平均价格：每个订单的平均商品价格。

对于这些T2级别的指标，我们可以进一步细化为T3级别的指标：

对于订单数量：
- T3级指标可能包括各个产品类别的订单数量。

对于每单商品数量：
- T3级指标可能包括各个产品类别的每单商品数量。

对于每单商品平均价格：
- T3级指标可能包括各个产品类别的每单商品平均价格。

第5章

ChatGPT 数据采集与清洗实战

在数据分析的广阔领域中，数据采集与清洗是最基础也是最关键的步骤。正如一座高楼大厦需要坚实的地基，高质量的数据分析也离不开完整、准确的数据源。

在现代社会，数据无处不在，从社交媒体的点赞、评论，到商业交易的每一笔记录，再到医疗、交通、环境等领域的各种数据。这些数据是宝贵的知识源泉，但也常常混杂着噪声、缺失值和异常点。如何从这海量、复杂的数据中提取有价值的信息，是每一位数据分析师都必须面对的挑战。数据采集不仅仅是收集数据，更重要的是选择合适的数据源，确保数据的质量和完整性。而数据清洗则涉及对数据的预处理，包括去除重复值、填补缺失值、纠正错误数据等，确保数据分析的准确性和可靠性。

在本章中，我们将学习如何将 ChatGPT 的强大功能和数据采集、数据清洗相关知识结合起来，在实际案例中实现数据采集和数据清洗。

5.1　案例背景和任务

在第 4 章，我们提到 A 公司是一个专注于高品质美容产品的电商平台。近年来，美妆行业逐渐迎来了高端化和个性化的发展趋势。消费者对于化妆品特别是口红的需求，不再仅仅停留在颜色和品牌上，更多的是追求个性化、功能化和高品质的体验。

A 公司敏锐地捕捉到了这一市场趋势。它注意到在口红领域，消费者对于时尚元素和滋润保湿功能的结合有着强烈的需求。因此，A 公司决定研发一款全新的口红产品，旨在满足现代女性的这一特定需求。

在产品研发会议上，A 公司的各个部门积极投入新产品的讨论中。于是，A 公司召开了一次新品讨论会。市场部的 Lily 提出，现在的消费者更加追求时尚，我们应该设计一款能够迎合市场趋势的口红；但研发部的 Tom 却有不同的看法，他认为，只有创新才是王道，我们应该使用新的技术和原材料，创造出一款有独特功能的口红；而设计部的 Eva 则希望设计出一款外观独特、有品牌特色的口红；销售部的 Jack 则更加务实，他关心的是如何确保新产品快速被市场接受。

会议室内，观点碰撞，火花四溅。每个人背后的观点都有其深入的原因。Lily 担心如果不迎合市场，产品可能会被消费者忽视；Tom 则认为，只有创新，才能在众多品牌中脱颖而出；Eva 希望通过独特的设计，展现 A 公司的品牌形象；而 Jack 则担心，如果新产品太过前卫，可能会导致销售困难。

随着讨论的深入，A 公司内部也逐渐暴露出一些问题。各部门在讨论新产品时，观点五花八门，甚至有些观点彼此矛盾。有些部门在提出方案时，过于注重自己部门的利益，忽略了整体的市场需求和品牌定位。有些部门虽然提出了创新的方案，但却缺乏对市场接受度的考虑，使得方案难以落地。

在这种情况下，A 公司的领导层意识到，单靠内部讨论难以达成一致。他们决定委托数据分析部门一方面获取一些来自用户或市场的真实声音，另一方面对公司以往的产品相关数据进行清洗和处理供各部门参考，两方面结合，从而为新产品的设计方向提供可信可用的原始数据。

数据分析团队和业务部门商议后决定，该项目将由 ChatGPT 实现数据采集和清洗，人工主要对其生成结果进行调整和落地。

5.2 数据采集和数据清洗知识提要

扎实的基本功对于通过 AI 工具实现效率提升而言是必不可少的，因此本节主要讲述数据采集和数据清洗的相关知识，主要从概念、注意事项、实现方法等角度进行阐述，为后续使用 ChatGPT 实现数据采集和数据清洗打下基础。

5.2.1 数据采集概念

数据采集是指收集、获取和记录有关特定主题、领域或对象的信息和数据的过程。这些数据可以是数字化的、定量的、定性的或混合的，取决于采集的目的和需求。数据采集可以涵盖多个领域，包括科学研究、市场调查、医疗领域、工程和技术开发等。数据采集是数据分析与挖掘过程中比较基础且重要的环节，再好的分析思路和数学模型，一旦缺失优质可信的数据来源，都会沦为空中楼阁，难以落地。

数据采集的基本原理很简单，就是通过各种工具和方法，从不同的数据源中获取我们需要的信息。这些数据源可以是网站、数据库、传感器、问卷调查等。数据采集就像是我们去超市购物，我们会根据自己的需求，从货架上挑选我们需要的商品。在这个过程中，超市货物就是数据的来源，商品是数据，而我们则是数据采集的工具，挑选商品的过程就是数据采集的过程。

数据采集的过程中必须遵循一些核心原则，如图 5.1 所示。

（1）确保目的明确。明确知道为什么要采集这些数据。例如，一个电商公司可能需要采集用户购买行为数据来优化其推荐算法。

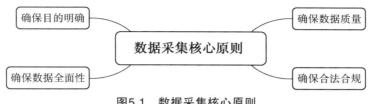

图5.1　数据采集核心原则

（2）确保数据质量。数据质量至关重要，我们必须确保数据的准确性和完整性。例如，当进行市场调查时，不仅要收集客户允许采集的基本信息，还要确保这些信息是准确无误的。

（3）确保合法合规。在采集数据时，我们必须遵循相关的法律法规，并尊重数据来源的权益，如在进行医疗数据研究时，必须确保患者的隐私受到保护。

（4）确保数据全面性。数据量要足够具有分析价值，数据面要足够支撑分析需求。比如对于"查看商品详情"这一行为，需要采集用户触发时的环境信息、会话及背后的用户ID（身份标识号），最后需要统计这一行为在某一时段触发的人数、次数、人均次数、活跃比等。

此外，数据采集过程中还有一些需要注意的事项。数据安全是首要的关注点，我们必须确保数据在传输和存储的过程中都是安全的，避免任何潜在的数据泄露风险。此外，为了提高效率，我们应避免冗余，不要重复采集已有的数据。最后，为了确保数据的实用性，我们应该及时更新数据，定期检查并更新，确保其时效性和准确性。比如股市数据需要实时或近实时更新，以反映最新的市场动态。

数据采集的方式多种多样，包括网络爬虫、问卷调查、埋点采集法、用户访谈、物理数据采集、数据交易法等多种方法，在接下来的内容中我们将重点介绍前两种方法，剩下的方法做简单了解即可。

5.2.2　网络爬虫

网络爬虫技术是一种可以自动化、系统化收集互联网数据的技术，爬虫不是内容的生产者，而是内容的搬运者。如果把互联网比作蜘蛛网，网络爬虫就是蜘蛛网上爬来爬去的蜘蛛，网络节点则代表网页，蜘蛛通过一个节点后，可以沿着几点连线继续爬行到达下一个节点。

当通过客户端发出任务需求命令时，爬虫IP（网际协议）将通过互联网到达终端服务器，从网站某一个页面开始，读取网页的内容，从那里获得网页的源代码，在源代码中提取任务所需的信息，同时将获得的有用信息送回客户端存储，再返回终端服务器获取网页源代码，如此循环往复，直到把这个网站所有的网页都抓取完为止，任务完成。

在了解具体的抓取方式前，我们先学习一些基本概念。

（1）HTTP请求。HTTP即超文本传输协议，是互联网上用于传输网页的标准协议。当我们在浏览器中输入一个网址时，我们实际上是向服务器发送一个HTTP请求，请求服务器返回该网址的内容。

（2）GET 请求。这是 HTTP 请求的一种类型，用于请求数据。当我们访问一个网页时，我们的浏览器会通过发送一个 GET 请求来获取页面内容。

（3）HTML（超文本标记语言）。HTML 是用于描述网页内容的标准标记语言。它使用标签来定义元素，如文本、链接、图片等。

（4）URL。URL 是互联网上资源的唯一地址。每个 URL 都是一个特定的网址，指向互联网上的一个特定文件或服务。比如 http://blog.example.com/articles/summer-travel-tips?sort=date&user=alice#comments 就是一个 URL，它指向某个博客平台上特定文章，其中包含了关于如何在夏天旅行时获得最佳体验的建议。

网络爬虫主要可以分为三大步骤：抓取、分析、存储，如图 5.2 所示。

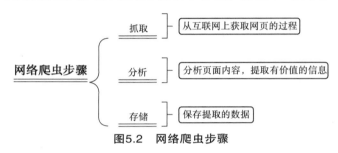

图5.2　网络爬虫步骤

1. 抓取

抓取是爬虫的第一步，涉及从互联网上获取网页的过程。

网络爬虫首先向目标网站发送一个 HTTP 请求，然后服务器响应这个请求，通常返回 HTML 页面的内容。爬虫开始于一个或多个初始的 URL，这些 URL 是我们希望爬取的网页的起点，我们把这种初始 URL 叫作种子 URL。当然，爬虫不仅抓取初始的种子 URL，它还会从已抓取的页面中提取新的链接，并继续这个抓取过程。

2. 分析

一旦页面被抓取下来，接下来的步骤是分析页面内容，提取有价值的信息。爬虫会使用特定的工具或库来解析 HTML 内容，将其转化为更加结构化的格式。然后，从结构化的内容中提取所需的数据，主要包括文本、链接、图片、视频等。

3. 存储

提取的数据需要被保存以供后续使用。爬虫通常会将提取的数据存储在数据库中或保存为文件，如 CSV、JSON 或 XML 格式，这取决于后续数据处理的需求。

在实现网络爬虫的过程中，我们往往会用到各种各样的爬虫框架。所谓爬虫框架，是为了简化和自动化网络爬虫开发过程而设计的软件框架。这些框架提供了一系列的工具和库，使开发者可以更容易地创建、部署和管理爬虫。

这里主要介绍 Scrapy、Beautiful Soup 和 Selenium 这三种框架。

1. Scrapy

Scrapy 是一个为了爬取网站数据、提取结构性数据而编写的应用框架，可以应用在包括数据挖掘、信息处理或存储历史数据等一系列的程序中。用这个框架可以轻松爬下来如亚马逊商品信息之类的数据，但是对于稍微复杂一点的页面，这个框架就满足不了需求了，图5.3所示为Scrapy的Logo。

图5.3　Scrapy的Logo

2. Beautiful Soup

Beautiful Soup是一款名气很大的框架，它整合了一些常用爬虫需求，可以从HTML或XML文件中提取数据的python库。它能够通过你喜欢的转换器实现惯用的文档导航、查找、修改文档样式，但是Beautiful Soup不能加载JS。

3. Selenium

Selenium是一个开源工具，最初是为网站自动化测试设计的，但它也经常被用作一个强大的网页爬虫工具。Selenium允许用户模拟浏览器行为，这使它能够与JavaScript动态生成的页面交互。与其他常见的爬虫工具不同，Selenium能够与页面中的元素进行交互，模拟用户的各种行为，如点击、滚动等。图5.4所示为Selenium的Logo。

图5.4　Selenium的Logo

最后，关于爬虫还要注意的就是爬虫的安全问题，一定要遵守相关法律，切记不要触碰红线。

（1）个人信息、商业秘密与国家秘密是数据爬取的红线。

（2）遵守职业道德，控制爬虫访问频次，不要干扰被爬方的正常业务活动。

（3）遵守robots协议（该协议的具体内容可以浏览https://baike.baidu.com/item/robots%E5%8D%8F%E8%AE%AE/2483797）。

5.2.3　问卷调查

问卷调查是一种常用的数据采集方法，它允许研究者收集来自大量受访者的标准化信息。

这种方法涉及制定一套预先确定的问题，并将其提交给特定的人群，以获取他们的反馈或意见。

这里我们举个简单的例子供大家理解。

假设你是一名健康研究者，希望研究城市中的年轻人的饮食习惯与他们的健康状况之间的关系。为此，你可以设计一个问卷，其中包括以下类型的问题。

（1）选择题：您每天吃几顿饭？

A. 1顿

B. 2顿

C. 3顿

D. 4顿或以上

（2）判断题：您认为自己的饮食习惯是健康的吗？

A. 是

B. 否

（3）量表题：您如何评价自己的整体健康状况（1表示非常不健康，5表示非常健康）？

1 2 3 4 5

（4）开放式问题：您认为什么因素最影响您的饮食选择？

受访者填写问卷后，你可以收集并分析数据，查看年轻人的饮食习惯与他们的自我报告的健康状况之间是否存在任何明显的关联。

5.2.4　其他常见数据采集方式

数据采集方法多种多样，除了上述重点介绍的两种，其余数据采集方法见表5.1。

表 5.1　数据采集方法介绍

数据采集方法	描述	示例／工具
传感器采集法	通过温湿度传感器、气体传感器、视频传感器等外部硬件设备与系统进行通信	LabVIEW、MDC 采集系统
系统日志导入法	收集的数据可以用于监控硬件设备或者软件系统的运行状况	Logstash、Flume
埋点采集法	应用系统分析的一种数据采集方法	GrowingIO
第三方接入法	数据源提供者开放的数据采集接口	Apifox、APIAuto、API Umbrella、Gravitee.io、WSO2 API
数据交易法	数据交易是一种对数据进行买卖的行为	贵阳大数据交易所、中关村数海大数据交易平台

5.2.5　数据清洗概念

数据仓库中的数据往往是面向某一主题的数据的集合，这些数据从多个业务系统中抽取而来而且包含历史数据，这样就避免不了有的数据是错误数据、有的数据相互之间有冲突，这些错误或有冲突的数据显然是我们不想要的，称为"脏数据"。

因此我们需要通过数据清洗来获取我们真正可用的数据。数据清洗的过程可以简单理解为提高数据质量的过程。数据清洗从名字上也看得出就是把"脏"的"洗掉"，是发现并纠正数据文件中可识别的错误的最后一道程序。

数据清洗的作用说到底就是为了提高数据质量和可用性，在提高数据质量的基础上，最终提高分析的准确性乃至支持决策制定。

数据清洗主要包括一致性检验、缺失值处理、异常值处理和重复数据处理等内容，5.2.6 节将会对此展开阐述。

5.2.6 数据清洗主要方法

1. 一致性检验

一致性检验是根据每个变量的合理取值范围和相互关系，检查数据是否合乎要求，发现超出正常范围、逻辑上不合理或者相互矛盾的数据。一致性检验主要包括六大部分，如图 5.5 所示。

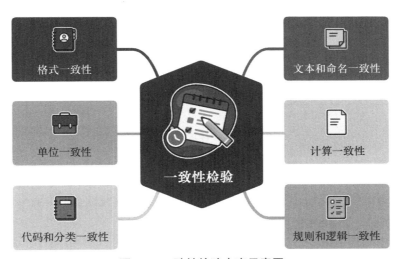

图5.5 一致性检验内容示意图

（1）格式一致性：确保数据中的每一列或字段都遵循相同的格式或结构，不同的格式会导致数据解析、分析和报告出现问题。比如日期列中的所有日期都应该遵循相同的格式，如 YYYY-MM-DD。电话号码应遵循统一的格式，如（×××）×××-××××。

（2）单位一致性：确保所有的度量或计数使用相同的单位，不同的单位可能导致误解数据，使分析结果变得不准确。如果一张数据表中的一列表示长度，那么该列中的所有数据都应该使用相同的长度单位，如米或厘米。

（3）代码和分类一致性：确保数据中的代码和分类字段都遵循统一的标准或约定。比如一个表示性别的列应该始终使用相同的代码，如"M"代表男性，"F"代表女性。

（4）文本和命名一致性：确保文本字段和命名都遵循统一的拼写、格式和约定，不一致的命名和拼写可能导致重复的记录或数据匹配错误。比如公司名称、人名或地址应该遵循相同的拼写和格式标准。

（5）计算一致性：确保所有的计算和公式都是正确的，并且在整个数据集中保持一致。

（6）规则和逻辑一致性：确保数据遵循某些预期的规则或逻辑，违反常识或已知规则的数据可能是不准确或错误的，这会影响数据的可靠性和准确性。比如一个人的出生日期不应该在他的死亡日期之后。

2. 缺失值处理

缺失值处理方法多种多样，在实际应用中我们需要根据具体场景选择合适的方法，如表5.2所示。

表 5.2　缺失值处理方法

方法名称	描述	适用情况 / 注意点
人工补全	直接通过人工方式填充缺失值	数据量较少时
直接删除	删除含有缺失值的行或列	缺失数据比例超过 50% 可以考虑
统计方法补全	数值型数据使用均值、加权均值、中位数等；分类型数据使用众数	根据数据的类型和分布使用
回归	使用完整数据集建立回归方程，估计缺失值	基于完整数据的分布进行使用
极大似然估计	通过观测数据的边际分布进行极大似然估计	缺失数据为随机缺失
随机插补法	从总体中随机抽取样本代替缺失样本	适用于随机缺失的数据
多重填补法	使用包含 m 个插补值的向量代替每一个缺失值，创建 m 个完整数据集	要求 m 大于等于 20

3. 重复数据处理

重复数据处理主要包括两个步骤：识别重复数据和处理重复数据。下面我们用表格的形式进行理解，见表5.3。

表 5.3　重复数据处理步骤和方法

步骤	方法	描述	备注 / 注意点
识别	识别重复数据	（1）使用所有字段或关键字段确定重复记录；（2）根据某些关键字段（如 ID、姓名、日期等）确定重复记录	识别重复数据的首要任务是选择适当的字段来判定记录的唯一性
处理	删除重复数据	保留第一个或最后一个重复记录，删除其他	可根据某种标准（如时间戳）选择保留哪一个记录
	合并重复数据	数据不完全一致但相似的记录合并为一个	比如两个记录的地址字段可能有轻微的差异，但其他字段相同，则合并

4. 异常值处理

异常数据，也被称为离群值，是那些与数据集中的其他值显著不同的数据点。它们可能是由于测量错误、数据输入错误或真实的变异产生的。处理异常值的方法已整理在表 5.4 中。

表 5.4　异常值处理方法

方法	描述	注意事项
识别异常值	使用统计和可视化方法，如均值、标准差、IQR（四分位数范围）、箱型图等	在识别异常值之前，要深入了解数据的背景和业务逻辑
删除异常值	如果异常值是因错误导致，直接删除	确保不误删重要数据
替换异常值	使用中位数、均值或模式替换	选择适合数据分布的替换方法
变换数据	对数据进行对数或平方根变换	选择合适的变换以减小异常值的影响
分离异常值	创建异常值和非异常值的数据子集	各个子集可以独立分析

5.3　ChatGPT数据采集实战

在数据的海洋中，信息是隐藏的宝藏，而数据采集则是寻找这些宝藏的第一步。但在这个广阔的数据领域中，如何有效、准确地进行数据采集？如何确保所采集的数据为后续的分析和决策提供有价值的洞见？在本节，我们将深入探讨这些问题。我们将带领大家学习如何使用 ChatGPT 进行数据采集，包括使用 ChatGPT 实现网络爬虫和设计调研问卷两部分内容。

5.3.1　ChatGPT爬虫实战分析

结合前文的数据采集知识讲解中，我们可以发现由于 A 公司需要的是其他平台相关品类的数据，而我们自然无法在其他平台进行埋点获取数据，因此想要获取其他平台的相关数据，我们优先考虑在合法合规的前提下使用网络爬虫进行爬取。

在向 ChatGPT 正式提问前我们要先厘清需求和标准。

（1）最重要也最基本的，代码要能够运行并且输出该页面的商品信息。

（2）爬取的结果应当为中文，不可出现乱码等影响阅读的内容。

（3）仅有爬取得到的原始数据是无法得出结论的，我们需要 ChatGPT 在原始数据的基础上进一步加工。

基于这些考虑，我们的提示词应当包括以下内容。

（1）考虑到电商平台网页基本上都是动态页面，为了顺利完成数据抓取，我们应当提醒 ChatGPT 使用 Selenium 框架实现爬虫。

（2）我们要在提示中指出我们具体需要的数据字段。

（3）我们需要在提示词中直接说明后续的分析操作，在本案例中，我们将首页商品的名称物尽其用，对其进行分词拆解、频率统计，最终得到可视化结果。

在后续的文本分析的章节中我们对"分词"还会做更详细的阐述，这里简单介绍一下。在中文分词中，主要目标是将一段连续的汉字文本划分为有意义的词语。例如，在句子"我爱中国"中，分词的结果便是 ["我"，"爱"，"中国"]。

让我们先向 ChatGPT 提问。

```
User:
    假设你是一位数据科学家，请你执行以下步骤，每执行完一步先输出结果，每一步生成的代码都需要清晰的
中文注释，等我确认后再进行下一步：
    1.在URL:https://list.xx.com/list.html?cat=1316,1387,1425使用Selenium框架爬取该页面
所有口红的名称、品牌、评论数量，将爬取的结果存在CSV文件中；
    2.根据爬取的数据中的名称，对其名称进行分词，拆分成一个个元素，并统计各个元素的频次；
    3.根据各个元素的出现频次，取出现频次排名前20的元素，绘制条形图进行展示。
```

针对第一个任务，ChatGPT 生成的代码如下。

```python
ChatGPT:
import pandas as pd
from selenium import webdriver
from selenium.webdriver.common.by import By
from selenium.webdriver.support.ui import WebDriverWait
from selenium.webdriver.support import expected_conditions as EC
import time

URL = 'https://list.xx.com/list.html?cat=1316,1387,1425'

# 使用Selenium启动一个浏览器实例（这里使用的是Chrome，你可能需要下载相应的驱动）
driver = webdriver.Chrome()
driver.get(URL)

# 等待页面加载
wait = WebDriverWait(driver, 10)
wait.until(EC.presence_of_element_located((By.CLASS_NAME, 'gl-item')))

# 提取数据
items = driver.find_elements(By.CLASS_NAME, 'gl-item')
data = []
for item in items:
    name = item.find_element(By.CLASS_NAME, 'p-name').text
    try:
        brand = item.find_element(By.CLASS_NAME, 'p-shop').text
    except:
        brand = ''
    sales = item.find_element(By.CLASS_NAME, 'p-commit').text
```

```
        try:
            comments = item.find_element(By.CLASS_NAME, 'p-icons').text
        except:
            comments = ''
        data.append([name, brand, sales, comments])

# 关闭浏览器实例
driver.quit()

# 将数据转换为DataFrame
df = pd.DataFrame(data, columns=['Name', 'Brand', 'Sales', 'Comments'])

# 保存到CSV文件
df.to_csv('lipsticks_data.csv', index=False, encoding='UTF-8')
```

我们将上述代码在 Jupyter Notebook 中运行，没有发生报错，但是打开文件后，却出现了乱码，如图 5.6 所示。

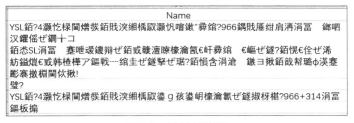

图5.6　乱码示意图

这显然不符合我们的要求，为了定位问题点，我们先判断 ChatGPT 给出的代码是否有正确爬取数据，我们可以在 Jupyter Notebook 中直接输出爬取结果（在 ChatGPT 给出的代码中，爬取结果均存在 data 这个变量中，因此我们想要查看变量内容，只需直接在 Jupyter Notebook 中键入 data 即可），部分爬取结果如图 5.7 所示。

```
[['YSL【24小时速发】圣罗兰小金条口红1966哑光礼盒七夕情人节礼物女\n【YSL七夕必入爱礼】七夕限定「口红」礼盒 【送礼仪式感】享高奢斑马纹礼盒礼袋
【京东次日达】现货最快可当日送达!', 'YSL圣罗兰京东自营官方旗舰店', '50万+条评价', '自营\n赠'], ['YSL【24小时速发】圣罗兰口红双限定礼盒斑马19
66+314七夕情人节礼物\n【京东首发】YSL七夕限定「明星双色」礼盒限量发售 【夜光斑马限定】YSL第一支夜光口红 【限时加赠】「斑马口红包」+润体
乳！', 'YSL圣罗兰京东自营官方旗舰店', '50万+条评价', '自营\n新品\n赠'], ['兰蔻七夕蝶吻限定口红礼盒(196+292+200) 化妆品生日礼物送女友老婆',
'兰蔻京东自营官方旗舰店', '20万+条评价', '自营\n新品\n赠'], ['迪奥（Dior）烈艳蓝金口红 丝绒 720 豆沙红棕 唇膏3.5g 七夕情人节礼物送女友\n【七
夕限定】会员满赠高订化妆镜！ 【会员臻宠】加入迪奥美妍荟，尊享会员专享礼！ 【星品速达】艺术包装，精致为你！', 'DIOR迪奥美妆京东自营官方旗舰
店', '2万+条评价', '自营\n赠'], ['YSL【24小时速发】圣罗兰小金条口红1966夜光斑马礼盒七夕情人节礼物\n【YSL七夕必入爱礼】七夕限定「口红」礼盒
【送礼仪式感】享高奢斑马纹礼盒礼袋 【京东次日达】现货最快可当日送达!', 'YSL圣罗兰京东自营官方旗舰店', '50万+条评价', '自营\n新品\n赠'], ['迪
奥（Dior）烈艳蓝金口红 丝绒999 传奇正红唇膏 七夕情人节礼物送女友\n【七夕限定】会员满赠高订化妆镜！ 【会员臻宠】加入迪奥美妍荟，尊享会员专享
礼！ 【星品速达】艺术包装，精致为你！', 'DIOR迪奥美妆京东自营官方旗舰店', '2万+条评价', '自营\n赠'], ['花西子东方传爱礼盒雕花口红彩妆套装七
夕情人节送女友M123+M119+眉笔05', '花西子京东自营旗舰店', '500+条评价', ''], ['迪奥（Dior）烈艳蓝金口红 哑光 999 传奇正红唇膏3.5g 七夕情人节
礼物送女友\n【七夕限定】会员满赠高订化妆镜！ 【会员臻宠】加入迪奥美妍荟，尊享会员专享礼！ 【星品速达】艺术包装，精致为你！', 'DIOR迪奥美妆京
东自营官方旗舰店', '2万+条评价', '自营\n赠'], ['兰蔻196口红哑光雾面朱砂橘唇膏礼盒生日七夕情人节礼物送送女友老婆', '兰蔻京东自营官方旗舰店',
'20万+条评价', '自营\n赠'], ['兰蔻七夕蝶吻限定口红196 哑光朱砂橘礼盒生日情人节礼物送送女友老婆', '兰蔻京东自营官方旗舰店', '2000+条评价',
'自营\n新品\n赠'], ['普拉达（PRADA）限定唇香礼盒我本莫测女士香水50ML+口红 B03七夕生日礼物女礼盒', 'PRADA普拉达香水美妆京东自营官方旗舰店',
'1000+条评价', '自营\n新品\n赠'], ['纪梵希（Givenchy）高定小羊皮N306口红礼盒唇膏斩男番茄红生日七夕情人节礼物送女友\n【送礼仪式感】七夕送礼甄
选，下单奢享定制礼盒礼袋 【限时加赠】限时加赠品牌专属定制赠品，给TA不一样的爱 【次日送达】品牌直供正品，急速物流，闪电发货', 'GIVENCHY纪梵希
京东自营官方旗舰店', '20万+条评价', '自营'], ['迪奥（Dior）夏日限定礼盒(丝绒999+气垫ON )口红礼盒 七夕情人节生日礼物', 'DIOR迪奥美妆京东自营
```

图5.7　部分爬取结果

可以看到，ChatGPT 给出的代码是可以正确爬取数据的，那么我们将目光放到输出 CSV 文件这一步，要求 ChatGPT 作出修正。

```
User:
虽然爬取结果正确，但是输出的CSV文件中汉字均为乱码，请检查如下代码是否正确：
df = pd.DataFrame(data, columns=['Name', 'Brand', 'Sales', 'Comments'])
df.to_csv('lipsticks_data.csv', index=False, encoding= 'UTF-8')
```

在指出了问题后，ChatGPT 迅速判读是保存 CSV 文件时的编码有误，并给出了修改方案。

```
ChatGPT:
df.to_csv('lipsticks_data.csv', index=False, encoding='GBK')
```

这次输出的 CSV 文件不再是乱码，如图 5.8 所示。

Name	Brand
YSL【24小时速发】圣罗兰小金条口红1966哑光礼盒七夕情人节礼物女 【YSL七夕必入爱礼】七夕限定「口红」礼盒【送礼仪式感】享高奢斑马纹礼盒礼袋【京东次日达】现货最快可当日送达!	YSL圣罗兰

图5.8　消除乱码后的爬取结果展示

至此第一步算是完成了，我们回复 ChatGPT 继续后续步骤，于是 ChatGPT 生成了如下分词和词频统计代码。

```
ChatGPT:
import jieba
words = []
for name in df["Name"]:
    words.extend(jieba.lcut(name))

# 统计词频
word_counts = pd.Series(words).value_counts()

print(word_counts)
```

运行该代码，我们会发现排在前列的都是各种符号和一些没有实际意义的助词，前三名分别是"."、"【"和"】"，因此我们需要进一步告诉 ChatGPT 标点符号和分词结果中的噪声（也被称为"停用词"）等需要剔除，我们可以对 ChatGPT 追加提示。

```
User:
在分词处理的过程中请注意不要将停用词和符号纳入统计。
```

ChatGPT 生成的去除停用词和符号后的代码如下。

```
ChatGPT:
from collections import Counter
import re
stopwords = set(['的', '和', '是', '了', '在', '有', '与', '等', '及', '或', '之',
'也', '及其', '和', '与其', '或者'])
words = []
for item in data:
        name = item[0]
        word_list = jieba.cut(name)
        for word in word_list:
            if word not in stopwords and not re.match(r'\W+', word):
                words.append(word)

# 统计词频
word_count = Counter(words)
word_count.most_common()
```

现在我们再看输出的结果前几名：七夕、口红、礼盒、限定、情人节，比我们之前未去除符号和停用词的结果更加可用。

到这里，第二步也完成了，我们回复ChatGPT继续后续步骤，这里我们让ChatGPT生成条形图即可，更复杂和更精致的可视化我们将在后续章节重点讲述。

代码如下。

```
ChatGPT:

import matplotlib.pyplot as plt

# 获取词频前20的结果
top_20_words = word_count.most_common(20)
words, counts = zip(*top_20_words)

# 绘制条形图
plt.figure(figsize=(12, 8))
plt.barh(words, counts, color='skyblue')
plt.xlabel('Count')
plt.ylabel('Words')
plt.title('Top 20 Words in Lipstick Names')
plt.gca().invert_yaxis()
plt.show()
```

运行后，我们会得到条形图，如图5.9所示。

虽然生成的图表已经可以满足我们的需求了，但是该图表显得较为模糊，纵轴部分汉字已经有些看不清了，假设我们不知道如何才能让图像更清晰，我们可以提出优化要求：

```
User:
请列出可以让生成的图片更加清晰的办法和具体代码。
```

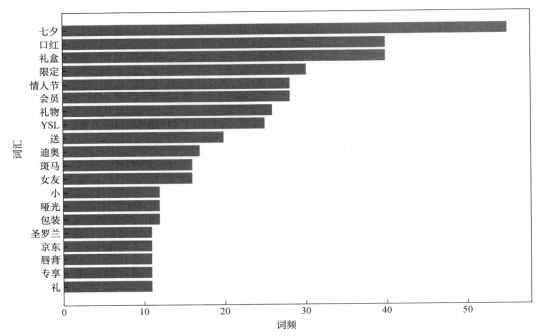

图5.9 词频排名前20的关键词可视化

ChatGPT 给出的解决方案如下。

> ChatGPT
> 为了使生成的图像更加清晰，你可以采取以下方法：
> 1. 增加图像尺寸：通过调整figsize参数，你可以增加图像的尺寸，从而使其更加清晰。
> 2. 增加分辨率：使用dpi参数可以增加图像的分辨率。
> 3. 使用更清晰的字体：通过调整字体大小和样式，可以使图像上的文字更加清晰。
> 4. 保存为矢量图格式：保存为SVG或PDF格式可以保持图像的清晰度，无论放大到什么程度。

这里我们选择使用dpi参数来增加图像的分辨率，我们按照它的回答将原代码中的plt.figure(figsize=(12, 8))改写为plt.figure(figsize=(12, 8), dpi=150)，提高图片分辨率，运行结果如图 5.10 所示。

如此一来，我们得到了清晰的条形图。从图形结果中，我们能直观地得出一些对于设计新口红有用的结论。

（1）节日与特殊日子：关键词如"七夕""情人节"表明节日限定或特殊日子限定的口红很受欢迎。设计一款与特定节日或季节相关的口红，如"圣诞限定"或"春日特色"，有助于吸引消费者的注意。

（2）仪式感：关键词如"礼盒""礼物""送""礼袋""生日礼物"表明口红常常作为礼物赠送，因此要注重新产品的仪式感，可以考虑设计精美的包装，或者推出礼盒装，增加口红的赠送价值。

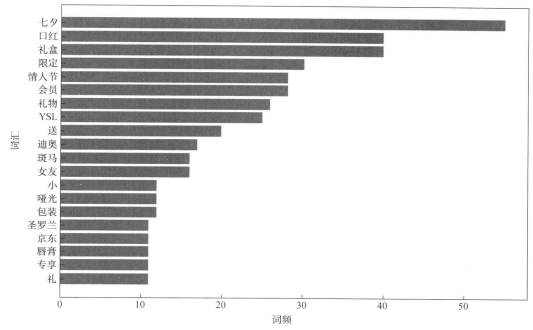

图5.10　改进后的词频排名前20的关键词可视化

（3）口红特性：关键词如"哑光""满赠""高订""夜光""烈艳""蓝金"等表明消费者对口红的特性和效果很感兴趣。可以考虑研发具有独特效果或特性的口红，如"超持久""不沾杯"等。

（4）与消费者的互动：关键词如"会员""专享""加入""尊享"等表明品牌与消费者的互动和特权也是吸引消费者的方式。可以考虑针对新产品推出会员制度，为会员提供专属优惠或礼物。

5.3.2　ChatGPT调查问卷设计实战

爬虫固然可以帮助我们采集到许多数据，为我们带来客观中立的事实判断，但是问卷调查可以针对特定的目标人群或问题进行设计，并且可以捕捉到受访者的情感、态度和意图，这些是网络爬虫难以取代的。因此A公司的数据部门决定通过ChatGPT设计一份调查消费者对于口红偏好的问卷。

首先要定下我们预期生成的问卷的标准。

（1）问卷的问题需要清晰明确，不能有歧义，不能有导向性，比如像"您也认为这款口红的颜色亮度过高吗？"，这就带有导向性，在刻意引导受访者回答"是的，亮度过高"。

（2）问卷需要分部分进行题目设置，避免题目全部混在一起分不清主题。

（3）问卷的题目数量设置不宜过多，否则容易导致受访者产生厌恶心理；也不宜过短，否则无法获取足够信息，控制问卷在 15 ～ 25 题之间。

基于这些预期，我们给到 ChatGPT 的提示词应当包括以下几个。

（1）说明公司背景并赋予 ChatGPT 扮演角色。

（2）详细说明问卷的内容和目的。

（3）详细说明问卷具体分为哪几个部分，每部分各需要多少题目以及题目的类型。

下面让我们向 ChatGPT 提问吧。

> User:
> A公司是一家初创的高端美妆平台，假设你是A公司的一位资深数据分析师，要创建一个有关口红的市场调查问卷，用于设计新产品，了解消费者对口红的喜好，据此设计一份问卷。注意：问卷中要包括受访者基本信息、受访者口红购买偏好、受访者对A公司过往口红满意度这几个部分，第一部分出3道题，均为单选；第二部分5～10题，均为量表题；第三部分5题，单选、多选和量表均可。请完整地输出问卷的内容。

ChatGPT 生成的问卷如下。

> ChatGPT:
>
> 以下是我为您设计的问卷内容：
>
> A公司口红市场调查问卷
>
> 一．受访者基本信息（单选题）
> 1.您的性别是?
> 男
> 女
> 其他
> 不愿透露
>
> 2.您的年龄范围是?
> 18岁以下
> 18～25岁
> 26～35岁
> 36～45岁
> 46岁以上
>
> 3.您的月均个人消费水平是?
> 2000元以下
> 2000～5000元
> 5001～10000元
> 10001～20000元
> 20000元以上
>
> 二.受访者口红购买偏好（量表题）
> 4.您多久购买一次口红?
> 1（每周）
> 2
> 3
> 4

5 (每年)

5.您更偏好哪种口红质地?
1 (完全偏好哑光)
2
3
4
5 (完全偏好滋润)

6.您在选择口红时更看重哪一点?
1 (完全看重颜色)
2
3
4
5 (完全看重品牌)

7.您愿意为一支高端口红支付的价格是?
1 (200元以下)
2
3
4
5 (1000元以上)

8.您更喜欢哪种口红包装设计?
1 (完全偏好简约)
2
3
4
5 (完全偏好奢华)

9.您对口红的持久度的要求是?
1 (不需要持久)
2
3
4
5 (非常需要持久)

10.您对口红的滋润度的要求是?
1 (不需要滋润)
2
3
4
5 (非常需要滋润)

三. 受访者对A公司过往口红满意度
11.您是否了解A公司?
是
否

12.如果您购买过A公司的产品，您对A公司的口红满意度如何？
1（非常不满意）
2
3
4
5（非常满意）

13.您最喜欢A公司哪个系列的口红？（多选）
系列a
系列b
系列c
系列d
其他

14.您认为A公司的口红在哪方面需要改进？（多选）
颜色选择
持久度
滋润度
包装设计
价格
其他

15.如果A公司推出新口红，您愿意尝试吗？
一定会尝试
可能会尝试
不太可能尝试
一定不会尝试

16.针对A公司目前的口红，您有哪些建议？请写下来。（简答）

可以看到，ChatGPT 设计了一份有 3 个部分、16 道题目的问卷，长度基本适宜，没有过长或过短的问题，且问卷兼具了单选、多选、简答和量表题，题型丰富；同时问题语句意思明确清晰，不存在模糊、歧义的地方。

A 公司数据部门一致同意了采用该问卷，经过一周的问卷发放，共计收回 1200 份有效问卷，问卷结果如下。

一、受访者基本信息
1.您的性别是？
男：5%
女：92%
其他：2%
不愿透露：1%

2.您的年龄范围是？
18岁以下：8%
18~25岁：45%

26～35岁：35%
36～45岁：10%
46岁以上：2%

3.您的月均个人消费水平是?
2000元以下：10%
2000～5000元：40%
5001～10000元：35%
10001～20000元：10%
20000元以上：5%

二、受访者口红购买偏好
4.您多久购买一次口红?
每周：5%
每月：45%
每季度：30%
每半年：15%
每年：5%

5.您更偏好哪种口红质地?
哑光：40%
滋润：60%

6.您在选择口红时更看重哪一点?
颜色：60%
品牌：40%

7.您愿意为一支高端口红支付的价格是?
200元以下：15%
200～500元：50%
500～800元：25%
800～1000元：7%
1000元以上：3%

8.您更喜欢哪种口红包装设计?
简约：45%
奢华：55%

9.您对口红的持久度的要求是?
不需要持久：10%
较不需要持久：15%
中等：35%
较需要持久：25%
非常需要持久：15%

10.您对口红的滋润度的要求是?
不需要滋润：5%
较不需要滋润：10%
中等：30%

较需要滋润：40%
非常需要滋润：15%

三、受访者对A公司过往口红满意度
11.您是否了解A公司？
是：60%
否：40%

12.如果您购买过A公司的产品,您对A公司的口红满意度如何？
非常不满意：5%
不满意：10%
中等：40%
满意：35%
非常满意：10%

13.您最喜欢A公司哪个系列的口红？
系列a：40%
系列b：30%
系列c：20%
系列d：5%
其他：5%

14.您认为A公司的口红在哪方面需要改进？
颜色选择：50%
持久度：40%
滋润度：30%
包装设计：20%
价格：10%
其他：5%

15.如果A公司推出新口红,您愿意尝试吗？
一定会尝试：35%
可能会尝试：45%
不太可能尝试：15%
一定不会尝试：5%

　　根据问卷调查结果，数据部门反馈的新产品设计方向要点包括以下几个。

　　（1）目标人群。应定位为 18～35 岁的女性，其中 18～25 岁的年轻女性占比最高。这意味着我们的产品设计和市场策略应更加年轻化，同时考虑到 26～35 岁的成熟女性的需求。

　　（2）消费意愿。大部分受访者愿意为高端口红支付 200～500 元，这应成为我们的主要定价区间。在这个消费范围内，确保产品既有高端感，又不超出大部分消费者的接受范围。

　　（3）消费频率。大多数消费者每季度购买一次口红，这意味着我们后续可以考虑推出季度限定色或新品来吸引消费者。

　　（4）质地偏好。滋润型口红的需求略高于哑光口红，但两者都有较大的市场。建议我们在新产品线中均衡这两种质地。

（5）品牌知名度。60%的受访者了解A公司，这是一个很好的开始，但也意味着我们还有很大的市场推广空间。

（6）改进方向。对于消费者希望A公司改进的方面，颜色选择和持久度是消费者最关心的两点。建议我们在新产品设计中增加颜色选择，并加强产品的持久度。

5.4　ChatGPT数据清洗实战

根据5.3.2节问卷调查的结果，A公司过去最受欢迎的口红产品是a系列产品，由于A公司在创立早期数据均由市场部门手动拉取和保存，对于数据的规整有所欠缺，因此该数据必须经过数据清洗的步骤之后才能真正投入使用。该数据集名称为《A公司过去五年a产品销量记录》，包含的字段有日期、浏览量、访客数、人均浏览量、平均停留时间、跳失率、成交客户数、成交单量、成交金额、客单价等数据。

在本节，我们将一起学习使用ChatGPT进行数据清洗，为数据真正地能被用起来打下坚实的基础。

5.4.1　ChatGPT一致性检查实战

在前文讲述数据清洗方法时，提到过一致性检查是通过比较不同数据源或数据字段之间的差异，检查数据的一致性，如检查命名规范是否一致、单位是否统一等。

在我们的预期中，ChatGPT首先需要对一致性的方方面面进行验证和检查，再针对可疑的问题进行处理，因此我们使用ChatGPT进行一致性检查的过程中需要注意如下事项。

（1）将ChatGPT的模式切换至Code Interpreter，以便我们上传数据文件与ChatGPT进行交互。

（2）我们要明确地告诉ChatGPT需要读取的数据文件名称。

（3）我们要明确地告诉ChatGPT在一致性检查的过程中要全面检查格式一致性、单位一致性、代码和分类一致性、文本和命名一致性、计算一致性、规则和逻辑一致性。

（4）待ChatGPT给出了检查结果后，我们应当根据具体的错误类型给出处理命令。

根据这些注意点，我们首先让ChatGPT进行一致性检查，提示词如下。

```
User:
    假设你是一位资深数据分析师，请你读取《A公司过去五年a产品销量记录》数据，并对该数据进行一致性检验，请注意，你需要依次检查该数据的格式一致性、单位一致性、代码和分类一致性、文本和命名一致性、计算一致性、规则和逻辑一致性。
```

ChatGPT生成的一致性检查代码如下。

```
ChatGPT:
# 重新加载数据
new_data = pd.read_excel("/mnt/data/A公司过去五年a产品销量记录_调整后(1).xlsx")
```

```
# 初始化一个字典来存储不一致性问题
inconsistencies = {}
# 1. 格式一致性: 检查数据类型
data_types = new_data.dtypes
unexpected_data_types = data_types[data_types.map(lambda x: not (x in [float,
int, 'datetime64[ns]', object]))]
if not unexpected_data_types.empty:
    inconsistencies["Unexpected Data Types"] = unexpected_data_types.tolist()
# 2. 单位一致性: 此步骤通常需要领域知识。我们在这里主要查看异常值,这可能是单位不一致的迹象。
# 使用Z-Score方法检测异常值
from scipy.stats import zscore
numeric_cols = new_data.select_dtypes(include=[float, int])
z_scores = zscore(numeric_cols, nan_policy='omit')
abs_z_scores = abs(z_scores)
outliers = (abs_z_scores > 3).all(axis=1)
if outliers.any():
    inconsistencies["Potential Outliers"] = new_data[outliers]
# 3. 代码和分类一致性: 检查非数值列的唯一值, 查找不常见的值
for col in new_data.select_dtypes(include='object').columns:
    unique_values = new_data[col].unique()
    if len(unique_values) > 10:  # 如果分类值太多, 只取前10个
        inconsistencies[col + " Unique Values"] = unique_values[:10]
    else:
        inconsistencies[col + " Unique Values"] = unique_values
# 4. 文本和命名一致性: 由于没有明确的命名列, 此步骤将被跳过
# 5. 计算一致性: 此步骤需要知道哪些列是基于其他列的计算结果。在此, 我们暂时跳过此步骤。
# 6. 规则和逻辑一致性: 检查日期列
# 检查日期是否按顺序排列
if not new_data["日期"].is_monotonic:
    inconsistencies["Date Order"] = "Dates are not in order."
```

在 Code Interpreter 模式下,ChatGPT 会自动运行上述代码,并且返回我们如下检验结果。

ChatGPT:
以下是对数据一致性检验的发现:

1.格式一致性:数据类型似乎是符合预期的。

2.单位一致性:没有明显的异常值,这表明数据中可能没有单位不一致的问题。

3.代码和分类一致性:
(1)许多列(如浏览量环比、访客数环比等)仅包含一个值"−",这可能意味着这些数据未被正确记录或存在数据丢失。需要进一步查询数据来源以了解这些字段的原始目的。
(2)成交客户数列有多个唯一值,这可能是预期的,但需要进一步的业务知识来确认。

4.文本和命名一致性:由于没有明确的命名列,此项检查被跳过。

5.计算一致性:由于不知道哪些列是基于其他列的计算结果,此项检查被跳过。

6.规则和逻辑一致性：日期列不是严格按顺序排列的，这可能是因为数据在某个时点被重新排序或存在数据记录错误。

总的来说，数据中存在一些可能的不一致性，尤其是某些列仅包含"–"的情况，以及日期的顺序问题。建议与数据提供者或相关部门沟通，以获取更多关于数据的背景信息，并进一步解决这些不一致性问题。

我们可以注意到在对代码和分类进行一致性检验时，首先很多数值为"–"，其次成交客户数列有多个唯一值，可能存在错误。

对于前者，我们将在5.4.2节缺失数据处理中详细讲述，本节先重点解决成交客户列的问题。为了进一步探究该列是否存在问题，我们可以追问ChatGPT。

User:
请对"成交客户数"这一列进行更深入的探索，并举出该列可能错误的例子。

ChatGPT:
为了进一步分析，我将首先分离该列的数字和字符串数据，以便我们更好地了解问题的性质。
以下是"成交客户数"列的详细分析：
1.数字数据：
数字数据有1839个值。
这些值的范围和统计数据似乎是合理的。

2.字符串数据：
该列包含40个字符串数据，似乎是以"千人"为单位表示的值。例如，3.4797368千人、1.9281712千人等。
每个字符串值都是唯一的，每个值只出现一次。

这种数据类型的混合（即数字和字符串在同一列中）是一个明显的一致性问题。
为了解决这个问题，我们有以下两种选择：
1.转换所有数据为同一数据类型：我们可以选择将所有数据转换为数字。对于像3.478千人这样的值，我们可以转换为3478。
2.分列处理：我们可以将数字和字符串数据分别放在两个不同的列中，以便后续分析。
在进行任何数据转换之前，建议您与数据提供者或相关部门沟通，了解这些数据的背景和含义，以决定最佳的处理方式。

ChatGPT给出了进一步的探究，原来，在该列中，既存在"3500"这样不带单位的数字，也存在部分类似"3.5千人"带单位的数据，由此导致了一致性不满足的问题。

并且，ChatGPT还贴心地给出了两种解决方案：第一种是统一所有的数据类型，对于像3.478千人这样的值，我们可以转换为3478；第二种方案是将两部分数据分别放在两个不同的列中。

由于该部分我们只需要数字型数据即可，因此我们选择第一种方案，于是ChatGPT会直接对我们的数据文件进行如下代码的处理。

ChatGPT:
定义函数将"千人"单位的字符串转换为浮点数

```
def convert_to_float(value):
    if isinstance(value, str) and "千人" in value:
        try:
            return float(value.replace("千人", "")) * 1000
        except:
            return value
    else:
        return value

# 应用函数到"成交客户数"列
new_data["成交客户数"] = new_data["成交客户数"].apply(convert_to_float)

# 检查数据类型和是否成功转换
updated_data_type = new_data["成交客户数"].dtype
updated_data_sample = new_data["成交客户数"].sample(10)
updated_data_type, updated_data_sample
```

图 5.11 展示的是将"千人"单位的字符串转换为浮点数前后的部分数据对比，可以看到处理后的数据。我们会发现原先诸如"3.5 千人"的数据均被转为"3500"这样的表达。至此，一致性检查和更正便大功告成。

成交客户数_处理前	成交客户数_处理后
3.479千人	3479
1.92千人	1920
1.78千人	1780
3.002千人	3002
9.115千人	9115
4.484千人	4484
3.092千人	3092
2.803千人	2803
3.608千人	3608
2.376千人	2376
2.621千人	2621
2.916千人	2916
9.862千人	9862
6.484千人	6484
7.66千人	7660
2.054千人	2054
2.042千人	2042
1.934千人	1934
4.441千人	4441
3.357人	3357
2.426千人	2426
11.992千人	11990
3.164千人	3164
2.257千人	2257
2.158千人	2158
1.628千人	1628

图5.11 一致性问题解决前后对比

5.4.2 使用ChatGPT处理缺失值&重复数据

1. 缺失值处理

在 5.4.1 节进行一致性检验时，ChatGPT 便提示我们该数据集可能存在数据缺失，在本节，我们将集中精力解决这个问题。对于缺失数据的处理方式，我们总结起来无非两种：删除和填充。因此，我们给到 ChatGPT 的提示词应当包括如下方面。

（1）明确地要求 ChatGPT 检验各个字段下是否存在缺失值。

（2）针对不同类型、不同面积的缺失，我们应当让 ChatGPT 采用不同的方式应对。这里，我们对于缺失比例超过 50% 的直接删除该列；若不超过 50%，则采用多重插补进行填充。

因此，我们给到的提示词如下。

User:
　　假设你是一位资深数据分析师，请你读取一致性检验后的数据集，检验该数据中是否存在缺失值，并指出缺失的数量占该指标的比例，若超过50%，则删除该列；若不超过50%，则采用多重插补进行填充。请注意，数据中的"-"可以理解为空值。

ChatGPT 给出了它的解决步骤和结果。

ChatGPT:
好的，首先我会检查数据中每一列的缺失值情况，包括具体的NaN值和"–"。
步骤如下：
1.替换"–"为NaN。
2.检查每一列的缺失值数量。
3.根据缺失值比例决定是否删除该列或进行多重插补。

1.让我们开始第一步。
（第一步具体内容见下文的代码）
2.检查每一列的缺失值占比，以下左侧为字段名称，右侧为缺失值占比。

```
日期              0.000000
浏览量            0.686378
浏览量环比        100.000000
访客数            0.000000
访客数环比        100.000000
人均浏览量        0.000000
人均浏览量环比    100.000000
平均停留时间      0.000000
平均停留时间环比  100.000000
跳失率            0.000000
跳失率环比        100.000000
成交客户数        0.791975
成交客户数环比    100.000000
成交单量          0.000000
成交单量环比      100.000000
成交金额          0.000000
成交金额环比      100.000000
客单价            0.000000
客单价环比        100.000000
成交商品件数      0.000000
成交商品件数环比  100.000000
成交转化率        0.000000
成交转化率环比    100.000000
下单客户数        0.000000
```

从上述数据中，我们可以看到以下情况：
（1）存在多个列的缺失值比例为100%，这意味着这些列完全由空值或"–"组成。这些列应当被删除。
（2）"成交客户数"列的缺失值比例小于50%，因此我们可以使用多重插补进行填充。
（3）其他列，如"浏览量"，也有少量缺失值，但比例均小于50%。

3.接下来，我将删除缺失值比例为100%的列，并为"成交客户数"和其他缺失值比例小于50%的列进行多重插补。
现在，数据中已经没有缺失值了。
我已经删除了缺失值比例为100%的列。
对于缺失值比例小于50%的列（如"成交客户数"和"浏览量"），我使用了多重插补方法进行了填充。

ChatGPT 生成代码如下。

```
ChatGPT:
# Replace "-" with NaN
data.replace("-", np.nan, inplace=True)

# Check the number of missing values for each column
missing_values = data.isna().sum()
missing_values_percentage = (missing_values/len(data)) * 100

missing_values, missing_values_percentage
from sklearn.experimental import enable_iterative_imputer
from sklearn.impute import IterativeImputer

# Drop columns with 100% missing values
columns_to_drop = missing_values_percentage[missing_values_percentage == 100].index
data = data.drop(columns=columns_to_drop)

# Use Iterative Imputer for multi-imputation
imputer = IterativeImputer(max_iter=10, random_state=0)
data_imputed = pd.DataFrame(imputer.fit_transform(data.select_dtypes(include=[np.number])))

# Assign column names back to the imputed dataframe
data_imputed.columns = data.select_dtypes(include=[np.number]).columns

# Update the original dataframe with the imputed data
data[data_imputed.columns] = data_imputed

# Check if there are any missing values left
data.isna().sum()
```

处理前后表格的对比如图 5.12 所示。

从处理前后的表格中我们可以清晰地看到原先是空值的内容已被填充。

2. 重复项处理

重复项的处理较为简单，我们只需要让 ChatGPT 继续扮演数据分析师的角色，按照我们在理论知识部分说的方法进行重复项识别并提出即可。

```
User:
   针对修改后的数据，假设你是一位资深数据分析师，请你使用所有字段或关键字段确定是否有重复记录，若有，请删除重复项。同时请告诉我们具体是哪些日期的数据发生了重复。
```

ChatGPT 也是很快就给出了识别结果和处理方式。

```
ChatGPT:
好的，我会按照以下步骤检查和处理数据中的重复项：
1.检查数据中是否存在完全相同的行。
2.如果存在重复行，删除它们。
现在，我将开始第一步，检查数据中是否存在完全相同的行。
数据中存在68行重复数据。
从2019-01-28
2019-01-29
```

日期	浏览量	浏览量环比	访客数	访客数环比	人均浏览量	人均浏览量环比	平均停留时间	平均停留时间环比	跳失率	跳失率环比	成交客户数
2018/6/1	143304		33716		3		68		0		2388
2018/6/2	121537		27625		3		69		0		1851
2018/6/3	42030		16241		2		80		0		1771
2018/6/4	49144		20391		1		73		0		4148
2018/6/5	42244		17328		2		78		0		2245
2018/6/6	47719		18955		2		76		0		2310
2018/6/7	51665		20410		2		76		0		2486
2018/6/8	37439		14412		2		83		0		1920
2018/6/9	32356		12549		2		79		0		1665
2018/6/10			18379		2		73		0		2112
2018/6/11			17055		2		82		0		2209
2018/6/12			20834		2		94		0		2486
2018/6/13			30999		2		93		0		4189
2018/6/14			28276		2		92		0		3191
2018/6/15			35993		2		78		0		3242
2018/6/16			33446		2		86		0		3529
2018/6/17			40872		2		88		0		3984
2018/6/18			101671		2		90		0		14120
2018/6/19			49376		2		79		0		6084
2018/6/20			34166		2		90		0		4898
2018/6/21			37150		1		72		0		3270
2018/6/22			70936		3		74		0		5120
2018/6/23	107501		49297		1		75		0		
2018/6/24	71882		29795		1		70		0		
2018/6/25	76971		38236		1		73		0		
2018/6/26	72669		36054		1		71		0		
2018/6/27	59023		24521		1		75		0		
2018/6/28	60714		27930		1		73		0		
2018/6/29	58760		26247		1		70		0		
2018/6/30	53137		22251		1		70		0		
2018/7/1	143009		37993		2		68		0		
2018/7/2	111546		27789		2		69		0		
2018/7/3	125348		30082		3		70		0		
2018/7/4	116734		27441		3		71		0		
2018/7/5	125683		31039		3		68		0		
2018/7/6	115898		26529		2		73		0		
2018/7/7	126270		30712		3		66		0		
2018/7/8	134242		35402		2		62				2067

日期	浏览量	访客数	人均浏览量	平均停留时间	跳失率	成交客户数	成交单量	成交金额	客单价	成交商品件数	成交转化率
2018/6/1	143304	33716	2.6232	68.27136	0.32409288	2388	2490	202481.0376	52.47124	7769	0.04328273
2018/6/2	121537	27625	2.72096	69.273168	0.31056046	1851	1954	170080.4196	56.806224	6595	0.0414328
2018/6/3	42030	16241	1.601656	80.497129	0.36803098	1771	1887	179217.4896	82.575696	6678	0.06746744
2018/6/4	49144	20391	1.490344	73.06386	0.38365536	4148	4223	238817.2864	34.601288	11264	0.12978246
2018/6/5	42244	17328	1.508896	77.73298	0.38384088	2245	2328	172753.9423	47.592064	7841	0.08014464
2018/6/6	47719	18955	1.558368	76.174512	0.3744412	2310	2377	180739.4941	49.3896	7962	0.07538298
2018/6/7	51665	20410	1.564	75.747816	0.38476848	2486	2661	190144.467	47.691008	8041	0.07470027
2018/6/8	37439	14412	1.60784	82.760472	0.37363728	1920	1996	150511.9802	43.176376	7058	0.08237088
2018/6/9	32356	12549	1.595472	79.235392	0.37221498	1665	1742	124972.418	43.423266	6062	0.06206168
2018/6/10	90835	18379	1.620308	72.760844	0.36497968	2112	2199	107789.1768	48.208848	7540	0.0710416
2018/6/11	96329	17055	1.719152	82.086416	0.3506328	2209	2306	171577.3133	43.031128	8400	0.0800628
2018/6/12	108142	20834	1.799544	94.4808	0.34902498	2486	2577	199387.2984	49.801864	10229	0.07377512
2018/6/13	160217	30999	1.737704	93.322744	0.33686808	4189	4339	377844.8118	55.77968	18029	0.0634484
2018/6/14	135270	28276	1.644044	92.277548	0.3546524	3191	3191	271354.3682	52.588736	14684	0.06981735
2018/6/15	148834	35993	1.626392	78.141024	0.3497778	3242	3383	276505.2291	52.737152	15173	0.05571784
2018/6/16	148283	33446	1.669688	80.98852	0.31343672	3529	3623	282374.3048	49.428712	16066	0.0602242
2018/6/17	160543	40872	1.644044	88.190024	0.35935221	3984	4159	324523.8683	50.393416	17369	0.060294
2018/6/18	492942	101671	1.719152	89.531952	0.3559892	14120	14745	1542140.009	67.541646	61974	0.0589576
2018/6/19	220178	49376	1.644944	79.272868	0.36843632	6084	6306	468074.4488	47.698248	26271	0.07618088
2018/6/20	175322	34166	1.682048	89.766044	0.35551816	4898	5055	300863.0165	43.31832	22081	0.08867856
2018/6/21	149277	37150	1.397584	71.697296	0.39416818	3270	3397	282409.9072	49.620416	14091	0.0544192
2018/6/22	243894	70936	2.610832	73.788016	0.31983	5120	5313	478833.8068	47.770928	21740	0.04464848
2018/6/23	107501	49297	1.348112	75.1356	0.38770964	4304	4224	293853.2761	44.796896	16649	0.0089432
2018/6/24	71882	29795	1.490344	70.169648	0.37895552	4517	4595	243491.8662	33.974896	14526	0.09201792
2018/6/25	76971	38236	1.242984	73.24948	0.40189818	3485	3188	210134.6385	43.87048	12656	0.0500904
2018/6/26	72669	36054	1.242984	71.116	0.40270208	3200	2963	210184.6385	44.970048	11823	0.04909668
2018/6/27	59023	24521	1.490344	75.376776	0.3812046	2826	2689	210234.2806	60.10772	11182	0.06530904
2018/6/28	60714	27930	1.343928	73.268032	0.40047584	2418	2449	298818.3314	77.82564	11213	0.04
2018/6/29	58760	26247	1.385216	69.922488	0.3085698	2630	2435	198610.0486	51.828104	10953	0.0377968
2018/6/30	53137	22251	1.477976	69.582369	0.3796976	2773	2623	209791.0698	50.89432	11695	0.07086864
2018/7/1	143009	37993	2.325184	68.048388	0.3330894	1820	1743	167828.5342	80.97424	6461	0.02764248
2018/7/2	111546	27789	2.479784	69.421584	0.33653328	1886	1672	141217.9148	93.918296	5907	0.0360272
2018/7/3	125348	30082	2.378728	69.767989	0.32212168	2355	2116	145587.8127	61.061	5953	0.04198906
2018/7/4	116734	27441	2.6282	71.443752	0.32459818	2017	1850	188483.09	58.18052	6223	0.04038152
2018/7/5	125683	31039	2.3	68.08384	0.32	3193	2117	180186.0526	64.955248	7143	0.04069072
2018/7/6	115898	26529	2.702408	72.525952	0.29021512	1965	1626	126790.6985	50.022376	5227	0.0364856
2018/7/7	126270	30712	2.541624	66.329584	0.30835538	2163	2194	200153.7086	58.185256	7566	0.04304064
2018/7/8	134242	35402	2.343736	61.93276	0.33256016	2067	2148	148668.0646	44.017712	6453	0.03648646

图5.12 缺失值处理前后对比

```
2019-01-30
2019-01-31
2019-02-01
...
2019-04-05的数据均存在重复。

接下来，我将删除这些重复行。
已成功删除所有重复行。现在，数据中不再存在任何重复项。
```

ChatGPT 处理这部分内容所使用的代码也很简单，主要通过 python 的一些内置函数即可实现去重。

```
ChatGPT:
# 检查重复项
duplicated_rows = data[data.duplicated()]

duplicated_rows

# 去除重复项
data_cleaned = data.drop_duplicates()

# 检查变更
duplicated_rows_after = data_cleaned[data_cleaned.duplicated()]
duplicated_rows_after
```

至此，缺失值和重复项的处理也全部完成了，清洗后的部分数据如图 5.13 所示。

日期	浏览量	访客数	人均浏览量	平均停留时间	跳失率	成交客户数	成交单量	成交金额	客单价	成交商品件数	成交转化率
2018/6/1	143304	33716	2.6282	68.27136	0.32509288	2387642	2490	202581.0376	52.47124	7769	0.04378272
2018/6/2	121537	27625	2.72096	69.273168	0.31056048	1851490	1954	170080.4196	56.806224	6595	0.0414328
2018/6/3	42030	16241	1.601656	80.497128	0.36603096	1771098	1887	179217.4898	62.575896	6678	0.06746744
2018/6/4	49144	20391	1.490344	73.06396	0.38365536	4148227	4273	238817.2864	35.601288	11264	0.12578256
2018/6/5	42244	17328	1.508898	77.73288	0.38384088	2244792	2328	172753.3423	47.592064	7841	0.08014464
2018/6/6	47719 、	18955	1.558368	76.174512	0.3744412	2309724	2377	180738.4941	48.3898	7982	0.07538296
2018/6/7	51665	20410	1.564552	75.747816	0.38476848	2465561	2561	190144.457	47.691008	8641	0.07470272
2018/6/8	37439	14412	1.60784	82.760472	0.37363728	1920132	1996	150511.9802	48.476376	7058	0.08237088
2018/6/9	32356	12549	1.595472	79.235592	0.37221496	1664733	1742	124972.4189	46.423288	6062	0.08206168
2018/6/10	95835	18379	1.620208	72.760944	0.36497968	2111836	2199	157799.5769	46.206848	7540	0.07105416
2018/6/11	96329	17055	1.719152	82.086416	0.3506328	2208925	2308	171577.3433	48.031128	8400	0.0800828
2018/6/12	108142	20834	1.799544	94.4606	0.34902496	2485968	2577	199387.2984	49.601864	10229	0.07377512
2018/6/13	160217	30999	1.737704	93.322744	0.35366296	4189042	4339	377844.8118	55.77968	18029	0.08354584
2018/6/14	135270	28276	1.644944	92.277648	0.3546524	3190944	3318	271354.2663	52.588736	14684	0.06981736
2018/6/15	148834	35993	1.626392	78.141024	0.3487776	3242271	3383	276505.2291	52.737152	15173	0.05571784
2018/6/16	148263	33446	1.66968	85.98852	0.35143672	3529209	3673	282074.3045	49.428712	15056	0.0652412
2018/6/17	169543	40872	1.644944	88.190024	0.35935224	3983733	4159	324623.8483	50.393416	17369	0.060294
2018/6/18	492942	101671	1.719152	89.531952	0.3558892	14119927	14745	1542140.009	67.541648	61974	0.08589576
2018/6/19	220578	49376	1.644944	79.272696	0.36937032	6083819	6306	468274.4085	47.598248	26271	0.07618688
2018/6/20	175322	34166	1.682048	89.766944	0.35551816	4897728	5055	390853.0165	49.34832	22081	0.08867856
2018/6/21	149277	37150	1.397584	71.697296	0.39416816	3270099	3397	262408.9372	49.620416	14091	0.0544192
2018/6/22	243694	70936	2.615832	73.738016	0.31965096	5120352	5313	478339.9568	57.770928	21740	0.04464848
2018/6/23	107501	49297	1.348112	75.1356	0.38779864	4304022	4224	293853.4764	44.796896	16649	0.05089432
2018/6/24	71882	29795	1.490344	70.169848	0.37895552	4517022	4595	243491.8462	33.974896	14526	0.09201792
2018/6/25	76971	38236	1.242984	73.24948	0.40189816	3435295	3188	219762.218	43.87548	12566	0.0500904
2018/6/26	72569	36054	1.242984	71.116	0.40270208	3199911	2983	210184.6985	44.970048	11823	0.04959568
2018/6/27	59023	24521	1.490344	75.376776	0.3812436	2826319	2689	264234.2808	63.10772	11182	0.06530304
2018/6/28	60714	27930	1.341928	73.268032	0.40047584	2417903	2449	298616.3314	77.82564	11213	0.052564
2018/6/29	58760	26247	1.385216	69.922488	0.3985588	2630452	2435	198510.0486	51.828104	10953	0.05577968
2018/6/30	53137	22251	1.477976	69.582368	0.3796976	2773033	2623	209781.0688	50.89432	11695	0.07086864
2018/7/1	143009	37993	2.325184	68.036368	0.3330084	1820046	1743	167626.5342	60.97424	6451	0.02764248
2018/7/2	111546	27789	2.479784	69.421584	0.33653328	1884520	1672	141217.5148	53.918296	5507	0.03605272
2018/7/3	125348	30082	2.578728	69.767888	0.32212456	2355253	2116	145537.3423	44.061	5953	0.04198936
2018/7/4	116734	27441	2.6282	71.443752	0.32459816	2016619	1850	168483.08	58.16052	6223	0.04038152
2018/7/5	125683	31039	2.50452	68.05584	0.313838	2192680	2117	180186.0526	54.555248	7143	0.04069072
2018/7/6	115898	26529	2.702408	72.525952	0.29021512	1964870	1626	126700.6985	50.022376	5227	0.0364856
2018/7/7	126270	30712	2.541624	66.329584	0.30635536	2163283	2194	201153.7086	58.185256	7566	0.04304064

图5.13　数据清洗后数据展示

5.5　ChatGPT数据采集和清洗实战总结

5.5.1　数据采集重点知识总结

1.数据采集

（1）数据采集是指收集、获取和记录有关特定主题、领域或对象的信息和数据的过程。

（2）数据采集是数据分析与挖掘过程中的基础环节，没有高质量的数据源，即使有最好的分析思路和模型，也无法得到有意义的结果。

2.网络爬虫

（1）网络爬虫是一种可以自动化、系统化地收集互联网数据的技术。

（2）通过读取网页的内容，从源代码中提取所需的信息，并将这些信息送回客户端或存储到数据库中。

（3）爬虫并不是内容的生产者，而是内容的搬运者。

3.问卷调查

（1）问卷调查允许研究者收集来自大量受访者的标准化信息。

（2）问卷可以捕捉到受访者的情感、态度和意图。

5.5.2　数据清洗重点知识总结

1.数据清洗

（1）数据清洗是发现并纠正数据文件中可识别的错误的过程。

（2）其目的是提高数据质量，从而确保数据分析的准确性。

（3）其包括检查数据一致性、处理无效值、缺失值、异常值等。

2.数据清洗主要方法

（1）一致性检查：根据每个变量的合理取值范围和相互关系，检查数据是否合乎要求。

（2）缺失值处理：数据中的缺失值可以删除或填充。

（3）异常值处理：识别并处理数据中的异常值。

（4）重复项处理：检查并删除数据中的重复项。

5.5.3　重点实操总结

1.数据采集 – 爬虫

为了采集某平台口红相关商品信息数据，我们使用 ChatGPT 的 Code Interpreter 模式（也可参照文中给出的代码在 Jupyter Notebook 中本地运行）使用 Selenium 框架编写爬虫代码，我们的提示词如下。

> User:
> 　　假设你是一位数据科学家，请你执行以下步骤，每执行完一步先输出结果，每一步生成的代码都需要清晰的中文注释，等我确认后再进行下一步：
> 　　1.在url:https://list.xx.com/list.html?cat=1316,1387,1425使用Selenium框架爬取该页面所有口红的名称、品牌、评论数量，将爬取的结果存在csv文件中；
> 　　2.根据爬取的数据中的名称，对其名称进行分词，拆分成一个个元素，并统计各个元素的频次；
> 　　3.根据各个元素的出现频次，取出现频次排名前20的元素，绘制条形图进行展示。

2. 数据采集 – 调查问卷

为了从消费者侧直接得到一些对于产品偏好的意见，我们使用 ChatGPT 设计了一份调查消费者对于口红偏好的问卷，我们的提示词如下。

> User:
> 　　A公司是一家初创的高端美妆平台，假设你是A公司的一位资深数据分析师，要创建一个有关口红的市场调查问卷，用于设计新产品，了解消费者对口红的喜好，据此设计一份问卷。注意：问卷中要包括受访者基本信息、受访者口红购买偏好、受访者对A公司过往口红满意度这几个部分，第一部分出3道题，均为单选；第二部分5～10题，均为量表题；第三部分5题，单选、多选和量表均可。请完整地输出问卷的内容。

3. 数据清洗 – 一致性检验

为了清洗 A 公司销量记录，我们使用 ChatGPT 对该数据进行了一致性检验，我们的提示词如下。

> User:
> 　　假设你是一位资深数据分析师，请你读取《A公司过去五年 a 产品销量记录》数据，并对该数据进行一致性检验，请注意，你需要依次检查该数据的格式一致性、单位一致性、代码和分类一致性、文本和命名一致性、计算一致性、规则和逻辑一致性。

4. 数据清洗 – 处理缺失值 & 重复数据

承接前文一致性检验继续对该数据进行清洗，我们的提示词如下。

> User:
> 　　假设你是一位资深数据分析师，请你读取一致性检验后的数据集，检验该数据中是否存在缺失值，并指出缺失的数量占该指标的比例，若超过50%，则删除该列；若不超过50%，则采用多重插补进行填充。请注意，数据中的 "-" 可以理解为空值。
> 　　User:
> 　　针对修改后的数据，假设你是一位资深数据分析师，请你使用所有字段或关键字段确定是否有重复记录，若有，请删除重复项。同时请告诉我们具体是哪些日期的数据发生了重复。

第 6 章

ChatGPT 探索性数据分析和可视化实战

在数据科学的广阔领域中，探索性数据分析（EDA）与数据可视化是至关重要的环节。它们不仅为我们提供了对数据的初步了解，还为后续的数据处理和模型建立奠定了坚实的基础。探索性数据分析，如其名，是对数据进行初步的、探索性的分析，目的是揭示数据背后的模式、关系和结构。数据可视化则是将这些复杂的数据信息转化为直观的图形，使得我们更为清晰地捕捉到数据中的关键信息。而 ChatGPT 强大的自然语言处理能力使得用户直接用日常语言与其交互，简化数据查询和分析的过程，在进行探索性数据分析时展现出显著的优势。

6.1　案例背景和任务

B 母婴电商公司是在 2019 年由两位年轻的妈妈——A 女士和 B 女士共同创办的。在成为母亲后，她们深感市场上的母婴产品既不环保又缺乏健康保障，因此她们决定自己打造一个电商平台，专门提供高品质、健康、环保的母婴产品。公司的核心宗旨是为每一位家长提供健康、安全、环保的母婴产品，确保每一个宝宝都在最好的环境中健康成长。

在初创期，该公司主打有机婴儿食品，但很快公司意识到单一的产品线难以满足日益增长的市场需求。于是，公司制订了一个长远的战略规划，决定逐步扩大产品线，并与国外知名品牌合作，引入更多的高品质商品。不久，天然材质的婴儿用品系列的引入成为公司的又一大亮点，这一战略举措使得销量大幅上涨。

随着市场的不断扩大，该公司也开始关注妈妈们的需求，不久后推出了自有品牌的妈妈护肤品系列。这一系列产品的推出，不仅满足了妈妈们的护肤需求，也进一步巩固了公司在母婴市场的领导地位。

为了更好地与消费者互动，公司在销售额达到一个重要的里程碑后，决定开设线下体验店，让消费者更直观地了解和体验产品。这一发展思路进一步拉近了公司与消费者之间的距离，也为公司带来了更多的忠实粉丝。

　　然而，随着时间的推移，公司发现新客户的增长速度开始放缓。同时另一个问题逐渐显现出来：该公司的业务主要靠经验驱动，缺少对数据的整理和分析。尽管有丰富的市场经验和对消费者的深入了解，但在数据驱动的时代，仅凭经验很难做到精准的市场定位和策略制定。为了深入了解市场趋势和客户需求，该公司决定进行一次探索性数据分析。公司认为，只有深入了解消费者的真实需求，才能制定出更为精准的市场策略，持续引领母婴市场的发展。

　　面对这一挑战，公司高层将探索性数据分析的需求交给了数据部门。数据部门在评估了多种数据分析工具后，决定采用 ChatGPT 来辅助工作。其认为，ChatGPT 不仅能够快速处理大量的数据，还能通过自然语言处理技术，深入挖掘消费者的真实反馈和需求，为公司提供更为精准的市场策略建议。

6.2　探索性数据分析和可视化知识提要

6.2.1　探索性数据分析概念

　　探索性数据分析是一种对数据集进行系统性检查的方法，是数据分析的一个关键步骤，它涉及对数据集的初步调查和总结，以揭示其主要特征、模式、关系、异常值和重要结构。它的目的是通过图形和统计方法来"感知"数据，为后续的假设测试和建模提供直觉。一般而言，它是数据分析的初步步骤，通常在进行更复杂的统计分析或建模之前进行。

　　那么，为什么我们要做探索性数据分析？

　　（1）深入理解数据集：通过 EDA，我们可以对数据集的分布、缺失值、统计信息等进行深入的了解，这有助于我们更好地把握数据的特点和结构。

　　（2）获得高质量数据集：数据的质量直接影响到分析的结果。通过 EDA，我们可以对异常值、缺失值进行基本的处理，确保数据集的质量。

　　（3）为后续模型和实证假设提供思路：数据中隐藏着各种信息和知识，通过 EDA，我们可以获得对数据的新的认识和灵感，这对于后续的机器学习模型构建和实证假设的提出非常有帮助。

　　探索性数据分析有三大重要思想：洞察数据、图形化方法、无假设前提，如图 6.1 所示。

1.洞察数据

　　在进行任何复杂的统计分析或建模之前，首先要了解数据，也就是要先观察数据的分布、检查异常值和缺失值、理解数据的结构和关系。这不仅仅是查看几个数字或计

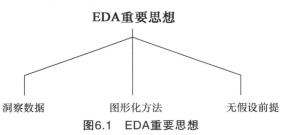

图6.1　EDA重要思想

算几个统计量，而是要全面地观察数据的分布、检查异常值和缺失值、理解数据的结构和关系。这一步骤确保我们对数据有一个清晰的认识，从而作出更明智的决策和选择更合适的分析方法。

比如当电商平台想要了解其销售情况时，它们可能会先检查往期数据是否存在缺失值和异常值，接着再去查看每月的总销售额、最畅销的产品、退货率等关键指标。这样，它们可以了解哪些产品最受欢迎、哪些月份销售额最高，以及退货的主要原因。

2. 图形化方法

图形化方法为我们提供了一个更加直观和生动的方式来理解数据。视觉是我们理解数据的关键工具。通过各种图表、图形和可视化工具，我们可以直观地看到数据中的模式、关系和异常值，而这些重要信息可能会在简单的数字摘要中被忽略。不仅如此，它们还为非技术背景的受众提供了一个易于理解和解释的方式，使得对数据的洞察结果更加接地气。

在克里米亚战争期间，著名的英国护士南丁格尔注意到士兵的死亡率非常高，但死因并不总是与战斗有关。为了更好地呈现这一观察，南丁格尔设计了一个"玫瑰图"（或"极坐标区域图"），如图6.2所示。

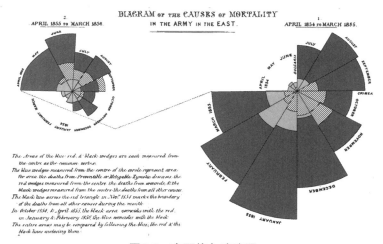

图6.2　南丁格尔玫瑰图

这张图表用图形面积代表数据，展示了可预防疾病导致的死亡人数（深灰色）、伤口导致的死亡（▨）和其他原因导致的死亡数（浅灰色），这个图形清晰地显示了与战斗无关的死亡（尤其是伤寒）远远超过了与战斗有关的死亡。玫瑰图对于当时的人来说是震撼的，因为它清晰地揭示了军队医疗和卫生条件的恶劣是主要的死亡原因，而不是实际的战斗。南丁格尔使用这个图形成功地说服了政府改善军队的医疗和卫生条件，从而大大降低了士兵的死亡率。

3. 无假设前提

传统的统计方法往往基于一系列的假设，如数据的正态分布或独立性。这些假设在某些情况下可能是合理的，但在其他情况下可能会导致误导性的结果。与传统的假设检验方法不同，EDA不是以特定的假设为前提进行的。相反，它开放地探索数据，寻找数据本身可能揭示的任何模式或结构。这种方法鼓励分析者保持好奇心和开放性，而不是受到预设假设的限制。这样，我们可以更自由地探索数据，客观地洞察数据和挖掘数据。

比如在一个新品牌在市场上推出新产品之前，可能会进行一项市场调查来了解消费者的喜好。在这种情况下，他们可能没有任何先验假设，而是开放地收集数据，以了解消费者的真实需求和期望。

6.2.2 探索性数据分析流程

在 6.2.1 节介绍探索性数据分析的概念时，我们提到探索性数据分析会涉及对数据的总体把握，会对数据集进行修正以获取高质量数据集，同时会采用图形化方法直观地理解数据，结合探索性数据分析的内在概念，我们可以自然地将探索性数据分析的流程划分为四个步骤：数据解读、描述性统计、数据可视化和相关性分析，如图 6.3 所示。

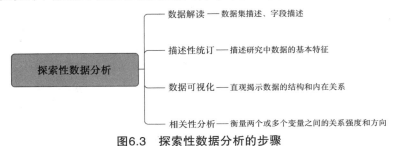

图6.3　探索性数据分析的步骤

1. 数据解读

数据解读主要包括两个部分：数据集描述和字段描述。数据集描述可以帮助我们理解数据的来源、时间范围、收集目的和大小，这是理解数据的基础；而字段描述可以帮助我们理解每个特征的含义、数据类型、单位和缺失值情况，这是进行数据分析的前提。

数据集描述和字段描述涉及的内容如表 6.1 所示。

表 6.1　数据解读流程

流程	具体内容	实施方法
数据集描述	数据来源	了解数据是从何处收集的，是否来自可靠的来源
	时间范围	数据集涵盖的时间段或日期
	目的	数据收集的初衷或目的是什么
	数据集大小	数据集包含多少行和列
字段描述	字段名称	每个字段的名称和描述
	数据类型	是否为数值、分类、时间序列等
	单位	如果适用，每个字段的单位是什么
	缺失值	哪些字段有缺失值，以及其缺失率

2. 描述性统计

描述性统计用于描述研究中数据的基本特征。它们提供有关样本和度量的简单摘要，是几乎所有数据定量分析的基础。

　　描述性统计是以揭示数据分布特性的方式汇总并表达定量数据的方法。其主要包括数据的频数分析、数据的集中趋势分析、数据离散程度分析等数据的分布以及一些基本的统计图形。描述性统计是一类统计方法的汇总，作用是提供了一种概括和表征数据的有效且相对简便的方法。其通常用图示法来表述，易于看懂，能发现质量特性值（总体）的分布状况、趋势走向的一些规律，便于采取措施。其用于汇总和表征数据，通常是对数据进一步定量分析的基础，或是对推断性统计方法的有效补充。

　　我们可以将描述性统计的常用分析内容总结为四项：集中趋势、离散程度、分布形状、交叉分析，如图 6.4 所示。

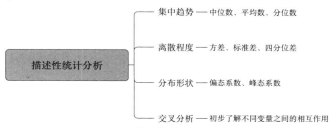

图6.4　描述性统计主要内容

　　而这些指标具体的计算方式和用途如表 6.2 所示。

表 6.2　描述性统计常用指标计算方法

指标	计算方法	适用场景
均值	所有数据的和除以数据的数量	适用于连续数据，用于确定数据的中心位置
中位数	将数据排序后，位于中间位置的值	适用于连续数据，特别是当数据存在异常值时，因为它不受异常值的影响
众数	出现次数最多的数据	适用于分类数据，但也可以用于连续数据
极差	数据的最大值减去最小值	适用于连续数据，用于了解数据的范围
方差	每个数据与均值的差的平方的平均值	适用于连续数据，用于了解数据的离散程度
标准差	方差的平方根	适用于连续数据，用于了解数据的离散程度
偏度	数据的三阶中心距除以标准差的三次方	适用于连续数据，用于了解数据的不对称性
峰度	数据的四阶中心距除以标准差的四次方减 3	适用于连续数据，用于了解数据的尖峭程度

　　简单地说，均值、中位数、众数体现了数据的集中趋势；极差、方差、标准差体现了数据的离散程度；偏度、峰度体现了数据的分布形状；交叉分析用于初步了解不同变量之间的相互作用。

3. 数据可视化

　　如前文我们在介绍探索性数据分析的图形化表达思想时说的那样，数据可视化是数据应用的一种形式，是满足用户需求的一种手段，直白点说就是将数据图形化、图表化以良好的视觉效果呈现，达到发现、分析、预测、监控、决策等目的。

数据可视化的优点主要在于可以使信息更直观、更容易理解，提供一种更有效的方式来传达信息，一个好的图表比文字报告更容易让人理解和接受，优质的数据可视化可以帮助我们更直观、更快速、更有效地理解和分析数据，作出更好的决策，更有效地传达信息，提高效率，并吸引观众的注意力。

在探索性数据分析中，数据可视化起始于将原始数据转化为图形或图像的过程，目的是直观地揭示数据的复杂结构和内在关系。

（1）选择图表。我们需要选择合适的图形，如折线图、柱状图或散点图，来展示数据的特定特征。例如，使用折线图来展示数据随时间的变化趋势，或利用散点图来探索两个变量之间的关系。

（2）寻找问题。通过这些图形，我们可以快速地发现数据中的异常值、缺失值或其他潜在问题。进一步地，数据可视化还可以帮助揭示数据的分布、集中趋势和离散程度。

（3）得出结论。经过一系列的可视化分析，我们能够更加清晰地理解数据的特点和结构，为后续的深入分析和建模打下坚实的基础。

4. 相关性分析

相关性分析是一种统计分析方法，用于衡量两个或多个变量之间的关系强度和方向。这种分析通常用于确定变量之间的相互关系，以便更好地理解它们之间的模式、趋势和依赖性。相关性分析有助于揭示变量之间是否存在某种关联，以及它们如何随着彼此的变化而变化。

主要有两种常用的相关性分析方法：皮尔逊相关系数和斯皮尔曼等级相关系数。

（1）皮尔逊相关系数。其适用于连续变量，衡量的是两个变量之间线性关系的强度和方向。其取值范围在 -1 到 1 之间，0 表示没有线性关系，正值表示正相关，负值表示负相关。

（2）斯皮尔曼等级相关系数。其适用于有序的变量，无须假设线性关系。它通过将原始数据转换为排序等级，然后衡量等级之间的关联。与皮尔逊相关系数不同，斯皮尔曼等级相关系数可以更好地捕捉非线性关系。

在进行相关性分析时，需要注意以下几点。

（1）相关性不等于因果关系。相关性只能告诉你变量之间是否有关联，但并不能说明一个变量是另一个变量的原因。

（2）样本大小会影响相关性的稳定性，较小的样本可能导致不准确的相关性结果。

（3）上下文和业务知识很重要，理解变量之间的背景信息和领域知识对解释相关性分析的结果至关重要。

6.2.3　数据可视化图表应用

在 6.2.2 节我们提到数据可视化的第一步就是要识别和选择图表，可是常用的可视化图表花样繁多，包括但不限于折线图、柱状图、饼图、散点图等。那么，我们具体应该遵循哪些标准或依据来决定图表的选择和使用呢？

表 6.3 会给我们的图表选择提供启发和依据。

表 6.3　图 表 选 择

图表名称	简介	应用场景	经典应用
折线图	显示数据点序列连接的直线	展示时间序列分析、趋势展示、数据的波动性分析	股票市场的历史价格变化
柱状图	使用垂直或水平的柱子来表示数据	展示分类数据的比较、频率分布、多组数据的对比分析	不同年龄段的人口数量
饼图	使用扇形来表示各部分对整体的占比	展示分类数据的相对比例、占比分析、展示部分与整体的关系	公司的市场份额
散点图	使用点在坐标轴上表示两个变量的值	展示两个连续变量之间的关系、展示数据的分布情况、寻找异常值	身高与体重的关系
直方图	显示数值变量的频率分布	展示单一变量的分布、频率分布分析、展示数据的集中与离散情况	学生成绩的分布
箱线图	显示数据的五数概括：最小值、第一四分位数、中位数、第三四分位数、最大值	展示数据的分布和异常值、比较不同分组的数据分布、展示数据的离散程度	不同分组的考试分数分布
热力图	使用颜色表示矩阵或二维数据的值	关联或相似性可视化、展示数据的密度、展示数据的变化趋势	特征相关性矩阵
雷达图	使用多个轴表示多变量数据	展示多变量比较、展示多个维度的数据、评估多个指标的表现	一个运动员的各项技能评分
地图	在地理区域上展示数据	地理数据可视化、展示地理分布、展示地域间的比较	一个国家的人口密度
词云	使用大小和颜色表示文本数据的频率或重要性	文本数据可视化、关键词高亮、展示文本数据的频率分布	社交媒体上最热门的主题词
树状图	使用嵌套的矩形表示层次数据的部分和整体关系	展示层次数据的结构、展示组织结构、展示数据的分层关系	硬盘上各文件夹的大小
气泡图	与散点图类似，但每个点的大小可表示第三个维度的数据	展示三维数据、展示两个变量的关系和第三个变量的大小	GDP（国内生产总值）、预期寿命和每个国家的人口（气泡大小）

6.3　ChatGPT探索性数据分析实战

在本节中，我们将使用 B 公司的线上经营数据进行探索性数据分析，将使用 ChatGPT 完成数据解读、描述性统计分析、相关性分析和可视化等一系列操作。在这个过程中，我们将会逐步加深对于 B 公司经营状况的理解，并得出探索分析的结论。

6.3.1　ChatGPT数据解读实战

在前文关于数据解读的讲解中，我们知道数据解读要分为两个部分，先进行数据集的整体解读，再进行对各个字段的解读。在使用 ChatGPT 进行数据解读前，我们需要厘清需求和标准。

（1）ChatGPT 是否依次输出了数据集解读和字段解读两部分。

（2）输出的数据集解读和字段解读是否完整（数据解读的完整内容可回顾 6.2.2 节）。

（3）针对字段的解读是否完整地涵盖了数据集中的所有字段。

基于这些考虑，我们的提示词应当包括以下内容。

（1）我们需要告知 B 公司的大致背景并简单介绍上传的数据集，以便进行数据集解读。

（2）赋予 ChatGPT 的角色应当为数据分析专家（本章其余部分若未做特别说明，则赋予的角色均为数据分析专家）。

（3）我们需要在提示词中直接具体说明数据解读的流程步骤，让 ChatGPT 按照我们指定的流程进行输出。

让我们先向 ChatGPT 提问。

User:
B公司是一家母婴电商公司，该数据集为B公司经营相关数据。请你扮演B公司数据分析专家的角色，对该数据集进行数据解读。请注意，你进行数据解读的流程请遵循以下步骤：
1.数据集描述，包括数据来源、时间范围、目的、数据集大小；
2.字段描述，包括字段名称、数据类型、单位、缺失值。

ChatGPT 给出的回答如下。

ChatGPT:
好的，首先我们将载入数据集并进行初步的观察。
步骤1：数据集描述
我们将首先查看数据集的基本信息，例如数据的来源、时间范围、目的和数据集的大小。
步骤2：字段描述
接着，我们将查看数据集的各个字段，包括字段名称、数据类型、单位、缺失值。
让我们开始第一步并加载数据。

1.数据集描述：
（1）数据来源：这是一份包含B公司的经营相关数据的数据集。
（2）时间范围：数据集包含的日期从2019-04-01到2023-3-31。
（3）目的：该数据集可能用于分析B公司的销售、访客、购买用户数、GMV（总毛利润）、转化率和商品详情页跳失率的变化情况。
（4）数据集大小：该数据集包含1461行和13列。

2.字段描述：
（1）字段名称和类型：
日期：这是数据集中的日期字段，数据类型为日期。
一级类目：这是商品的一级分类，数据类型为字符串。
二级类目：这是商品的二级分类，数据类型为字符串。
用户所在城市：这是用户所在的城市，数据类型为字符串。
用户职业：这是用户的职业，数据类型为字符串。
用户性别：这是用户的性别，数据类型为字符串。
商品名称：这是商品的名称，数据类型为字符串。
当日销量：这是当日的销量，数据类型为浮点数。

当日访客数：这是当日的访客数量，数据类型为浮点数。

当日购买用户数：这是当日的购买用户数量，数据类型为浮点数。

当日GMV：这是当日的总毛利润，数据类型为浮点数。

转化率：这是当日的转化率，数据类型为浮点数。

商品详情页跳失率：这是当日的跳失率，数据类型为浮点数。

（2）单位：

当日销量（当日销量）：单位是件。

当日访客数（当日访客数）：单位是人。

当日购买用户数（当日购买用户数）：单位是人。

当日GMV（当日GMV）：单位是元。

转化率（转化率）：无单位，是一个比率。

商品详情页跳失率（跳失率）：无单位，是一个比率。

其他字段，如日期、一级类目、二级类目、用户所在城市、用户职业、用户性别和商品名称，都是分类字段，没有单位。

（3）缺失值：数据集中的所有列都是非空的，也就是说，数据集中没有缺失值。

至此，我们已经完成了对数据集的初步解读。接下来我们可以进行更深入的数据分析，例如分析不同城市、职业、性别的用户的购买情况，或者分析不同商品的销售情况。请问您想进行哪方面的分析？或者有其他的问题或要求吗？

可以看到，ChatGPT 按照我们要求的步骤和分析内容输出了针对数据集和各个字段的探索结果，并且输出的结果中涵盖了数据集描述（数据来源、时间范围、目的、数据集大小）和字段描述（字段名称、数据类型、单位、缺失值）的所有内容。可见 ChatGPT 输出的结果是符合预期和需求的。阅读该输出结果，我们将会对数据有一个基本了解。但是，长篇的文字叙述十分不便于我们的阅读，因此为了让结果更加适宜阅读，我们可以继续向 ChatGPT 提出要求。

User:
请将上述数据解读的结果输出为表格形式，表头为流程、探索内容、详细信息，数据集描述、字段描述、缺失值放在"流程"列中，并保持和探索内容、详细信息的对应关系。

ChatGPT 将文本转变为表格，如表 6.4 所示。

表 6.4　数据解读结果

流程	探索内容	详细信息
数据集描述	数据来源	B 公司，一家专注于母婴产品的电商公司
	时间范围	2019 年 4 月 1 日到 2023 年 3 月 31 日
	目的	分析公司的经营状况，包括但不限于商品销量、用户行为、转化率等
	数据集大小	1461 行，13 列
字段描述	日期	记录的日期，数据类型为字符串
	一级类目	商品的一级分类，如婴儿食品、妈妈护肤品等，数据类型为字符串
	二级类目	商品的二级分类，如有机婴儿食品、天然妈妈护肤品等，数据类型为字符串
	用户所在城市	用户所在的城市级别，如一线城市、二线城市、其他城市，数据类型为字符串

续表

流程	探索内容	详细信息
字段描述	用户职业	用户的职业,如农业、服务、加工等,数据类型为字符串
	用户性别	用户的性别,如男、女,数据类型为字符串
	商品名称	商品的名称,数据类型为字符串
	当日销量	当日该商品的销量,数据类型为浮点数,单位为件
	当日访客数	当日访问该商品页面的用户数,数据类型为浮点数,单位为人
	当日购买用户数	当日购买该商品的用户数,数据类型为浮点数,单位为人
	当日 GMV	当日该商品的总销售额,数据类型为浮点数,单位为元
	转化率	购买用户数与访客数之比,数据类型为浮点数,无单位
	跳失率	未进行购买操作的访客数与总访客数之比,数据类型为浮点数,无单位
缺失值分析	缺失情况	该数据集没有任何缺失值

可以看到,在将文本转为表格后,我们阅读数据解读的结果也轻松方便了许多。

6.3.2 ChatGPT描述性统计实战

当完成数据解读后,我们对数据集有了基本的了解。接下来,为了对数据有更进一步的了解,研究数据的基本特征,我们需要进行描述性统计分析。

同样地,在使用 ChatGPT 进行描述性统计分析前,我们需要厘清需求和标准。

(1)ChatGPT 输出的结果是否有按照集中趋势、离散程度、分布形状、交叉分析四部分进行。

(2)我们的数据集中既有如一级类目这样的分类变量,也有数值型变量,ChatGPT 输出的结果应当考虑将分类变量作为数值型变量的维度进行分析。

(3)输出的描述性统计是否完整地涵盖了数据集中的所有字段。

基于这些考虑,我们的提示词应当包括以下内容。

(1)我们需要告知 ChatGPT 描述性统计所涵盖的内容(集中趋势、离散程度、分布形状、交叉分析)。

(2)将输出的结果分为两部分:第一部分不考虑分类变量,从整体角度观察数据特征;第二部分将分类变量作为数值型变量的维度进行更细致的分析。

让我们先向 ChatGPT 提问。

> User:
> 请你作为数据分析专家,针对该数据集,从集中趋势、离散程度、分布形状、交叉分析四个角度对各个字段进行描述性统计分析,并将结果用表格形式展现。请注意,描述性统计分析要分成两部分:第一部分直接对数据集的数值型变量进行分析,不用将一级类目、二级类目等分类变量作为维度;第二部分要考虑分类变量,将其作为维度进行深入分析。

由于该部分 ChatGPT 输出的内容较长，在此会截取其部分输出内容作为展示。

ChatGPT:
第一部分：不考虑维度（日期、一级类目、二级类目、用户所在城市、用户职业、用户性别、商品名称）
1．集中趋势
我们将从以下几个数值型字段的集中趋势开始分析：
当日销量（当日销量）
当日访客数（当日访客数）
当日购买用户数（当日购买用户数）
当日GMV（当日GMV）
转化率（转化率）
跳失率（跳失率）
计算平均值、中位数和标准差。

集中趋势输出结果如表 6.5 所示。

表 6.5　集中趋势计算结果

指标	平均值	中位数
当日销量	359.74	297.00
当日访客数	784.34	584.00
当日购买用户数	242.25	189.36
当日 GMV	41053.53	31257.00
转化率	0.35	0.35
跳失率	0.30	0.296

ChatGPT:
接下来，让我们看一下这些数值型字段的离散程度。
2．离散程度
为了更好地理解数据的离散程度，我们将计算以下几个数值型字段的方差、范围和四分位数范围（IQR）：
当日销量（当日销量）
当日访客数（当日访客数）
当日购买用户数（当日购买用户数）
当日GMV（当日GMV）
转化率（转化率）
跳失率（跳失率）

离散程度输出结果如表 6.6 所示。

表 6.6　离散程度计算结果

指标	方差	范围	四分位数范围（IQR）
当日销量	113726.15	3577.70	245.00
当日访客数	793850.61	8820.17	494.00

指标	方差	范围	四分位数范围（IQR）
当日购买用户数	50295.74	1642.48	182.00
当日 GMV	1.27e+09	279246.80	34161.00
转化率	0.0077	0.44	0.156
跳失率	0.0143	0.495	0.210

ChatGPT:
3. 分布形状
接下来，我们将计算这些数值型字段的偏度（skewness）和峰度（kurtosis）以了解数据的分布形状。
当日销量（当日销量）
当日访客数（当日访客数）
当日购买用户数（当日购买用户数）
当日GMV（当日GMV）
转化率（转化率）
跳失率（跳失率）

分布形状输出结果如表 6.7 所示。

表 6.7　分布形状计算结果

指标	偏度（skewness）	峰度（kurtosis）
当日销量	3.24	13.90
当日访客数	3.48	14.14
当日购买用户数	3.00	11.70
当日 GMV	2.67	10.07
转化率	−0.03	−1.19
跳失率	0.09	−1.17

ChatGPT:
第二部分：考虑维度（日期、一级类目、二级类目、用户所在城市、用户职业、用户性别、商品名称）
我们可以按照以下维度对数据进行分组，然后分别计算每组的描述性统计信息：
日期
一级类目
二级类目
用户所在城市
用户职业
用户性别
商品名称
计算所有这些维度的描述性统计信息可能会生成大量的数据，所以我们只计算每个维度的平均值。
我们可以从"日期"维度开始，然后继续到下一个维度。对于每个维度，我们将计算每个数值型字段的平均值。
首先，让我们从"日期"维度开始。

"日期"维度的描述性统计信息如表6.8所示。表6.8显示了每天的平均销量、访客数、购买用户数、GMV、转化率和跳失率。

仅展示了前5行：

表 6.8　日期维度数据

日期	当日销量	当日访客数	当日购买用户数	当日 GMV	转化率	跳失率
2019-04-01	206	375	154	36874	0.4107	0.3526
2019-04-02	397	378	159	61932	0.4206	0.1888
2019-04-03	478	951	318	92254	0.3344	0.4648
2019-04-04	302	372	131	53756	0.3522	0.3887
2019-04-05	492	670	274	29028	0.4089	0.4004

按一级类目和二级类目分组如表 6.9 所示。

表 6.9　一级类目和二级类目分组计算结果

一级类目	二级类目	平均当日销量	平均当日访客数	平均当日购买用户数	平均当日GMV	平均转化率	平均跳失率
妈妈护肤品	天然妈妈护肤品	343.66	795.18	243.68	38980.67	0.35	0.30
婴儿用品	天然材质婴儿用品	383.55	803.78	248.04	43731.50	0.35	0.30
婴儿食品	有机婴儿食品	350.10	753.82	234.85	40218.96	0.35	0.30

按用户所在城市分组如表 6.10 所示，可以看到一线城市的销售数据相对较低，但转化率和跳失率相对较好。

表 6.10　城市分组计算结果

用户所在城市	平均当日销量	平均当日访客数	平均当日购买用户数	平均当日GMV	平均转化率	平均跳失率
一线城市	276.85	362.37	109.18	32912.16	0.32	0.30
二线城市	312.16	670.14	228.82	37942.25	0.36	0.30
三线城市	863.63	2271.22	591.15	80431.68	0.39	0.25
四线城市	1084.07	4075.70	1004.55	103428.50	0.36	0.30
其他城市	1305.28	4943.58	1455.72	117341.25	0.44	0.24

按用户职业分组如表 6.11 所示，其他和销售两个职业群体的平均销售量、访客数、购买用户数和 GMV 相对较高，而其他和制造职业的转化率相对较好。

表 6.11 用户职业分组计算结果

用户职业	平均当日销量	平均当日访客数	平均当日购买用户数	平均当日GMV	平均转化率	平均跳失率
服务	276.85	362.37	109.18	32912.16	0.32	0.30
农业	312.16	670.14	228.82	37942.25	0.36	0.30
制造	863.63	2271.22	591.15	80431.68	0.39	0.25
销售	1084.07	4075.70	1004.55	103428.50	0.36	0.30
其他	1305.28	4943.58	1455.72	117341.25	0.44	0.24

按用户性别分组如表 6.12 所示，可以看到女性用户的平均销售量、访客数、购买用户数和GMV 均远高于男性用户，但转化率稍低且跳失率稍高。

表 6.12 用户性别分组计算结果

用户性别	平均当日销量	平均当日访客数	平均当日购买用户数	平均当日GMV	平均转化率	平均跳失率
M	319.07	624.06	202.84	37591.74	0.35	0.30
F	1180.12	4017.86	1037.23	110891.42	0.38	0.27

ChatGPT:
　　对于交叉分析，我们可以选择两个或多个维度，并分析这些维度对指标的影响。例如，我们可以分析"用户所在城市"和"用户职业"对"当日销量""当日访客数""当日购买用户数""当日GMV""转化率"和"跳失率"的影响。

按用户所在城市和用户职业分组进行交叉分析如表 6.13 所示，在一线城市，服务行业的销售表现较好，而其他城市则以其他职业为主导；制造业在三线城市的销售数据相对较高，可能说明该城市的经济结构与制造业相关；四线城市的销售主要由销售职业推动，而其他城市的销售则由其他职业主导。

表 6.13 城市和用户职业分组交叉计算结果

用户所在城市	用户职业	平均当日销量	平均当日访客数	平均当日购买用户数	平均当日GMV	平均转化率	平均跳失率
一线城市	服务	276.85	362.37	109.18	32912.16	0.32	0.30
二线城市	农业	312.16	670.14	228.82	37942.25	0.36	0.30
三线城市	制造	863.63	2271.22	591.15	80431.68	0.39	0.25
四线城市	销售	1084.07	4075.70	1004.55	103428.50	0.36	0.30
其他城市	其他	1305.28	4943.58	1455.72	117341.25	0.44	0.24

按用户所在城市和用户性别分组进行交叉分析和按用户职业和用户性别分组进行交叉分析分别如表 6.14 和如表 6.15 所示。

表 6.14 用户所在城市和用户性别分组进行交叉计算结果

用户所在城市	用户性别	平均当日销量	平均当日访客数	平均当日购买用户数	平均当日GMV	平均转化率	平均跳失率
一线城市	M	276.85	362.37	109.18	32912.16	0.32	0.30
二线城市	M	312.16	670.14	228.82	37942.25	0.36	0.30
三线城市	M	729.90	1883.90	516.65	66968.33	0.40	0.25
三线城市	F	1218.33	3298.44	788.74	116138.82	0.37	0.25
四线城市	F	1084.07	4075.70	1004.55	103428.50	0.36	0.30
其他城市	F	1305.28	4943.58	1455.72	117341.25	0.44	0.24

表 6.15 用户职业和用户性别分组进行交叉计算结果

用户职业	用户性别	平均当日销量	平均当日访客数	平均当日购买用户数	平均当日GMV	平均转化率	平均跳失率
服务	M	276.85	362.37	109.18	32912.16	0.32	0.30
农业	M	312.16	670.14	228.82	37942.25	0.36	0.30
制造	M	729.90	1883.90	516.65	66968.33	0.40	0.25
制造	F	1218.33	3298.44	788.74	116138.82	0.37	0.25
销售	F	1084.07	4075.70	1004.55	103428.50	0.36	0.30
其他	F	1305.28	4943.58	1455.72	117341.25	0.44	0.24

　　由于空间问题，其余内容暂且不做赘述，从我们展示出的这部分结果来看，ChatGPT 输出的结果包含集中趋势、离散程度、分布形状、交叉分析四部分，且输出的结果根据是否将分类变量作为数值型变量的维度分为两部分进行分析，从而输出了完整细致的描述性统计。

　　输出的描述性统计代码如下。

```
ChatGPT:
df = pd.read_csv('/mnt/data/baby_products_dataset (4).csv')
# Show the first few rows to confirm the dataset has been loaded successfully
df.head()
# Descriptive Statistics - Central Tendency for Part 1
# Calculate mean, median, and standard deviation for numeric columns (ignoring
other dimensions)
central_tendency_part1 = numeric_columns.aggregate(['mean', 'median', 'std'])
central_tendency_part1
# Descriptive Statistics - Central Tendency for Part 1
# Calculate mean, median, and standard deviation for numeric columns (ignoring
other dimensions)
central_tendency_part1 = numeric_columns.aggregate(['mean', 'median', 'std'])
central_tendency_part1
# Descriptive Statistics - Dispersion for Part 1
# Calculate variance, range (max-min), and IQR for numeric columns
```

```
dispersion_part1 = numeric_columns.aggregate(['var', 'min', 'max'])
dispersion_part1.loc['range'] = dispersion_part1.loc['max'] - dispersion_part1.
loc['min']
dispersion_part1.loc['IQR'] = numeric_columns.quantile(0.75) - numeric_columns.
quantile(0.25)
dispersion_part1.loc[['var', 'range', 'IQR']]
# Descriptive Statistics - Distribution Shape for Part 1
# Calculate skewness and kurtosis for numeric columns
shape_part1 = numeric_columns.aggregate(['skew', 'kurt'])
shape_part1
# Descriptive Statistics considering dimensions for Part 2
# Start with '日期' dimension
# Group by '日期' and calculate mean for each numeric column
dimension_日期 = df.groupby('日期').mean()
# Show the first few rows as an example
dimension_日期.head()
# Continue with '一级类目' dimension
# Group by '一级类目' and calculate mean for each numeric column
dimension_一级类目 = df.groupby('一级类目').mean()
dimension_一级类目
# Continue with '二级类目' dimension
# Group by '二级类目' and calculate mean for each numeric column
dimension_二级类目 = df.groupby('二级类目').mean()
# Show the top 5二级类目by average当日销量
dimension_二级类目_top5 = dimension_二级类目.sort_values(by='当日销量', ascending=
False).head(5)
dimension_二级类目_top5
# Continue with '用户所在城市' dimension
# Group by '用户所在城市' and calculate mean for each numeric column
dimension_用户所在城市 = df.groupby('用户所在城市').mean()
dimension_用户所在城市
# Continue with '用户职业' dimension
# Group by '用户职业' and calculate mean for each numeric column
dimension_用户职业 = df.groupby('用户职业').mean()
# Show the top 5用户职业by average当日销量
dimension_用户职业_top5 = dimension_用户职业.sort_values(by='当日销量', ascending=
False).head(5)
dimension_用户职业_top5
# Continue with '用户性别' dimension
# Group by '用户性别' and calculate mean for each numeric column
dimension_用户性别 = df.groupby('用户性别').mean()
dimension_用户性别
# Continue with '商品名称' dimension
# Group by '商品名称' and calculate mean for each numeric column
dimension_商品名称 = df.groupby('商品名称').mean()
# Show the top 5商品名称by average当日销量
dimension_商品名称_top5 = dimension_商品名称.sort_values(by='当日销量', ascending=
False).head(5)
dimension_商品名称_top5
```

根据 ChatGPT 输出的描述性统计结果，我们不难通过 ChatGPT 从中挖掘出更多关于 B 公司经营状况的信息。

```
ChatGPT:
（1）城市定位和市场推广策略：
建议：针对一线城市，重点推广服务类产品，利用妈妈护肤品等相关品类的特性。对于其他城市，可根据不
同行业特点制定差异化的市场推广策略。
策略：制定城市级别的促销活动，针对不同城市的消费者需求，提供相应的优惠和奖励。
（2）性别差异化营销：
建议：鉴于女性在销售中的表现相对较好，可以加强对女性用户的定向广告和促销活动。
策略：开展面向女性用户的专题促销活动，推出符合女性喜好的产品线，并通过社交媒体等渠道进行有针对
性的广告宣传。
（3）产品开发和供应链管理：
建议：根据不同一级和二级类目的销售表现，优化产品开发方向。同时，根据城市、职业和性别的需求特
点，合理调整供应链策略，确保产品及时满足市场需求。
策略：与生产商合作，推出符合天然、有机、材质等需求的产品线，以满足不同用户群体的偏好。
（4）提高转化率和降低跳失率：
建议：针对销售表现较好的群体，可以通过提高转化率和降低跳失率来优化用户体验。
策略：优化网站和移动应用的界面，提高购物体验。针对跳失率较高的城市或行业，进行用户调查，了解原
因并采取相应措施，如改进页面设计、提供更详细的产品信息等。
（5）促销活动的差异化策略：
建议：根据不同城市、职业和性别的购买行为差异，设计差异化的促销活动，以激发用户购买欲望。
策略：针对不同城市推出定制化的优惠活动，结合当地特色。对于不同职业和性别的用户，推出定向促销活
动，提高购买转化率。
综上所述，我们可以看到用户的地理位置、职业、性别和商品类别都会影响销量、转化率、跳失率和GMV。
因此，我们可以考虑针对不同的用户群体制定不同的营销策略。例如，我们可以针对小城市的用户进行更多的营
销活动，更加关注下沉市场。
```

6.3.3 ChatGPT相关性分析实战

在描述性统计的最后一步，我们通过交叉分析对各个变量间的关系进行了初步的直观认识，但是想要真正地判断变量间是否存在相关关系，我们需要用更加严谨、更加量化的方式进行，也就是通过相关系数进行判断。

在使用 ChatGPT 进行相关性分析前，我们需要厘清需求和标准。

（1）为了便于观察结果，我们需要表格形式的结果。

（2）我们的数据集中既有类别变量也有数值型变量，因此相关性分析也需要针对不同数据类型采用不同的相关系数计算方法。

基于这些考虑，我们的提示词应当包括以下内容。

（1）在提示中直接要求 ChatGPT 将相关系数输出为表格形式。

（2）在前文讲解相关性分析的知识时，我们提到分类变量和连续变量相关系数的计算应使用斯皮尔曼等级相关系数，而对于连续变量之间的相关系数使用皮尔逊相关系数，因此在提示中，我们需要将这个信息告知 ChatGPT。

让我们先向 ChatGPT 提问。

> User:
> 请你扮演数据分析专家角色，针对该数据集的所有变量进行相关性分析，用表格展示最终结果，并给出分析结论。请注意，对于分类变量和连续变量相关系数的计算，请先将分类变量转变为有序的分类变量，再使用斯皮尔曼等级相关系数；对于连续变量之间的相关系数使用皮尔逊相关系数。

ChatGPT 依次输出两张表，如表 6.16 和表 6.17 所示。

表 6.16 分类变量间相关性

项目	当日销量	当日访客数	当日购买用户数	当日 GMV	转化率	跳失率
一级类目	0.01	−0.02	−0.02	0.01	0.03	0.02
二级类目	0.01	−0.02	−0.02	0.01	0.03	0.02
用户所在城市	0.39	0.47	0.51	0.10	0.20	0.01
用户职业	0.43	−0.33	−0.37	−0.00	−0.18	−0.01
用户性别	0.33	0.36	0.37	0.28	0.08	−0.06
商品名称	0.01	−0.01	−0.02	0.02	0.01	−0.00

表 6.17 连续变量间相关性

项目	当日销量	当日访客数	当日购买用户数	当日 GMV
当日销量	1.00	0.24	0.23	0.83
当日访客数	0.24	1.00	0.91	0.20
当日购买用户数	0.23	0.91	1.00	0.19
当日 GMV	0.83	0.20	0.19	1.00

为了确保对于分类变量和连续变量相关系数的计算使用的是斯皮尔曼等级相关系数，对于连续变量之间的相关系数使用皮尔逊相关系数，我们可以检查一下 ChatGPT 在计算时输出的代码。

```
ChatGPT:
import pandas as pd
# Load the dataset
df = pd.read_csv('modified_baby_products_dataset_with_categories.csv')
# Convert categorical variables to ordered categorical variables
for col in ['一级类目', '二级类目', '用户所在城市', '用户职业', '用户性别', '商品名称']:
    df[col] = df[col].astype('category').cat.codes
# Calculate the Pearson correlation coefficients between the continuous variables
pearson_corr = df[['当日销量', '当日访客数', '当日购买用户数', '当日 GMV']].corr(method='pearson')
# Calculate the Spearman correlation coefficients between the continuous and categorical variables
spearman_corr = df.corr(method='spearman')
print(pearson_corr)
print(spearman_corr)
```

可以看到，在代码中，corr 函数中的 method 参数分别被设置为 spearman 和 pearson，这说明在计算时分别使用了皮尔逊相关系数和斯皮尔曼等级相关系数，因此 ChatGPT 实现了我们的预期要求。

同时，ChatGPT 还给出了我们相关性分析的结论。

ChatGPT:

　　（1）访客数和购买用户数的关系：访客数与购买用户数高度相关，但GMV与访客数和购买用户数的相关性较低。这表明，虽然更多的访客可能会带来更多的购买用户，但这并不一定会导致更高的GMV。这可能是因为访客数量的增加并没有导致更高价值商品的购买。商家应考虑优化商品推荐算法，以推荐更高价值的商品给潜在的买家。
　　（2）用户特征的影响：用户所在城市、用户职业和用户性别对销量、访客数和购买用户数有一定的影响。商家应考虑这些因素，制定更具针对性的营销策略。
　　（3）商品名称的影响：商品名称与所有其他变量的相关性都接近于零。这可能是因为商品名称是一个具有高度唯一性的变量，不太可能与其他变量有强烈的相关性。这意味着商品名称可能不是一个重要的因素影响销量或GMV。商家应该更多地关注其他因素，如价格、商品描述和商品图片。

6.3.4　ChatGPT数据可视化实战

当完成了一系列的分析任务后，我们对数据的含义、基本特征、相关关系等都有了较多的了解。接下来，为了让数据的结论更加明了和直观，我们要进入数据可视化环节。

对于数据可视化，我们需要先厘清需求和标准。

（1）ChatGPT 输出的可视化结果要符合数据场景。

（2）可视化结果应当配套结论或建议。

基于这些考虑，我们的提示词可以写为：

User:
　　请你作为数据分析专家，针对该数据集，首先根据数据类型或数据用途选择合适的图形来展示数据的特定特征，再根据这些图形指出一些值得关注的问题，并进行分析得出结论。

ChatGPT 给出了我们一些可视化的方向和可视化的图表选择。

（1）类目 GMV 趋势对比如图 6.5 所示。

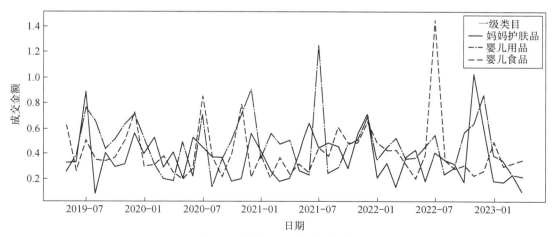

图6.5　类目GMV趋势对比图

ChatGPT:
护肤品类目的商品波动相对较小，峰值出现在2022年底；
婴儿用品和婴儿食品的波动相对较大，婴儿用品的峰值出现在2021年下半年，婴儿食品的峰值出现在2022年下半年。
因此需要判断是否具体的活动或营销策略促成了峰值的出现。

（2）转化率和跳失率分布如图6.6所示。

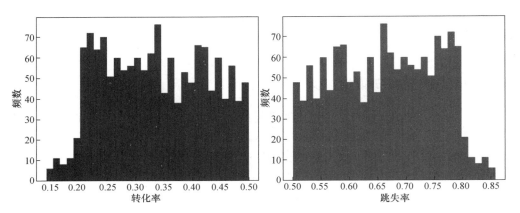

图6.6 转化率和跳失率分布

ChatGPT:
转化率分布：大部分的转化率集中在0.2～0.5之间，这意味着大部分的商品转化率依然有一定的提升空间。
跳失率分布：大部分的跳失率集中在0.5～0.8之间，这意味着大部分的商品跳失率都很高。
因此需要推出更加符合消费者喜好的新品来提升转化。

（3）销售表现趋势如图6.7～图6.10所示。

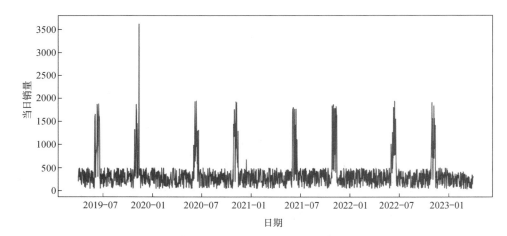

图6.7 当日销售随时间变化趋势

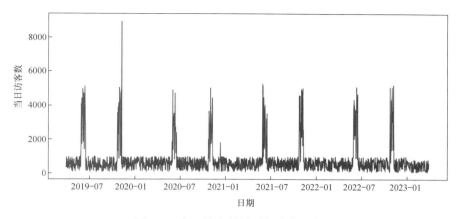

图6.8　当日访客数随时间变化趋势

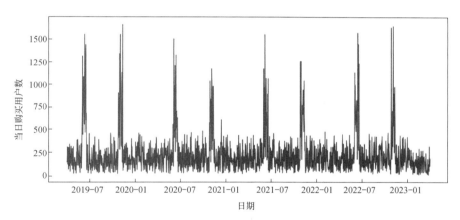

图6.9　当日购买用户数随时间变化趋势

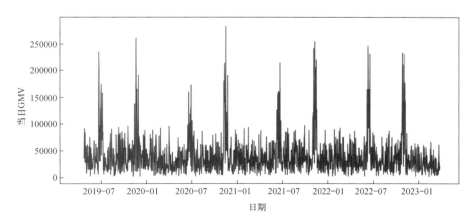

图6.10　当日GMV随时间变化趋势

（4）变量相关性分布如图 6.11 所示。

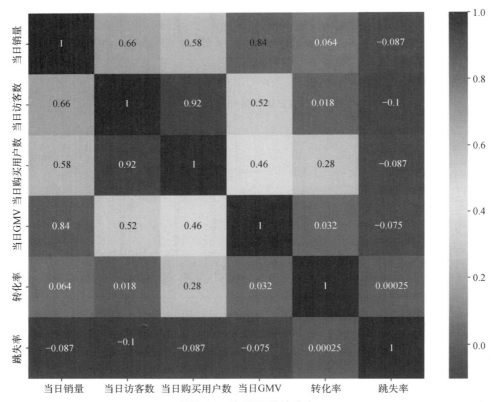

图6.11　变量相关性分布

ChatGPT 在生成图表的过程中生成的代码如下。

```python
import matplotlib.pyplot as plt
import matplotlib
import seaborn as sns
df = pd.read_csv('modified_baby_products_dataset_with_categories.csv')
matplotlib.rc("font",family='DengXian')
# Convert '日期' to datetime
df['日期'] = pd.to_datetime(df['日期'])

# Create a line plot for '当日销量' over time
plt.figure(figsize=(12, 6),dpi=150)
sns.lineplot(data=df, x='日期', y='当日销量')
plt.title('当日销量随时间的变化趋势')
plt.xlabel('日期')
plt.ylabel('当日销量')
plt.xticks(rotation=45)
plt.tight_layout()
plt.show()
plt.figure(figsize=(12, 6),dpi=150)
sns.lineplot(data=df, x='日期', y='当日访客数')
plt.title('当日访客数随时间的变化趋势')
plt.xlabel('日期')
plt.ylabel('当日访客数')
plt.xticks(rotation=45)
plt.tight_layout()
plt.show()
plt.figure(figsize=(12, 6),dpi=150)
sns.lineplot(data=df, x='日期', y='当日购买用户数')
plt.title('当日购买用户数随时间的变化趋势')
plt.xlabel('日期')
plt.ylabel('当日购买用户数')
plt.xticks(rotation=45)
plt.tight_layout()
plt.show()
plt.figure(figsize=(10, 8),dpi=150)
sns.heatmap(df.corr(), annot=True, cmap='coolwarm')
plt.title('变量之间的相关性')
plt.tight_layout()
plt.show()
```

6.3.5　ChatGPT探索性数据分析总结

在本次使用 ChatGPT 进行探索性数据分析的过程中，我们将步骤分成四个部分：数据解读、描述性统计分析、相关性分析和数据可视化。

针对数据解读，我们应当给予 ChatGPT 的提示词如下。

User:
　　B公司是一家母婴电商公司，该数据集为B公司经营相关数据。请你扮演B公司数据分析专家的角色，对该数据集进行数据解读，解读的结果用表格进行展示。请注意，你进行数据解读的流程请遵循以下步骤：
　　1.数据集描述，包括数据来源、时间范围、目的、数据集大小；
　　2.字段描述，包括字段名称、数据类型、单位、缺失值。

　　针对描述性统计分析，我们应当给到 ChatGPT 的提示词如下。

User:
　　请你作为数据分析专家，针对该数据集，从集中趋势、离散程度、分布形状、交叉分析四个角度对各个字段进行描述性统计分析，并将结果用表格形式展示。请注意，描述性统计分析要分成两部分：第一部分直接对数据集的数值型变量进行分析，不用将一级类目、二级类目等分类变量作为维度；第二部分要考虑分类变量，将其作为维度进行深入分析。

　　针对相关性分析，我们应当给到 ChatGPT 的提示词如下。

User:
　　请你扮演数据分析专家角色，针对该数据集的所有变量进行相关性分析，用表格展示最终结果，并给出分析结论。请注意，对于分类变量和连续变量相关系数的计算，请先将分类变量转变为有序的分类变量，再使用斯皮尔曼等级相关系数；对于连续变量之间的相关系数使用皮尔逊相关系数。

　　针对数据可视化，我们应当给到 ChatGPT 的提示词如下。

User:
　　请你作为数据分析专家，针对该数据集，首先根据数据类型或数据用途选择合适的图形来展示数据的特定特征，再根据这些图形指出一些值得关注的问题，并进行分析得出结论。

第 7 章
ChatGPT 推断性统计分析实战

推断性统计分析是数据分析的一个重要分支，它通过分析样本数据，来对总体参数作出推断。然而，推断性统计分析通常涉及复杂的计算和分析，这对于很多人来说是一个挑战。而这就是 ChatGPT 的作用所在。ChatGPT 是一个基于人工智能的聊天机器人，它可以理解自然语言，并生成人类般的文本。本章我们将介绍 ChatGPT 在推断性统计分析中的应用。我们将展示如何使用 ChatGPT 来帮助我们进行参数估计、假设检验、置信区间计算、样本大小确定等推断性统计分析的各个环节。

7.1 案例背景和任务

W 公司是中国著名的房地产经纪公司，致力于提供全方位的房地产服务，包括但不限于购房、租房、装修和房产评估。该公司在全国范围内拥有数千家门店，服务网络遍布全国各大城市，致力于为客户提供一站式的房地产服务。在 S 市，该公司不仅拥有大量的租赁房源，而且每天都会有大量的租房交易顺利完成。

随着中国经济的持续发展，S 市作为长三角地区的重要城市，其房价和租金一直呈现上升趋势。这不仅使急需租房的租户对租金和房源质量产生疑虑，也使房东对合适的出租价格感到困惑。因此，对于 W 公司这样的房地产经纪公司来说，更好地了解不同区域和不同户型的房源的租金水平变得尤为重要。这不仅能帮助公司制定更有效的租金定价策略，满足不同层次的租户需求，也能为房东提供合理的出租建议，实现双赢。此外，这对于公司的投资策略制定也有着重要的指导意义，如决定哪些区域的房源更具投资价值、哪些户型的房源更受欢迎等。

W 公司的数据部门主管经业务部门讨论后制定了这次的分析任务。

（1）根据抽样得到的房租数据估算 S 市不同区域的房源的平均租金。

（2）根据抽样得到的房租数据检验不同区域、不同受关注程度、不同楼层、不同宣传优点的房源的租金是否存在显著的差异。

数据部分内容如图 7.1 所示。

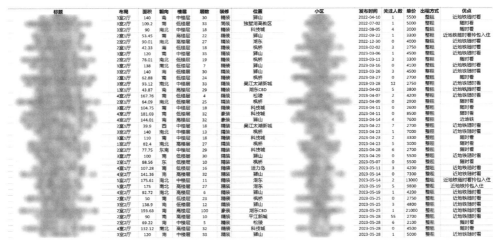

图7.1　S市的房租抽样数据

7.2　推断性统计分析知识回顾

在本节，我们将先学习推断性统计分析重点概念，再学习和掌握参数估计和假设检验的方法的流程与注意事项，从而为后续使用 ChatGPT 进行实战打下理论基础。

7.2.1　推断性统计分析重点概念

推断性统计是研究如何利用样本数据来推断总体特征的方法，其目的是利用问题的基本假定及包含在观测数据中的信息，作出尽量精确和可靠的结论。基本特征是其依据的条件中包含带随机性的观测数据。以随机现象为研究对象的概率论是统计推断的理论基础。它包含两个内容：参数估计和假设检验。

其中，参数估计即利用样本信息推断总体特征，如某一群人的视力构成一个总体，通常认为视力是服从正态分布的，但不知道这个总体的均值，随机抽部分人，测得视力的值，用这些数据来估计这群人的平均视力；而假设检验则是利用样本信息判断对总体的假设是否成立。例如，如果我们对"男性平均身高是否超过 1 米 7"感兴趣，就需要通过样本检验此命题是否成立。

推断统计分析是一种通过对样本数据的分析来对总体参数作出推断的方法。它的重点基本概念如下。

1.总体和样本

（1）总体。总体是我们感兴趣的整个数据集。

（2）样本。样本是从总体中随机抽取的一部分数据。

如果我们想知道上海市所有成年人的平均体重，那么上海市的所有成年人就是我们的总体；如果我们从上海市的不同街道抽取 1000 人的体重数据，那么这 1000 人就是我们的样本。

2. 参数和统计量

（1）参数。参数是总体的特征，总体的平均值、方差等都属于参数。比如上海市所有成年人的平均体重就是一个参数。

（2）统计量。统计量是样本的特征，例如样本的平均值、方差等。

3. 假设检验

（1）原假设。原假设是我们想要检验的假设，通常表示为 H_0。

（2）备择假设。备择假设是与原假设相对立的假设，通常表示为 H_1。

如果我们想知道上海市男性和女性的平均体重是否有显著差异，我们的原假设就可以是"上海市男性和女性的平均体重没有显著差异"，而备择假设就可以是"上海市男性和女性的平均体重有显著差异"。

（3）显著性水平。显著性水平是我们愿意接受的错误的概率，通常用 α 表示。比如当我们设定显著性水平为 0.05 时，就代表我们愿意接受有 5% 的概率犯错误。

（4）p 值。p 值是在原假设为真的情况下，观察到样本统计量及更极端情况的概率。例如，如果我们的 p 值是 0.03，这意味着在原假设为真的情况下，观察到我们的样本统计量及更极端情况的概率是 3%。

（5）拒绝域。拒绝域是所有导致我们拒绝原假设的样本值的集合。例如，如果我们的显著性水平是 0.05，那么我们的拒绝域就是所有导致 p 值小于 0.05 的样本值的集合。

4. 置信区间和置信水平

（1）置信区间。置信区间是一种用于估计总体参数（例如，总体平均值或总体比例）的区间。它是由样本统计量（例如，样本平均值或样本比例）加减一个误差边界得到的。它可以描述一个随机变量的取值范围，其主要目的是根据样本数据来估计该随机变量的总体参数，并给出一个区间范围，该区间包含了总体参数的可能取值。

（2）置信水平。置信水平是我们对置信区间的信心程度。

置信区间通常和置信水平结合在一起，比如"我们有 95% 的信心，上海市所有成年男性的平均体重落在 60kg 到 75kg 之间"，"60kg 到 75kg"就是一个置信区间，而"95% 的信心"就是置信水平。

5. 类型 Ⅰ 错误和类型 Ⅱ 错误

（1）类型 Ⅰ 错误。类型 Ⅰ 错误是当原假设实际上是真的，但我们拒绝了原假设的错误。

（2）类型 Ⅱ 错误。类型 Ⅱ 错误是当备择假设实际上是真的，但我们没有拒绝原假设的错误。

（3）功效。功效是正确拒绝原假设的概率，即 1 减去类型 Ⅱ 错误的概率。

① 如果上海市男性和女性的平均体重实际上没有显著差异，但我们的检验结果导致我们拒绝了这个原假设，那么我们就犯了类型 Ⅰ 错误；

② 如果上海市男性和女性的平均体重实际上有显著差异，但我们的检验结果导致我们没有拒绝原假设，那么我们就犯了类型 Ⅱ 错误；

③ 如果我们的检验有 80% 的功效，这意味着如果上海市男性和女性的平均体重实际上有显

著差异，那么我们有80%的概率正确拒绝原假设。

7.2.2 参数估计

在 7.2.1 节中，我们了解到，总体参数是总体的某个特征，如总体的平均值、方差、比例等。由于通常我们无法获得总体的所有数据，因此我们需要抽取样本，然后用样本的统计量来估计总体的参数。

参数估计分为两类：点估计和区间估计，如图 7.2 所示。

图7.2 参数估计类型

1. 点估计

点估计是依据样本估计总体分布中所含的未知参数或未知参数的函数。简单地说，点估计指直接以样本指标来估计总体指标，也叫定值估计。通常它们是总体的某个特征值，如数学期望、方差和相关系数等。点估计问题就是要构造一个只依赖于样本的量，作为未知参数或未知参数的函数的估计值，也就是用样本的一个值来估计总体参数的一个值，如用样本平均值来估计总体平均值。点估计最为常用的方法主要有矩估计和最大似然估计（Maximum Likelihood Estimation, MLE）。点估计类型如图 7.3 所示。

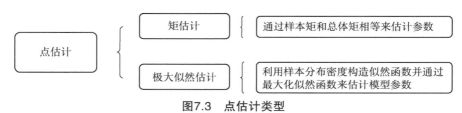

图7.3 点估计类型

1）矩估计

这里我们要先介绍一下"矩"的概念。在统计学中，矩是一种用于描述数据分布的特征。

（1）对于一个随机变量 X，它的第 k 阶原点矩是 X 的 k 次方的期望值，即 $E(X^k)$；它的第 k 阶中心矩是 $(X-\mu)^k$ 的期望值，即 $E[(X-\mu)^k]$，其中 μ 是 X 的期望值。

（2）样本矩是样本数据的函数，总体矩是总体数据的函数。矩估计法就是用样本矩估计总体矩。例如，样本的一阶原点矩是样本均值，样本的二阶中心矩是样本方差；总体的一阶原点矩是总体均值，总体的二阶中心矩是总体方差。

所谓矩估计，就是通过样本矩和总体矩相等来估计参数。例如，我们可以通过样本均值和总体均值相等来估计总体均值，通过样本方差和总体方差相等来估计总体方差。

这里我们也简单介绍矩估计的步骤。

（1）确定总体分布的参数。我们需要确定总体分布的参数。例如，如果总体分布是正态分布，那么参数就是均值和方差。

（2）计算样本矩。我们需要计算样本矩。例如，如果我们要估计总体均值，那么我们需要计算样本均值；如果我们要估计总体方差，那么我们需要计算样本方差。

（3）通过样本矩和总体矩相等来估计参数。我们可以通过样本矩和总体矩相等的原理来估计参数。

针对除正态分布之外的其他分布，矩估计的参数估计可以参考表7.1。

表 7.1　参数估计介绍

分布	参数	一阶原点矩	二阶中心矩	参数的估计值
二项分布	p	np	$np(1-p)$	$\hat{p} = \bar{X}/n$，其中$\bar{X}$是样本平均值，n是样本大小
泊松分布	λ	λ	λ	$\hat{\lambda} = \bar{X}$，其中$\bar{X}$是样本平均值
指数分布	λ	$1/\lambda$	$1/\lambda^2$	$\hat{\lambda} = 1/\bar{X}$，其中$\bar{X}$是样本平均值
正态分布	μ, σ^2	μ	σ^2	$\hat{\mu} = \bar{X}$，其中$\bar{X}$是样本平均值；$\hat{\sigma}^2 = S^2$，其中S^2是样本方差

矩估计适用于当总体分布未知或者无法写出似然函数的情况。例如，当我们不知道总体的分布，只知道样本的矩时，可以用矩估计来估计参数，或者当样本量较小时，矩估计的计算简单，不需要求解方程，样本量较小的情况。

2）最大似然估计

最大似然估计是一种常用的参数估计方法。它利用样本分布密度构造似然函数并通过最大化似然函数来估计模型参数。

我们先介绍似然函数的数学定义，再给一些例子辅助理解。

假设我们有一个总体，其分布是已知的，但是分布的参数是未知的。我们从这个总体中抽取了一个样本，样本数据为$x_1, x_2, \cdots, x_n$，又假设总体的概率密度函数为$f(x|\theta)$，其中θ是总体的参数。那么样本数据$x_1, x_2, \cdots, x_n$的联合概率密度函数为：$f(x_1, x_2, \cdots, x_n|\theta) = f(x_1|\theta) \cdot f(x_2|\theta) \cdot \cdots \cdot f(x_n|\theta)$，这个联合概率密度函数，视为$\theta$的函数，就是似然函数，记作$L(\theta)$：$L(\theta) = f(x_1, x_2, \cdots, x_n|\theta)$。

以上是数学定义，可能看起来有些复杂，我们可通过一个小例子来理解。

假设我们有一个袋子里面装满了红色和绿色的球，但我们不知道袋子里红球和绿球各有多少。现在我们闭上眼睛从袋子里随机抽几个球出来，发现抽到了3个红球和2个绿球。

那么，在这个情况下，似然函数就像是一个"猜测游戏"的工具。它帮助我们回答这样一个问题："假设袋子里有50%的红球和50%的绿球，那么我抽到3个红球和2个绿球的概率是多少？"或者"假设袋子里有70%的红球和30%的绿球，那么我抽到这样的组合的概率又是多少？"

因此，简单地说，似然函数就是用来描述在不同"假设"（即模型的参数）下，观察到当前数据（你抽到的球的颜色组合）的"可能性"有多大。

最大似然估计法的步骤主要有以下两步。

（1）构建似然函数：根据样本数据和总体分布的概率密度函数（或概率质量函数）来构建似然函数。例如，假设样本数据是从正态分布中抽取的，那么我们可以根据正态分布的概率密度函数和样本数据来构建似然函数。

（2）最大化似然函数：通过最大化似然函数来估计参数。我们可以通过求导和设置导数为0的方法来找到使似然函数最大的参数值，这个参数值就是最大似然估计。

极大似然估计适用于当总体分布是已知的，可以写出似然函数的情况。例如，当我们知道总体是正态分布、泊松分布、二项分布等或者当样本量较大时，可以用 MLE 来估计参数。

总结一下，矩估计适用于总体分布未知，或者无法写出似然函数、样本量较小的情况；极大似然估计适用于总体分布已知、可以写出似然函数、样本量较大的情况。在实际应用中，我们应当根据总体分布、样本量、计算复杂度等因素，选择合适的参数估计方法。

2. 区间估计

区间估计是用一个区间来估计总体参数的值。这个区间通常是由样本统计量加减一个误差边界得到的。例如，用样本平均值加减两倍的样本标准误得到的区间，来估计总体平均值。

区间估计是从点估计值和抽样标准误差出发，按给定的概率值建立包含待估计参数的区间。其中这个给定的概率值称为置信度或置信水平，这个建立起来的包含待估计参数的区间称为置信区间。置信度是指总体参数值落在样本统计值某一区间内的概率；而置信区间是指在某一置信水平下，样本统计值与总体参数值间的误差范围。置信区间越大，置信水平越高。划定置信区间的两个数值分别称为置信下限和置信上限。

区间估计的步骤如图 7.4 所示。

（1）确定参数的点估计：我们需要确定参数的点估计。例如，如果我们要估计总体均值，那么点估计可以是样本均值；如果我们要估计总体比例，那么点估计可以是样本比例。

（2）确定置信水平：我们需要确定置信水平。置信水平是一个概率值，它表示我们对区间估计的信心程度。例如，如果我们选择 95% 的置信水平，那么意味着我们有 95% 的信心，认为这个区间包含了真正的参数值。

（3）计算区间宽度：我们需要计算区间宽度。区间宽度通常取决于样本大小、置信水平和样本数据的变异性。例如，如果我们要估计总体均值，那么区间宽度可以用样本标准差、样本大小和置信水平来计算。

图7.4　区间估计的步骤

（4）计算置信区间：我们可以通过点估计和区间宽度来计算置信区间。置信区间通常是一个上下限的区间，例如 (a, b)，它表示我们有一定的信心，认为真正的参数值落在这个区间内。

下面我们用一个例子说明这个过程。

假设我们要估计一个总体的均值，并且已有一个样本数据集，样本大小为 n，样本均值为 $\bar{x}$，样本标准差为 s，我们选择 95% 的置信水平。那么，我们可以用下面的方法来计算 95% 的置信区间。

（1）确定参数的点估计：点估计是样本均值 $\bar{x}$。

（2）确定置信水平：置信水平是 95%。

（3）计算区间宽度：区间宽度可以用样本标准差 s、样本大小 n 和置信水平来计算。我们选

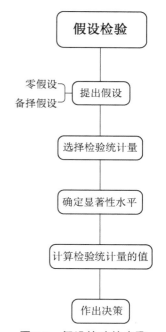

择 95% 的置信水平，那么我们可以用 t 分布的分位数来计算区间宽度。假设 $t_{\alpha/2}$ 是 t 分布的 $\alpha/2$ 分位数，那么区间宽度可以计算为 $t_{\alpha/2} \cdot s/\sqrt{n}$。

（4）计算置信区间：置信区间可以计算为 $\bar{x} \pm t_{\alpha/2} \cdot s/\sqrt{n}$。

这样，我们就得到了总体均值的 95% 的置信区间。

请注意，区间估计的结果受样本大小的影响，样本大小越大，区间宽度越小，估计的准确性越高。同时，区间估计的结果也受置信水平的影响，置信水平越高，区间宽度越大。统计分析中一般规定：正确估计的概率即置信水平为 0.95 或 0.99，那么显著性水平则为 0.05 或 0.01，这是依据"0.05 或 0.01 属于小概率事件，而小概率事件在一次抽样中是不可能出现的"的原理规定的。

7.2.3　假设检验和方差分析

假设检验是一种更通用的统计分析方法，适用于多种不同的场景，而方差分析是一种特定的假设检验方法，适用于比较三个或更多组的均值。两者有一些共同的基本概念，如零假设、备择假设、显著性水平、p 值等，但适用的场景、检验方法、检验统计量等有所不同。

1. 假设检验

假设检验就是先对总体参数提出一个假设值，然后利用样本信息判断这一假设是否成立的过程。比如我们可以用假设检验来判断新药是否有效或者两组数据是否有显著差异。在科学研究、医学、经济学等多个领域中，假设检验都是一个非常重要的工具。

假设检验的步骤如图 7.5 所示。

（1）提出假设：我们需要提出零假设和备择假设。例如，如果我们要检验一个总体的均值是否等于某个值，那么零假设可以是"总体均值等于这个值"，备择假设可以是"总体均值不等于这个值"。

（2）选择检验统计量：我们需要选择一个检验统计量。检验统计量是一个随机变量，它的值取决于样本数据。例如，如果我们要检验总体均值，那么检验统计量可以是样本均值。

（3）确定显著性水平：我们需要确定显著性水平。显著性水平是一个概率值，它表示我们拒绝零假设的风险。例如，如果我们选择 5% 的显著性水平，那么意味着我们有 5% 的风险拒绝零假设。

（4）计算检验统计量的值：我们需要根据样本数据计算检验统计量的值。

（5）作出决策：我们需要根据检验统计量的值和显著性水平来作出决策。通常，我们会计算一个 p 值，p 值是在零假设成立的条件下，检验统计量的值大于或等于实际观察到的值的概率。如果 p 值小于或等于显著性水平，那么我们拒绝零假设，接受备择假设；如果 p 值大于显著性水平，那么我们不能拒绝零假设。

下面我们举一个假设检验的例子进行说明。

（1）假设我们要检验一个总体的均值是否等于 50，我们有一个样本数据集，样本大小为

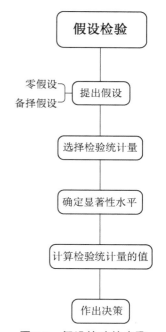

图7.5　假设检验的步骤

100，样本均值为 52，样本标准差为 10，并且选择 5% 的显著性水平。

（2）提出假设：零假设是"总体均值等于 50"，备择假设是"总体均值不等于 50"。

（3）选择检验统计量：检验统计量是样本均值。

（4）确定显著性水平：显著性水平是 5%。

（5）计算检验统计量的值：样本均值是 52。

（6）作出决策：我们可以计算 p 值，然后根据 p 值和显著性水平来作出决策。

如果 p 值≤显著性水平，则有统计显著的证据拒绝零假设。

在选择检验统计量后，当我们计算检验统计量时，不同的检验方法有不同的检验统计量，表 7.2 整理了假设检验主要用到的检验方法和对应的统计量。

表 7.2　假设检验常用检验方法及其统计量

检验方法	适用场景	零假设	检验统计量	举例
Z 检验	总体方差已知，比较样本均值和总体均值或两个样本均值	样本均值和总体均值无差异或两个样本均值无差异	Z 值	检验新药是否能够降低血压
t 检验	总体方差未知，比较样本均值和总体均值或两个样本均值	样本均值和总体均值无差异或两个样本均值无差异	t 值	检验两种不同的教学方法对学生的学习效果是否有差异
χ^2 检验	检验总体方差或两个分类变量的关联性	总体方差等于某个值或两个分类变量无关联	χ^2 值	检验一个城市的居民的收入是否和他们的教育水平有关联
F 检验	比较两个总体的方差	两个总体的方差无差异	F 值	检验男性和女性的身高是否有显著的差异
配对样本 t 检验	比较两个相关样本的均值	两个相关样本的均值无差异	t 值	检验一种减肥药是否有效
单样本 t 检验	比较一个样本的均值和一个已知的总体均值	样本均值和总体均值无差异	t 值	检验一种新的教学方法是否能够提高学生的考试成绩
独立样本 t 检验	比较两个独立样本的均值	两个独立样本的均值无差异	t 值	检验两种不同的减肥药的效果是否有差异

2. 方差分析

方差分析用于分析不同组之间的均值是否存在显著差异，是一种特殊的假设检验方法。

举个简单的例子，假设你是一名教师，你想知道三种不同的教学方法对学生的学习效果是否有区别，因此你将学生随机分为三组，每组采用一种教学方法，然后比较三组学生的考试成绩。这时候，你就可以使用方差分析。

方差分析的步骤和前文的假设检验有较多相似之处。

（1）设定假设：我们需要设定零假设和备择假设。

① 零假设是指三组学生的考试成绩的均值没有显著差异。

② 备择假设是指三组学生的考试成绩的均值存在显著差异。

（2）选择显著性水平：显著性水平是指你愿意接受的错误的概率，通常选择 0.05 或 0.01。

（3）计算 F 值：F 值是方差分析的检验统计量。它是组间方差和组内方差的比值，组间方差是指不同组之间的均值的方差，组内方差是指同一组内的数据的方差。

（4）查表得到临界值：查 F 分布表，得到显著性水平下的临界值。

（5）作出决策：如果计算得到的 F 值大于临界值，那么我们就拒绝零假设，接受备择假设，认为三组学生的考试成绩的均值存在显著差异。如果计算得到的 F 值小于或等于临界值，那么我们就不能拒绝零假设，不能认为三组学生的考试成绩的均值存在显著差异。

结合上述对于假设检验和方差分析的阐述，我们不难得出这两者的侧重点和区别。

（1）假设检验是在给定显著性水平下，计算出拒绝域，并根据样本统计量信息来作出是否拒绝零假设的决策；一般有提出假设和给定显著性水平、计算统计量、计算拒绝域并作出决策这四个步骤。

（2）方差分析则是将全部观值总的离均差平方和及自由度分解为两个或多个部分，除随机误差外，其余每个部分的变异可由某个因素的作用加以解释，通过比较不同来源变异的均方，借助 F 分布作出统计推断，从而了解该因素对观察指标有无影响。

7.3 ChatGPT参数估计实战

现在，我们已经学习了参数估计的相关知识，在本节，我们将把所学知识和 ChatGPT 在实战中结合起来，并完成 7.1.1 节的第一个任务。

7.3.1 ChatGPT点估计实战

现在我们来看 W 公司数据部门的分析任务中的第一条："根据抽样得到的房租数据估算 S 市不同区域的房源的平均租金"，也就是说，我们需要通过样本（抽样得到的 S 市房租数据）的统计量（平均数）来估计总体（S 市不同区域房租）的参数（平均数）。

结合前文对参数估计的讲解，这个任务我们应当通过点估计和区间估计来解决，本节我们先来看点估计。

在向 ChatGPT 正式提问前我们要厘清需求和标准。

（1）ChatGPT 在该任务中应当扮演数据分析专家的角色（本书其他章相关内容中，若未特殊说明，则都默认扮演数据分析专家的角色）。

（2）ChatGPT 的输出应当符合前文我们所学的点估计的步骤。

（3）点估计的常用方法包括矩估计和极大似然估计，我们需要这两种方法的计算结果作为参考。

（4）ChatGPT 给出的结果中应当包含对于点估计计算结果的评价和对 W 公司策略制定的初步建议。

基于这些考虑，我们的提示词应当包括以下内容。

（1）我们需要在提示中明确告诉 ChatGPT 关于 W 公司的背景和数据集的基本信息。

（2）我们需要在提示中明确指出分别使用矩估计和极大似然估计得出估计结果。

（3）我们需要在提示中直接说明矩估计和极大似然估计的流程与步骤。

（4）由于需要和 ChatGPT 进行数据文件交互，因此我们将会使用 Code Interpreter 模式（本章其他相关内容中，若未特殊说明，则都默认使用该模式）。

现在我们向 ChatGPT 提问。

> User:
> W公司是中国著名的房地产经纪公司，致力于提供全方位的房地产服务，包括但不限于购房、租房、装修和房产评估。该数据集为S市所有房源房租数据的抽样调查结果，请你扮演W公司数据分析专家的角色，分别使用矩估计和极大似然估计分别估算该市每个区域的平均租金，请注意：
> 1.当你使用矩估计，请依次输出如下步骤的过程和结果：
> a.拟合总体分布和确定其参数，不要直接假设分布为正态分布；
> b.计算样本矩；
> c.通过样本矩和总体矩相等来估计参数。
> 2.当你使用极大似然估计时，请依次输出如下步骤的过程和结果：
> a.构建似然函数；
> b.最大化似然函数。
> 待估计完成后，请你输出两种方法计算的完整结果并整理成表格，表格字段包括：区域、矩估计结果、极大似然估计结果，并评价这两种计算的结果，最终，请协助W公司使用这些估计和分析结果来制定具体的房租价格策略。

ChatGPT 给出的回答如图 7.6 和图 7.7 所示。

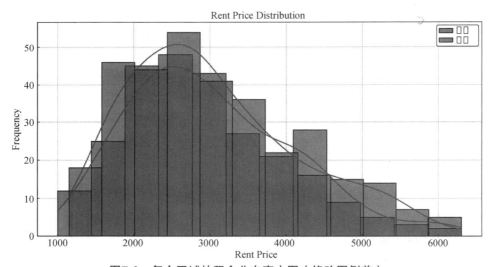

图7.6　每个区域的租金分布直方图（修改图例前）

> ChatGPT:
> 我们将先使用矩估计方法估计每个区域的平均租金。
> 矩估计分为以下步骤：
> 1.拟合总体分布并确定其参数。
> 2.计算样本矩。
> 3.通过样本矩和总体矩相等来估计参数。
> 我们将首先绘制每个区域的租金分布直方图，以确定最适合的分布。

ChatGPT 输出的每个区域的、缺少中文且图例中文乱码的租金分布直方图如图 7.7 所示。

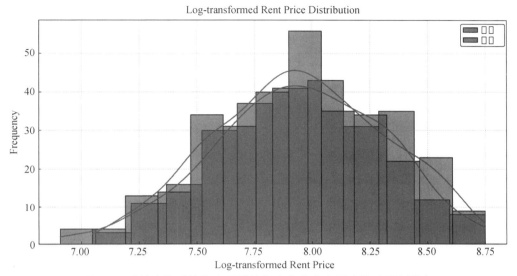

图7.7　对数变换后的每个区域的租金分布直方图（修改图例前）

> ChatGPT：
> 从图上可以看出，租金价格的分布似乎是右偏的。通常，这种分布可以用对数正态分布来拟合。对数正态分布是一个连续概率分布，它是正态分布的自然对数。因此，我们可以通过对数变换将数据转化为正态分布，然后计算样本矩。
> 我们将对数据进行对数变换，并检查变换后的数据是否接近正态分布。

如图 7.7 所示，对数变换后、还未修改图例前的租金价格分布看起来更接近正态分布。

但是在 ChatGPT 给出的回答中，我们会发现其输出的图片上的图例文字是乱码，这是由于 ChatGPT 缺少中文字体造成的，我们可以将 ChatGPT 输出的代码在本地 Jupyter Notebook 中运行，并增添如下语句指定字体：

```
matplotlib.rc("font",family='DengXian')
```

指定字体后，得到的图片如图 7.8 所示。

解决了这个问题后，让我们继续看 ChatGPT 输出的结果。

> ChatGPT：
> 对于对数正态分布，其形状由两个参数确定：μ和σ，分别是对数变换后的数据的均值和标准差。
> 下一步，我们将计算样本矩。对于正态分布，第一矩是均值，第二矩是方差。我们将分别计算城北和城南的样本均值和样本方差。
> 城北区的样本均值为7.94，样本方差为0.13。城南区的样本均值为7.95，样本方差为0.13。
> 由于我们假设数据服从对数正态分布，样本均值和样本方差可以用来估计总体参数μ和σ^2。
> 因此，我们的矩估计结果为：

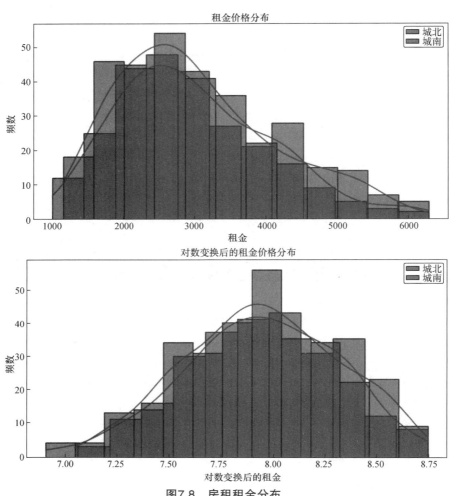

图7.8 房租租金分布

城北区：μ=7.94，σ^2=0.13
城南区：μ=7.95，σ^2=0.13
接下来，我们将使用极大似然估计方法。
极大似然估计是一种找到一组参数的方法，这组参数能使得观测到的样本出现的可能性最大。
我们的目标是找到μ和σ^2的值，使得$\ln L(\mu, \sigma^2)$最大。
我们可以使用优化算法，比如梯度上升，来找到μ和σ^2的最优值。
首先，我们将定义对数似然函数。然后，我们将使用梯度上升法来找到μ和σ^2的最优值。
极大似然估计的结果为：
城北区：μ=7.94，σ^2=0.13
城南区：μ=7.95，σ^2=0.13
我们可以看到，矩估计和极大似然估计的结果非常接近。

ChatGPT 输出的矩估计和极大似然估计的结果如表 7.3 所示。

表 7.3　矩估计和极大似然估计结果

区域	矩估计结果 (μ, σ^2)	极大似然估计结果 (μ, σ^2)
城北	(7.94, 0.13)	(7.94, 0.13)
城南	(7.95, 0.13)	(7.95, 0.13)

ChatGPT 输出的估计的平均租金和租金的方差如表 7.4 所示。

表 7.4　平均租金和租金方差预估

区域	平均租金	租金方差
城北	3012	1303664
城南	3033	1315307

ChatGPT:
　　我们可以看到，城北和城南的平均租金非常接近，分别为3012元和3033元。租金的方差也相似，分别为1303664和1315307。
　　这些结果可以用来制定具体的房租价格策略。由于城北和城南的平均租金非常接近，W公司可以考虑在这两个区域采取相似的价格策略。然而，租金的方差也相对较高，这表明每个区域内的租金存在较大的波动。W公司可以考虑采取一种灵活的定价策略，根据不同的房源、位置和其他特点，对租金进行适当的调整。
　　这是我的建议，如果你需要更多的信息或分析，请让我知道！

现在我们来仔细查看 ChatGPT 给出的回答是否满足了我们的预期。

（1）ChatGPT 的输出符合前文我们所学的参数估计的步骤，并按照步骤输出了结果。

（2）ChatGPT 的输出包括了矩估计和极大似然估计的结果，指出二者结果非常相近，并给出了最终的估计结果，由此我们知道 S 市城北的平均租金是 3012 元，城南的平均租金是 3033 元。

（3）ChatGPT 给出了对 W 公司策略制定的初步建议，城北和城南的平均租金非常接近，分别为 3012 元和 3033 元，W 公司可以考虑在这两个区域采取相似的价格策略。当然，租金的方差也相对较高，这表明每个区域内的租金存在较大的波动。W 公司可以考虑采取一种灵活的定价策略，根据不同的房源、位置和其他特点，对租金进行适当的调整。

因此可以认为 ChatGPT 已经按照我们的要求完成了点估计的任务。以下为 ChatGPT 在分析过程中生成的 python 代码。

```
ChatGPT:

import pandas as pd
# Load the data
df = pd.read_excel('/mnt/data/S市房租价格抽样数据.xlsx')
# Display the first few rows of the dataframe
df.head()
# Check the unique values in the '位置' column
unique_locations = df['位置'].unique()
unique_locations
```

```
import matplotlib.pyplot as plt
import seaborn as sns
# Drop rows with missing values
df_clean = df.dropna(subset=['位置', '单价'])
# Plot the distribution of rent prices for each location
plt.figure(figsize=(12, 6))
sns.histplot(df_clean[df_clean['位置'] == '城北']['单价'], kde=True, label='城北')
sns.histplot(df_clean[df_clean['位置'] == '城南']['单价'], kde=True, label='城南')
plt.title('Rent Price Distribution')
plt.xlabel('Rent Price')
plt.ylabel('Frequency')
plt.legend()
plt.show()


import numpy as np
# Apply log transformation to the '单价' column
df_clean['log_单价'] = np.log(df_clean['单价'])
# Plot the distribution of log-transformed rent prices for each location
plt.figure(figsize=(12, 6))
sns.histplot(df_clean[df_clean['位置'] == '城北']['log_单价'], kde=True, label='城北')
sns.histplot(df_clean[df_clean['位置'] == '城南']['log_单价'], kde=True, label='城南')
plt.title('Log-transformed Rent Price Distribution')
plt.xlabel('Log-transformed Rent Price')
plt.ylabel('Frequency')
plt.legend()
plt.show()


# Calculate the sample mean and variance for each location
sample_mean_var = df_clean.groupby('位置')['log_单价'].agg(['mean', 'var'])
sample_mean_var


from scipy.optimize import minimize
# Define the log-likelihood function
def log_likelihood(params, data):
    mu, sigma2 = params
    n = len(data)
    log_likelihood=-n/2 * np.log(2*np.pi) -n/2 * np.log(sigma2) - 1/(2*sigma2) *
np.sum((np.log(data) - mu)**2)
    return -log_likelihood

# Initial guess for mu and sigma2
initial_guess = [8, 0.1]

# Maximum likelihood estimation for each location
mle_results = {}
for location in ['城北', '城南']:
    data = df_clean[df_clean['位置'] == location]['单价']
    result = minimize(log_likelihood, initial_guess, args=(data))
```

```
        mle_results[location] = result.x
    mle_results

    # Calculate the estimated mean and variance of the rent price for each location
    estimated_mean_var = pd.DataFrame(index=['城北', '城南'], columns=['Mean',
'Variance'])

    for location in ['城北', '城南']:
        mu, sigma2 = mle_results[location]
        estimated_mean = np.exp(mu + sigma2/2)
        estimated_variance = (np.exp(sigma2) - 1) * np.exp(2*mu + sigma2)
        estimated_mean_var.loc[location, 'Mean'] = estimated_mean
        estimated_mean_var.loc[location, 'Variance'] = estimated_variance
    estimated_mean_var
```

7.3.2 ChatGPT区间估计实战

7.3.1节我们使用点估计对S市不同区域的房源的平均租金进行了估算，本节我们将基于点估计的结果，采用区间估计得到关于平均租金的区间范围，这样我们不仅可以知道参数的最佳估计（即前文的点估计），还可以知道参数的可能范围。

结合前文对区间的讲解，在向 ChatGPT 正式提问前，我们要厘清需求和标准。

（1）ChatGPT 的输出应当符合前文我们所学的区间估计的步骤。

（2）ChatGPT 的输出应当是基于前文的点估计的结果进行的。

（3）ChatGPT 的输出中应当包含对于区间估计计算结果和对 W 公司策略制定的建议。

基于这些考虑，我们的提示词应当包括以下内容。

（1）我们需要在提示中明确告诉 ChatGPT 前文的点估计结果。

（2）我们需要在提示中明确指出我们希望的置信水平。

（3）我们需要在提示中直接说区间估计的流程和步骤。

现在我们向 ChatGPT 提问。

> User:
> 我们已经通过矩估计和极大似然估计得出估计S市城北的平均租金是3012元，城南的平均租金是3033元。请你继续扮演数据分析专家的角色，基于点估计的结果和该数据集，分别在置信水平为90%、95%、99%下对S市城南和城北的平均租金进行区间估计。
> 请遵循以下步骤：
> a.确定参数的点估计（我们已经给出，S市城北的平均租金是3012元，城南的平均租金是3033元）；
> b.确定置信水平（我们已经给出，置信水平分别为90%、95%、99%）；
> c.计算区间宽度；
> d.计算置信区间。
> 待估算完成后，请你评价计算的结果，并协助W公司使用这些估计和分析结果来制定具体的房租价格策略。

ChatGPT 给出的回答如下。

ChatGPT:
首先，我们已经确定了参数的点估计：
S市城北的平均租金是3012元。
S市城南的平均租金是3033元。
我们也已经确定了置信水平：90%、95%、99%。
接下来，我们将计算区间宽度。
区间宽度可以用标准误差（SE）和临界值（z）来计算，对于90%、95%、99%的置信水平，临界值分别是
1.645、1.960、2.576。
接下来，我们将计算每个区域的区间宽度。

对于不同的置信水平，区间宽度的计算结果如表 7.5 所示。

表 7.5　不同的置信水平下区间宽度的计算结果

区域	90% 置信水平的区间宽度	95% 置信水平的区间宽度	99% 置信水平的区间宽度
城北	108	128	169
城南	103	123	161

ChatGPT:
接下来，我们将使用这些区间宽度计算置信区间。
置信区间可以用下面的公式计算：
置信区间=点估计±区间宽度
我们将分别计算城北和城南的置信区间。

对于不同的置信水平，置信区间的计算结果如表 7.6 所示。

表 7.6　不同的置信水平下置信区间的计算结果　　　　　　　　　　　　　　　元

区域	90% 置信区间	95% 置信区间	99% 置信区间
城北	(2904, 3120)	(2884, 3141)	(2843, 3181)
城南	(2930, 3136)	(2910, 3156)	(2872, 3195)

ChatGPT:
我们可以看到，不同置信水平的置信区间有所不同。例如，对于城北区，90%的置信区间是2904元到3120元，而99%的置信区间是2843元到3181元。置信区间的宽度随着置信水平的增加而增加。
这些置信区间可以用来制定具体的房租价格策略。例如，W公司可以使用这些区间作为每个区域的平均租金的参考范围。如果W公司想要在城北区设定一个平均租金，可以考虑在2904元到3120元之间设定，这样有90%的置信程度，该区间包含了总体的平均租金。
这是我的建议，如果你需要更多的信息或分析，请让我知道！

对照我们在本节开始时的预期和要求，可以看到，ChatGPT 输出符合前文我们所学的区间估计的步骤，并且 ChatGPT 的输出是基于前文的点估计的结果进行的。

最终，ChatGPT 给出了不同置信水平下的平均租金区间，如表 7.7 所示。

同时，ChatGPT 指出，这些置信区间可以用来制定具体的房租价格策略。例如，W 公司可以使用这些区间作为每个区域的平均租金的参考范围。如果 W 公司想要在城北区设定一个平均

表 7.7　不同置信水平下平均租金区间　　　　　　　　　　　　　　　　元

区域	90% 置信区间	95% 置信区间	99% 置信区间
城北	(2904, 3120)	(2884, 3141)	(2843, 3181)
城南	(2930, 3136)	(2910, 3156)	(2872, 3195)

租金，可以考虑在 2904 元到 3120 元之间设定，这样有 90% 的置信程度，该区间包含了总体的平均租金。

以下为 ChatGPT 在分析过程中生成的 python 代码。

```
ChatGPT:
from scipy.stats import norm
# Sample size
n_north = len(df_clean[df_clean['位置'] == '城北'])
n_south = len(df_clean[df_clean['位置'] == '城南'])

# Sample variance
var_north = df_clean[df_clean['位置'] == '城北']['单价'].var()
var_south = df_clean[df_clean['位置'] == '城南']['单价'].var()

# Standard error
SE_north = np.sqrt(var_north/n_north)
SE_south = np.sqrt(var_south/n_south)

# Confidence levels
confidence_levels = [0.90, 0.95, 0.99]

# Critical values
z_values = [norm.ppf(1 - (1 - cl)/2) for cl in confidence_levels]

# Calculate the interval width for each location and confidence level
interval_widths = pd.DataFrame(index=['城北', '城南'], columns=confidence_levels)

for cl, z in zip(confidence_levels, z_values):
    interval_widths[cl]['城北'] = z * SE_north
    interval_widths[cl]['城南'] = z * SE_south
interval_widths
# Point estimates
point_estimate_north = estimated_mean_var.loc['城北', 'Mean']
point_estimate_south = estimated_mean_var.loc['城南', 'Mean']

# Calculate the confidence intervals for each location and confidence level
confidence_intervals = pd.DataFrame(index=['城北', '城南'], columns=confidence_
levels)
    for cl in confidence_levels:
        confidence_intervals[cl]['城北'] = (point_estimate_north - interval_widths[cl]
['城北'],
```

```
                                        point_estimate_north + interval_widths[cl]
['城北'])
        confidence_intervals[cl]['城南'] = (point_estimate_south - interval_
widths[cl]['城南'],
                                        point_estimate_south + interval_widths[cl]
['城南'])
    confidence_intervals
```

7.4　ChatGPT假设检验和方差分析实战

在本节，我们将把前文所学的假设检验和方差分析的相关知识和 ChatGPT 在实战中结合起来，并完成 7.1.1 节的第二个任务。

7.4.1　ChatGPT假设检验实战

我们先回顾任务要求："根据抽样得到的房租数据检验不同区域、不同受关注程度、不同楼层、不同宣传优点的房源的租金是否存在显著的差异。"

由于在该数据集中，区域有两种类型：城南和城北，受关注程度有两种类型：不超过 30 人和超过 30 人，因此针对不同区域、不同受关注程度的房源的租金是否存在显著的差异直接使用假设检验即可；而楼层包括三种类型：低楼层、中楼层、高楼层，不同宣传优点包括随时看、新房干净整洁和近地铁，根据前文的知识讲解，我们知道针对三组独立样本应当采取方差分析的方式进行检验。

本节我们先来看如何通过 ChatGPT 进行假设检验。

在向 ChatGPT 正式提问前，我们要厘清需求和标准。

（1）ChatGPT 的输出应当符合前文我们所学的假设检验的步骤。

（2）ChatGPT 的输出中应当明确地指出不同区域、不同受关注程度的房源租金是否存在显著差异。

（3）ChatGPT 给出的结果中应当包含对 W 公司策略制定的建议。

基于这些考虑，我们的提示词应当包括以下内容。

（1）我们需要在提示中明确告诉 ChatGPT 关于 W 公司的背景和数据集的基本信息。

（2）我们需要在提示中直接说明假设检验的流程和步骤。

让我们向 ChatGPT 提问。

User:

W公司是中国著名的房地产经纪公司，致力于提供全方位的房地产服务，包括但不限于购房、租房、装修和房产评估。该数据集为 S 市所有房源房租数据的抽样调查结果，请你扮演W公司数据分析专家的角色，通过假设检验的方法，检验城南和城北、关注人数不超过30人和超过30人的房源的租金是否存在显著的差异。

请依次输出如下步骤的过程和结果：

---

a.提出假设；
b.选择检验统计量；
c.确定显著性水平；
d.计算检验统计量的值；
e.作出决策。

待检验完成后，请你根据假设检验的结果说明和分析不同区域和不同受关注程度的房源的租金是否存在显著的差异，并给出W公司制定更具体的房租价格策略的建议。

ChatGPT 的回答如下。

ChatGPT:
好的，我们将按照以下步骤进行假设检验：
a. 提出假设
b. 选择检验统计量
c. 确定显著性水平
d. 计算检验统计量的值
e. 作出决策

首先，我们需要加载数据并对其进行初步的分析。然后我们可以进行假设检验。
让我们开始加载数据。
数据已成功加载。现在我们可以看到数据集中包含了多个字段，例如：标题、布局、面积、朝向、楼层、层数、装修、位置、小区、发布时间、关注人数、出租方式、优点和单价。

为了进行我们的分析，我们将重点关注以下几个字段：
位置：标识房屋位于城南还是城北。
关注人数：标识关注人数是否超过30人。
单价：房屋的租金。
我们将分别对两组数据进行假设检验：
城南和城北的房源的租金。
关注人数不超过30人和超过30人的房源的租金。

首先，我们将提出假设。

a. 提出假设
对于城南和城北的房源的租金：
零假设（H_0）：城南和城北的房源的租金没有显著差异。
备择假设（H_1）：城南和城北的房源的租金存在显著差异。

对于关注人数不超过30人和超过30人的房源的租金：
零假设（H_0）：关注人数不超过30人和超过30人的房源的租金没有显著差异。
备择假设（H_1）：关注人数不超过30人和超过30人的房源的租金存在显著差异。

b. 选择检验统计量
我们将使用独立样本t检验（independent sample t-test）来检验这两组数据的差异。

c. 确定显著性水平
我们将选择显著性水平为0.05。
现在我们可以计算检验统计量的值。

d. 计算检验统计量的值

对于城南和城北的房源的租金，t统计量的值为0.277，p值为0.782。

对于关注人数不超过30人和超过30人的房源的租金，t统计量的值为2.635，p值为0.009。

e. 作出决策

对于城南和城北的房源的租金，因为p值0.782大于0.05，所以我们不能拒绝零假设。这意味着城南和城北的房源的租金没有显著差异。

对于关注人数不超过30人和超过30人的房源的租金，因为p值0.009小于0.05，所以我们拒绝零假设。这意味着关注人数不超过30人和超过30人的房源的租金存在显著差异。

综合分析：

我们的分析表明，城南和城北的房源的租金没有显著差异，但是关注人数不超过30人和超过30人的房源的租金存在显著差异。

这可能意味着房源的位置（城南或城北）对其租金没有太大的影响，但是关注人数对房源的租金有较大的影响。

建议：

W公司可以考虑将关注人数纳入房租价格的设定因素之一。例如，对于关注人数较高的房源，可以适当提高租金。

由于城南和城北的房源租金没有显著差异，因此W公司不需要根据房源的位置（城南或城北）来制定不同的租金策略。

对照我们的预期和要求，可以看到输出的结果是按照假设检验的流程进行的，并且通过t统计量和p值得出了假设检验的结论。

（1）对于城南和城北的房源的租金，因为p值0.782大于0.05，所以我们不能拒绝零假设。这意味着城南和城北的房源的租金没有显著差异。

（2）对于关注人数不超过30人和超过30人的房源的租金，因为p值0.009小于0.05，所以我们拒绝零假设。这意味着关注人数不超过30人和超过30人的房源的租金存在显著差异。

因此，我们的分析表明，城南和城北的房源的租金没有显著差异，但是关注人数不超过30人和超过30人的房源的租金存在显著差异。这意味着房源的位置（城南或城北）对其租金没有太大的影响，但是关注人数对房源的租金有较大的影响。W公司可以考虑将关注人数纳入房租价格的设定因素之一。例如，对于关注人数较高的房源，可以适当提高租金。而由于城南和城北的房源租金没有显著差异，因此W公司不需要特意根据房源的位置（城南或城北）来制定不同的租金策略。

以下为ChatGPT在分析过程中生成的python代码。

```python
import pandas as pd
# Load the data
data = pd.read_excel('/mnt/data/S市房租价格抽样数据.xlsx')
data.head()
from scipy import stats

# Prepare the data
data_urban = data[data['位置'] == '城南']['单价']
data_suburban = data[data['位置'] == '城北']['单价']
```

```
data_attention_less_30 = data[data['关注人数'] == '不超过30人']['单价']
data_attention_more_30 = data[data['关注人数'] == '超过30人']['单价']

# Perform t-tests
t_stat_urban, p_val_urban = stats.ttest_ind(data_urban, data_suburban, equal_var=
False)
t_stat_attention, p_val_attention = stats.ttest_ind(data_attention_less_30, data_
attention_more_30, equal_var=False)
t_stat_urban, p_val_urban, t_stat_attention, p_val_attention
```

7.4.2　ChatGPT方差分析实战

在 7.4.1 节中我们提到，针对不同楼层、不同宣传优点的房源的租金是否存在显著的差异的问题需要使用方差分析来解决。那么本节，我们就结合方差分析的理论知识，通过 ChatGPT 实现方差分析。

在向 ChatGPT 正式提问前，我们要厘清需求和标准。

（1）ChatGPT 的输出应当符合前文我们所学的方差分析的步骤。

（2）ChatGPT 的输出中应当明确地指出不同楼层、不同宣传优点的房源租金是否存在显著差异。

（3）ChatGPT 给出的结果中应当包含对 W 公司策略制定的建议。

基于这些考虑，我们的提示词应当包括以下内容。

（1）我们需要在提示中明确告诉 ChatGPT 关于 W 公司的背景和数据集的基本信息。

（2）我们需要在提示中直接说明方差分析的流程和步骤。

让我们向 ChatGPT 提问。

User:
W公司是中国著名的房地产经纪公司，致力于提供全方位的房地产服务，包括但不限于购房、租房、装修和房产评估。该数据集为S市所有房源房租数据的抽样调查结果，请你扮演W公司数据分析专家的角色，通过方差分析的方法，检验不同楼层、不同优点的房源的租金是否存在显著的差异。
　　请依次输出如下步骤的过程和结果：
　　a.设定零假设和备择假设；
　　b.选择显著性水平；
　　c.计算F值；
　　d.查表得到临界值：查F分布表，得到显著性水平下的临界值。
　　e.作出决策。
　　待检验完成后，请你根据假设检验的结果说明和分析不同楼层、不同优点的房源的租金是否存在显著的差异，并给出起码三条W公司制定具体的房租价格策略的建议。

ChatGPT 的回答如下。

ChatGPT:
好的，我们将再次通过方差分析（ANOVA）的方法来检验不同楼层、不同优点的房源的租金是否存在显著的差异。

首先，我们需要重新加载数据，因为您刚刚上传了一个新文件。然后我们将执行以下步骤：

a．设定零假设和备择假设；
b．选择显著性水平；
c．计算F值；
d．查表得到临界值；
e．作出决策。

a．设定零假设和备择假设：
对于楼层的影响：
零假设（H_0）：不同楼层的房源的租金没有显著的差异。
备择假设（H_1）：不同楼层的房源的租金存在显著的差异。

对于优点的影响：
零假设（H_0）：不同优点的房源的租金没有显著的差异。
备择假设（H_1）：不同优点的房源的租金存在显著的差异。

b．选择显著性水平：
我们将选择0.05作为显著性水平。这意味着我们有95%的信心拒绝零假设。

c．计算F值：
对于楼层的影响，计算得到的F值是6.34，p值是0.0019。
对于优点的影响，计算得到的F值是25.40，p值是2.65e-11。数据集中的"优点"列包含以下三个唯一值：
1.随时看
2.新房干净整洁
3.近地铁

d．查表得到临界值：
对于显著性水平为0.05的情况，查F分布表，得到临界值。由于我们的样本大小和组间数量不同，我们需要使用python的scipy库来计算临界值。
接下来，我们将计算临界值。
对于95%的置信水平，楼层的临界值是3.01，优点的临界值是3.01。

e．作出决策：
对于楼层的影响，由于计算得到的F值(6.34)大于临界值(3.01)，我们拒绝零假设。这意味着不同楼层的房源的租金存在显著的差异。
对于优点的影响，由于计算得到的F值(25.40)大于临界值(3.01)，我们拒绝零假设。这意味着不同优点的房源的租金存在显著的差异。

综合分析：
我们发现不同楼层的房源的租金存在显著的差异。这可能是由于高楼层的房源通常视野更好、噪声更小，因此租金更高。
我们还发现不同优点的房源的租金存在显著的差异。这可能是因为某些优点（例如"近地铁"）对租户来说更具吸引力，因此这些房源的租金更高。
对于W公司，这意味着在制定房租价格策略时，需要考虑楼层和优点的因素。例如，可以考虑为高楼层的房源和具有特定优点（例如"近地铁"）的房源设定更高的租金。
这是我的分析和建议，如果你需要更多的信息或分析，请让我知道！

对照我们的预期和要求，可以看到输出的结果是按照我们指定的方差分析的流程步骤进行的，并且通过 F 统计量和 p 值得出了方差分析的结论。

（1）由于 p 值 0.0019 小于 0.05，我们拒绝零假设。这意味着不同楼层的房源的租金存在显著差异。

（2）由于 p 值 2.65e−11 远小于 0.05，我们拒绝零假设。这意味着不同优点的房源的租金存在显著差异。

因此，我们的分析表明，不同楼层的房源的租金和不同优点的房源的租金存在显著差异，这可能意味着楼层和优点对房源的租金有较大的影响。

同时，ChatGPT 给出了 W 公司未来在制定房租价格政策的一些方向和措施。

（1）W 公司可以考虑将楼层和优点纳入房租价格的设定因素之一。例如，高楼层的房源和具有特定优点的房源可以设定更高的租金。

（2）W 公司可以进一步分析哪些优点对房租价格的影响最大，然后制定相应的策略。如果"近地铁"是一个影响租金的重要因素，那么公司可以考虑在靠近地铁的房源上设定更高的租金。

（3）W 公司可以考虑开发一个房租价格模型，该模型可以根据房源的多个特征（如位置、楼层、优点等）来预测房租价格。这样可以帮助公司更科学地设定房租价格。

以下为 ChatGPT 在分析过程中生成的 python 代码。

```
ChatGPT:

# Load the data
data = pd.read_excel('/mnt/data/S市房租价格抽样数据.xlsx')

# Drop rows with missing values
df_clean = df.dropna(subset=['楼层', '优点', '单价'])

# Extract the floor level from the '楼层' column
df_clean['楼层'] = df_clean['楼层'].str.extract(r'(\w+)楼层')

# Perform one-way ANOVA for '楼层'
fvalue_floor, pvalue_floor = f_oneway(df_clean['单价'][df_clean['楼层'] == '低'],
                                      df_clean['单价'][df_clean['楼层'] == '中'],
                                      df_clean['单价'][df_clean['楼层'] == '高'])

# Perform one-way ANOVA for '优点'
# Check the unique values in the '优点' column
unique_advantages = df_clean['优点'].unique()

fvalue_advantage, pvalue_advantage = None, None
if len(unique_advantages) > 1:
        fvalue_advantage, pvalue_advantage = f_oneway(*[df_clean['单价'][df_clean['
优点'] == advantage] for advantage in unique_advantages])
```

```
    fvalue_floor, pvalue_floor, fvalue_advantage, pvalue_advantage, unique_advantages
    # Degrees of freedom for '楼层'
    df_between_floor = 3 - 1 # Number of groups - 1
    df_within_floor = len(df_clean['单价']) - 3 # Total number of observations -
number of groups

    # Degrees of freedom for '优点'
    df_between_advantage = len(unique_advantages) - 1 # Number of groups - 1
    df_within_advantage = len(df_clean['单价']) - len(unique_advantages)  # Total
number of observations - number of groups

    # Critical value for 95% confidence
    critical_value_floor = f.ppf(1 - 0.05, df_between_floor, df_within_floor)
    critical_value_advantage = f.ppf(1 - 0.05, df_between_advantage, df_within_
advantage)

    critical_value_floor, critical_value_advantage
```

7.5 ChatGPT推断性统计分析实战总结

1. 重点知识总结

1）参数估计

总体参数是总体的某个特征，如总体的平均值、方差、比例等。

参数估计分为两类：点估计和区间估计。

（1）点估计。

点估计是用样本的统计量来估计总体的参数。

① 矩估计法：通过样本矩和总体矩相等来估计参数。

② 最大似然估计法：利用样本分布密度构造似然函数并通过最大化似然函数来估计模型参数。

（2）区间估计。

区间估计是用一个区间来估计总体参数的值。

置信区间是指在某一置信水平下，样本统计值与总体参数值间的误差范围。

2）假设检验

假设检验是先对总体参数提出一个假设值，然后利用样本信息判断这一假设是否成立的过程。

假设检验的步骤：提出假设、选择检验统计量、确定显著性水平、计算检验统计量的值、作出决策。

3）方差分析

方差分析用于分析不同组之间的均值是否存在显著差异。

方差分析的步骤：设定假设、选择显著性水平、计算 F 值、查表得到临界值、作出决策。

2. 重点实操总结

1）ChatGPT 点估计实战

在本部分，我们通过 ChatGPT 使用矩估计和极大似然估计分别估算该市每个区域的平均租金。ChatGPT 的输出包括矩估计和极大似然估计的数据结果、计算结果的评价、计算结果的可视化，以及对 W 公司策略制定的初步建议。提示词如下。

```
User:
    W公司是中国著名的房地产经纪公司，致力于提供全方位的房地产服务，包括但不限于购房、租房、装修和房
产评估。该数据集为S市所有房源房租数据的抽样调查结果，请你扮演W公司数据分析专家的角色，分别使用矩估
计和极大似然估计分别估算该市每个区域的平均租金，请注意：
    1.当你使用矩估计，请依次输出如下步骤的过程和结果：
    a.拟合总体分布和确定其参数，不要直接假设分布为正态分布；
    b.计算样本矩；
    c.通过样本矩和总体矩相等来估计参数。
    2.当你使用极大似然估计时，请依次输出如下步骤的过程和结果：
    a.构建似然函数；
    b.最大化似然函数。
    待估计完成后，请你输出两种方法计算的完整结果并整理成表格，表格字段包括：区域、矩估计结果、极
大似然估计结果，并评价这两种计算的结果，最终，请协助W公司使用这些估计和分析结果来制定具体的房租价格
策略。
```

2）ChatGPT 区间估计实战

在本部分，我们基于点估计的结果，使用 ChatGPT 计算不同置信水平下的平均租金区间。ChatGPT 的输出包括不同置信水平下的平均租金区间，以及如何使用这些区间制定房租价格策略的建议。提示词如下。

```
User:
    我们已经通过矩估计和极大似然估计得出估计S市城北的平均租金是3012元，城南的平均租金是3033元。请
你继续扮演数据分析专家的角色，基于点估计的结果和该数据集，分别在置信水平为90%、95%、99%下对S市城南
和城北的平均租金进行区间估计。
    请遵循以下步骤：
    a.确定参数的点估计（我们已经给出，S市城北的平均租金是3012元，城南的平均租金是3033元）；
    b.确定置信水平（我们已经给出，置信水平分别为90%、95%、99%）；
    c.计算区间宽度；
    d.计算置信区间。
    待估算完成后，请你评价计算的结果，并协助W公司使用这些估计和分析结果来制定具体的房租价格策略。
```

3）ChatGPT 假设检验实战

在本部分，我们使用 ChatGPT 通过假设检验的方法，检验城南和城北、关注人数不超过 30 人和超过 30 人的房源的租金是否存在显著的差异。ChatGPT 的输出包括假设检验的过程和结果，分析不同区域和不同受关注程度的房源的租金是否存在显著的差异，以及根据结果制定房租价格策略的建议。

User:
W公司是中国著名的房地产经纪公司，致力于提供全方位的房地产服务，包括但不限于购房、租房、装修和房产评估。该数据集为S市所有房源房租数据的抽样调查结果，请你扮演W公司数据分析专家的角色，通过假设检验的方法，检验城南和城北、关注人数不超过30人和超过30人的房源的租金是否存在显著的差异。

请依次输出如下步骤的过程和结果：
a.提出假设；
b.选择检验统计量；
c.确定显著性水平；
d.计算检验统计量的值；
e.作出决策。
待检验完成后，请你根据假设检验的结果说明和分析不同区域和不同受关注程度的房源的租金是否存在显著的差异，并给出W公司制定更具体的房租价格策略的建议。

4）ChatGPT方差分析实战

在本部分，我们使用 ChatGPT 通过方差分析的方法，检验不同楼层、不同优点的房源的租金是否存在显著的差异。ChatGPT 的输出包括方差分析的过程和结果，分析不同楼层、不同优点的房源的租金是否存在显著的差异，以及根据结果制定房租价格策略的建议。

User:
W公司是中国著名的房地产经纪公司，致力于提供全方位的房地产服务，包括但不限于购房、租房、装修和房产评估。该数据集为S市所有房源房租数据的抽样调查结果，请你扮演W公司数据分析专家的角色，通过方差分析的方法，检验不同楼层、不同优点的房源的租金是否存在显著的差异。

请依次输出如下步骤的过程和结果：
a.设定零假设和备择假设；
b.选择显著性水平；
c.计算F值；
d.查表得到临界值：查F分布表，得到显著性水平下的临界值。
e.作出决策。
待检验完成后，请你根据假设检验的结果说明和分析不同楼层、不同优点的房源的租金是否存在显著的差异，并给出起码三条W公司制定具体的房租价格策略的建议。

第8章

ChatGPT 预测分析实战

在这个日益复杂的世界中，能够预测未来成为企业、政府和个人都追求的目标。无论是预测股市的涨跌、评估产品的销售趋势，还是预测明天的天气，预测分析在我们的日常生活中起着至关重要的作用。那么，我们是如何利用数据来预测未来的呢？

在本章中，我们将学习如何将 ChatGPT 的强大功能和预测分析的相关知识和各种模型结合起来，在实际案例中实现预测分析。

8.1　案例背景和任务

本节首先引入 J 公司和 F 公司在企业经营的过程中所遇到的疑惑，以此引出预测分析方法的登场。

8.1.1　任务一

J 公司是一家中国汽车制造公司，它抱着雄心壮志的计划进军美国市场。J 公司的目标是在美国设立制造基地并当地生产汽车，从而与美国和欧洲的主要汽车品牌进行竞争。为了确保公司策略是基于坚实的市场认知，J 公司希望深入了解影响汽车定价的关键因素，这种理解尤为重要，因为美国市场的汽车定价因素可能与中国市场存在显著差异。具体地说，J 公司希望解析哪些特定因素在预测汽车价格时起着决定性的作用，以及这些因素如何精确地描述汽车的价格变动。为此，咨询公司基于多种市场调查收集了关于美国市场上不同汽车类型的大量数据。

J 公司数据团队的任务是结合 ChatGPT 使用这些数据，通过多元回归分析来建模汽车的价格。这种模型将为 J 公司的管理层提供宝贵的洞察，帮助他们了解如何调整汽车的设计和商业策略，以达到特定的价格目标，同时也将为他们提供一个有效的途径，深入理解新市场的价格动态。目前，J 公司已取得了一份数据集和相应的数据字典。

8.1.2　任务二

　　F 公司是一家始创于 2000 年的零售连锁企业。在短短的 20 多年里，它已从一个小型家居用品店逐渐扩展，如今已经在全国各大城市开设了超过 300 家分店。公司主营五大业务：超市与杂货、家居与家电、服装与配饰、美妆与个人护理，以及电子与技术产品。以"为每一个家庭带来更好的生活质量"为企业使命，它始终注重提供卓越的客户服务、确保商品质量，并在行业内持续推动创新。F 公司主动拥抱数字化转型，目前已经拥有一套先进的库存管理系统和在线购物平台，并经常与科技公司合作，寻求提高运营效率的新技术方案。

　　随着时间的推移，公司已经累积了大量的销售数据。为了更好地管理库存并优化供应链，公司的管理层认识到预测未来的销售情况对于制定更明智的商业决策至关重要。

　　近期，F 公司决定将 ChatGPT 引入公司的数据分析工作中，作为实验，F 公司的数据团队接到了这样的任务：利用公司过去的销售数据，结合 ChatGPT 的先进能力，来预测接下来几个月的总销售额，以便为即将到来的购物季做好充分的准备。

8.2　预测模型知识提要

　　扎实的基本功对于通过 AI 工具实现效率提升而言是必不可少的，因此本节主要讲述预测分析的相关知识，主要从概念、实现方法等角度进行阐述，为后续使用 ChatGPT 实现预测分析打下基础。

8.2.1　预测模型重点概念

1. 回归分析重点概念

回归分析是基于自变量与因变量的关联性来进行的。通过建立它们之间的回归方程，我们可以使用该方程作为预测模型。根据自变量在预测期间的变化，我们可以预测因变量的变化。这种关系主要是相关性。因此，回归分析法成为市场预测的关键手段。当我们试图预测市场的趋势和水平时，如果确定主要影响因素并获取其数量数据，就可以使用回归分析法。

回归分析是一种统计方法，用于评估一个或多个自变量与因变量之间的关系。通过这种方法，可以建立一个数学模型来描述这些变量之间的关系。它广泛应用于经济学、生物学、社会科学等领域，用于预测、估计或测试假设，主要包括线性回归、多元回归、逻辑回归等。以下是回归分析中的重点概念。

（1）变量：数据集中的一个特定特征，可以是数值型的（如身高、体重）或分类的（如性别、国籍）。

比如在一个关于学生的数据集中，学生的年龄、成绩和性别都是变量。

（2）响应变量：也称因变量或目标变量，是我们想要预测或解释的变量。

假如我们在预测房价，那么房价是响应变量，因为我们的目标是预测房价。

（3）预测变量：也称自变量或特征，是用来预测响应变量的变量。

假如我们在预测房价，那么房子的面积、地理位置和建造年份都可以是预测变量。

（4）拟合：通过选择合适的参数来使模型尽可能地接近观测数据的过程。

比如当我们调整模型的参数以最好地匹配数据时，我们就是在使用训练数据来"训练"或"拟合"模型。

（5）残差：观测值和模型预测值之间的差异。

如果一个房子的实际价格为 320000 元，但模型预测其价格为 300000 元，那么残差是 20000。

（6）线性关系：响应变量和预测变量之间的关系可以用直线表示。

如果房子的面积与其价格之间的关系可以通过一条直线很好地描述，那么这两个变量之间就存在线性关系。

（7）多重共线性：预测变量之间存在高度相关性的情况。

比如在预测家庭收入的模型中，如果有两个预测变量，一个是房子的面积，另一个是房子的价格，这两个变量之间就存在多重共线性。

（8）自相关：一个变量的不同观测值之间存在相关性的情况。

比如在房价的时间序列数据中，当月的价格可能与上个月或上上月的价格相关。

（9）异方差性：响应变量的方差不是常数，而是随着预测变量的变化而变化的情况。

比如在预测房价的模型中，高价房子的价格可能有更大的波动，而低价房子的价格可能相对稳定。

（10）均方误差：实际值和模型预测值之差的平方的平均值，用于衡量模型预测精度的一种方式，反映了预测误差的大小。它的值越小，表示模型的预测误差越小，预测精度越高。

（11）R^2 值：衡量模型预测值的变异性与实际值变异性之间关系的统计量。它反映了模型对数据变异的解释程度。R^2 值的范围在 0 到 1 之间。接近 1 的值表示模型能够很好地解释数据的变异性。

2. 时间序列分析重点概念

时间序列分析是一种研究时间序列数据点（通常按时间顺序排列）的方法，主要用来识别其内在的结构和模式与预测未来的数据点。它常应用于经济学、金融学和工程学等领域。时间序列分析的常用模型主要包括自回归模型（AR）、移动平均模型（MA）、ARIMA 模型等，在 8.2.3 节我们会具体说明这些模型的原理和步骤。本节我们先来学习时间序列分析的重点概念。

（1）时间序列（time series）：按时间顺序收集的数据点。

比如股票价格每天的收盘价、一个城市每天的温度、每月的失业率等就是时间序列。

（2）时间戳（timestamp）：时间序列数据中的一个特定时间点。

比如"2023-09-04 14:30:00"就是表示2023年9月4日下午2:30的时间戳。

（3）季节性（seasonality）：时间序列数据中的一种模式，它在固定的时间间隔内重复出现。

比如零售业每年的春节前销售上升，或者每年夏天的旅游业增长就是季节性的体现。

（4）趋势（trend）：时间序列数据中的一种长期的上升或下降的模式。

（5）周期（cycle）：时间序列数据中的一种模式，它不是固定的，而是随时间变化的。

比如常说的经济周期，如繁荣、衰退、复苏等。

（6）白噪声（white noise）：一种随机的时间序列，它的均值为0，方差为常数，且不同时间点的值之间没有相关性。

（7）自相关（autocorrelation）：一个时间序列的不同时间点的值之间存在相关性的情况。

比如"如果今天下雨，明天下雨的概率可能会增加"。今天的结果会影响明天的结果，就是自相关的体现。

（8）偏自相关（partial autocorrelation）：一个时间序列的不同时间点的值之间的相关性，排除了中间时间点的影响。

比如今天的股票价格与三天前的价格之间的相关性，排除了两天前和昨天的价格的影响。

（9）平稳性（stationarity）：时间序列的均值、方差和自相关结构不随时间变化的性质。

比如投掷一个公正的骰子得到的结果序列是平稳的，因为其均值和方差不随时间变化。

（10）差分（differencing）：一种将非平稳时间序列转化为平稳时间序列的方法。

如果我们有一个时间序列，其中的值是1，2，3，4，5，那么一阶差分后的序列是1，1，1，1。

（11）滑动平均（moving average）：也称移动平均，是一种常用的时间序列数据分析方法，用于平滑数据以识别潜在的趋势。滑动平均可以看作一个连续的时间窗口在时间序列数据上移动，每次移动都计算窗口内数据的平均值。

考虑一个连续7天的天气温度记录：[28, 30, 32, 31, 29, 27, 25]，其3天的滑动平均温度序列将是：[(28+30+32)/3, (30+32+31)/3, (32+31+29)/3, (31+29+27)/3, (29+27+25)/3]。

3. 神经网络预测分析重点概念

人工神经网络在机器学习和认知科学领域，是一种模仿生物神经网络（动物的中枢神经系统，特别是大脑）的结构和功能的数学模型或计算模型，用于对函数进行估计或近似。

神经网络通过简单元素操作的并行使用，将多个处理层结合在一起。它由一个输入层、一个或多个隐藏层和一个输出层组成。各层通过节点或神经元连接，每一层使用前一层的输出作为其输入，典型的神经网络架构如图8.1所示。

神经网络相关重点概念如下。

（1）神经元（neuron）：作为神经网络中的基本工作单元，它接收输入，对其进行加权求和，然后应用一个激活函数，将结果传递到下一层。

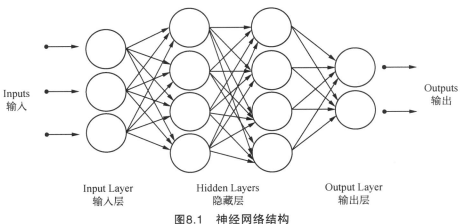

Inputs
输入

Outputs
输出

Input Layer
输入层

Hidden Layers
隐藏层

Output Layer
输出层

图8.1 神经网络结构

神经元接受一系列的输入（a_1 到 a_n），每个输入都有一个相关的权重（w_1 到 w_n，可以理解为这个输入的"重要性"）。这些输入和权重结合后，加上一个偏置（b，可以看作是调整输出的"基线"）然后通过一个特定的函数（f），最终产生一个输出结果（t）。

（2）权重（weight）：神经网络中连接两个神经元的参数，权重决定了每个输入对输出的重要性。

当我们制作蛋糕时，不同的原料（如糖、面粉、鸡蛋）需要不同的比例。权重就像这些比例，决定了每种原料的重要性。

（3）偏置（bias）：神经网络中的一个参数，它是加到加权求和上的一个常数。偏置可以看作调整神经元输出的"基线"或"起始点"。

例子：当我们制作蛋糕调整烤箱的温度时，我们是在设置一个基线温度，偏置就像这个基线温度。

（4）激活函数（activation function）：神经网络中的一个非线性函数，它用于将神经元的加权求和转化为神经元的输出。激活函数决定了神经元是否应该被"激活"或输出某个值。

激活函数调节着信息的流动，决定哪些信号应该被强化或抑制，以便网络更好地学习和作出决策。

（5）前向传播（forward propagation）：一种计算神经网络的输出的过程。这是神经网络接收输入并产生输出的过程。

想象一个传送带系统，原料从一端输入，经过一系列处理后，从另一端输出成品。

（6）反向传播（backpropagation）：一种更新神经网络的权重和偏置的过程。当神经网络犯错误时，它需要找出哪里出了问题并进行修正。反向传播就是这个修正过程。

反向传播的过程就像在一个复杂的迷宫中找出口，每次碰壁后我们都会回溯并尝试不同的路径，直到找到最终的出路。

（7）损失函数（loss function）：一种衡量神经网络的预测值和真实值之间差异的函数。损失函数衡量神经网络的预测与真实值之间的差距。

假如我们去射箭，那么损失函数就像箭与靶心的距离。

（8）批次（batch）：用于一次训练的数据的子集。

假如我们有一堆书要整理，我们可能会每次拿一小堆来整理，这一小堆就是一个批次。

（9）迭代（iteration）：一次前向传播和一次反向传播的过程。迭代是神经网络在一个批次上进行一次前向和反向传播的过程。

假如我们在处理那堆书时，每次都整理一小堆书，那么其实我们就是完成了一次迭代。

（10）学习率（learning rate）：一个控制权重和偏置更新速度的参数。学习率决定了神经网络在每次迭代中调整多少。

当我们学习骑自行车时，学习率就像我们每次尝试的骑行距离，太长可能会摔倒，太短可能学得太慢。

（11）过拟合（overfitting）：一种模型过于复杂，以至于不仅拟合了数据的基本结构，还拟合了数据中的噪声的情况。当神经网络在训练数据上表现得太好，但在新数据上表现得不好时，就发生了过拟合。

过拟合就像当我们为模拟考试进行了充分的复习，结果却在正式考试上表现不好一样。

（12）欠拟合（underfitting）：一种模型过于简单，不能捕捉到数据的基本结构的情况。当神经网络在训练数据和新数据上都表现得不好时，就发生了欠拟合。

欠拟合就像我们既没有好好准备模拟考试，也没有复习正式考试一样。

（13）正则化（regularization）：一种用于防止过拟合的技术。通过添加一个惩罚项来限制权重的大小。

正则化在机器学习中的作用就像花园师修剪树枝，会剪掉不需要的枝丫（复杂度）来维持树木（模型）的整体健康和防止过度生长（过拟合）。

（14）dropout：一种正则化技术，它在训练过程中随机关闭一部分神经元。它在训练过程中随机"关闭"一些神经元，以防止过拟合。

想象我们在团队合作中，为了确保每个人都有机会发言，我们可能会随机选择一些人暂时不参与讨论。

（15）One-hot编码：在One-hot编码中，每个类别都被转换为一个二进制向量。这个向量的长度等于类别的总数，其中一个元素为1，其余所有元素为0。这个"1"代表了当前的类别。

假设水果篮里有苹果、香蕉和橙子，每种水果都被分配一个独立的格子。当我们有一个苹果时，我们只在"苹果"的格子中放置一个标记（例如1），而其他格子（香蕉和橙子）则保持空白（即0）。

4. 决策树和随机森林预测分析重点概念

决策树是一种树形结构的预测模型，其中每个内部节点代表一个属性上的测试，每个分支代表一个测试输出，每个叶节点代表一个类或值。通过从根节点到某个叶节点的路径，可以得到一个决策规则，常用的决策树算法有 ID3、C4.5 和 CART（分类与回归树）等。

决策树就像是一个连续的"如果……那么……"问题链。我们从树的顶部开始，基于某些条件做决策，然后沿着树向下移动，直到我们得到一个答案。比如银行要用机器学习算法来确定是否给客户发放贷款，为此需要考察客户的年收入、是否有房产这两个指标。你需要首先判断客户的年收入指标。如果大于 30 万元，可以贷款；否则继续判断。然后判断客户是否有房产。如果有房产，可以贷款；否则不能贷款。

这个例子的决策树如图 8.2 所示。

决策树解决是否贷款的案例

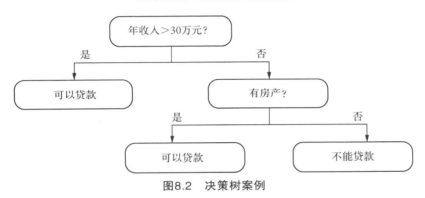

图8.2　决策树案例

随机森林是一种集成学习方法，它构建多个决策树并将它们组合起来进行投票或平均以提高预测准确性和控制过拟合。每棵树在构建时都会使用随机的数据样本和随机的特征子集。它和决策树的对比如图 8.3 所示。

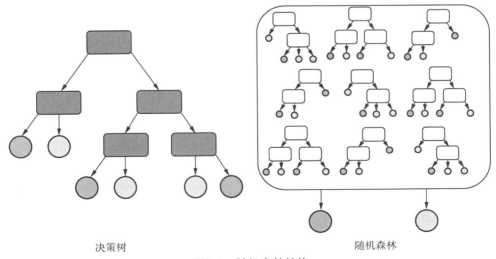

决策树　　　　　　　　　　　随机森林

图8.3　随机森林结构

下面我们先来介绍决策树相关的重要概念。

（1）节点（node）：决策树中的每一个判断点。

举例：在决定是否出门的决策树中，"今天是否下雨？"是一个节点。

（2）根节点（root node）：决策树的起始节点。

举例：它就像是多选题的第一个问题，比如在决定是否出门的决策树中，"今天是周末吗？"可能是根节点。

（3）叶节点（leaf node）：决策树的最终节点，表示决策结果。

举例：它就像是多选题的最终答案。比如在决定是否出门的决策树中，"待在家里"或"去公园"是叶节点。

（4）分支（branch）：连接节点的路径。

举例：如果"今天是否下雨？"的答案是"是"，那么选择"待在家里"是一个分支。

（5）划分标准（splitting criteria）：如信息增益、基尼不纯度、熵等，用于决定在节点上如何划分数据。

举例：在决定是否出门的决策树中，我们可能会基于"下雨概率"来划分数据。

（6）剪枝（pruning）：为了避免过拟合，从决策树中移除某些分支的过程。

举例：在多选题中，去掉那些不太可能的选项。如果某个分支基于"今天是否有彩虹？"，但这与最终决策关系不大，我们可能会剪掉这个分支。

随机森林相关的重点概念如下。

（1）集成学习（ensemble learning）：结合多个模型的预测结果来提高整体的预测准确性。

举例：在一个团队中，每个人都给出自己的意见，然后我们结合所有人的意见来做决策。如果我们有 10 棵决策树，每棵树都预测一个结果，随机森林会综合这 10 个结果。

（2）自助采样（bootstrap sampling）：随机森林中，从原始数据集中随机选择样本（有放回地选择）来构建每棵树的训练数据。

举例：从一个大袋子里随机抽取球，抽完后再放回，然后再抽。如果我们有 100 个数据点，每次我们随机选择其中的 70 个来训练一棵树。

（3）特征随机选择：在构建决策树的每个节点时，随机选择一部分特征进行划分。

举例：在做一个手工艺品时，不是每次都使用所有的工具，而是随机选择一些。如果我们有 10 个特征，构建每个节点时可能只考虑其中的 3 个特征。

（4）多数投票（majority voting）：在分类任务中，随机森林的预测结果是基于所有决策树的投票结果得出的。

举例：在一个会议上，每个人都投票决定是否同意某个提议，最后根据多数人的意见来决策。如果 10 棵决策树中有 6 棵预测"是"，4 棵预测"否"，那么随机森林的最终预测结果是"是"。

8.2.2　回归分析步骤

常见的回归分析模型和介绍如表 8.1 所示。

表 8.1　常见回归分析模型

模型名称	描述	使用场景	原理
线性回归	预测因变量和自变量之间的线性关系	预测房价、销售量等连续变量	寻找最佳拟合线，使得所有数据点到这条线的垂直距离之和最小
多元线性回归	预测一个因变量和多个自变量之间的线性关系	预测基于多个输入特征的输出，如预测房价基于面积、位置、年龄等	与简单线性回归类似，但有多个预测变量
逻辑回归	用于二元分类问题	电子邮件是垃圾邮件还是非垃圾邮件、患者是否有某种疾病等	预测因变量为某一类的概率，并将这一概率与一个阈值进行比较以进行分类
多项式回归	预测因变量和自变量之间的非线性关系	当数据显示曲线关系时，如预测基于速度的制动距离	除了线性项外，还增加了一个或多个高次项
岭回归	线性回归的正则化版本，使用 L2 正则化	当存在多重共线性问题时	在损失函数中加入正则化项，以避免过拟合
Lasso 回归	线性回归的正则化版本，使用 L1 正则化	当想要进行特征选择时	与岭回归类似，但正则化项可以使某些系数变为零
弹性网络	结合了岭回归和 Lasso 回归的正则化	当有多个特征且特征之间存在一定关系时	在损失函数中同时加入 L1 和 L2 正则化项

更详细的关于这些回归分析的数学公式推导可以参见如下课程链接：https://coding.imooc.com/class/418.html.

回归分析的主要步骤如表 8.2 所示。

表 8.2　回归分析的主要步骤

步骤	描述	注意点
数据清洗和预处理	对收集到的数据进行清洗，处理缺失值、离群值和异常值	1. 选择适当的方法来处理缺失数据，如填充、插值或删除 2. 检测并处理多重共线性或其他相关问题
探索性数据分析	通过可视化和描述性统计来了解数据的基本特征和结构	1. 注意变量间的关系，特别是潜在的非线性关系 2. 检查数据的分布，注意偏态和尖态
选择合适的回归模型	根据数据的特性和研究问题选择合适的回归模型，例如线性回归、逻辑回归或多项式回归	1. 确保模型的假设与数据匹配 2. 为复杂的问题选择更复杂的模型，但避免过度拟合
模型拟合	使用数据和选择的模型进行拟合	1. 检查模型的残差，确保它们符合模型的假设（例如，正态分布、同方差性） 2. 检查系数的显著性和大小
模型验证和评估	使用统计测试（例如，F-test，t-test）来验证模型的整体和单个参数的显著性	1. 检查模型的 R^2 和调整 R^2 以评估模型的拟合度 2. 使用交叉验证或留出法来评估模型的预测性能
模型优化	如果需要，返回并修改或优化模型	1. 添加或删除变量，以找到最佳模型 2. 如果出现过度拟合，考虑使用正则化技术，如岭回归或 Lasso

步骤	描述	注意点
结果解释和推断	基于拟合的模型解释结果，并对关系进行推断	1. 确保正确地解释系数和它们的意义 2. 考虑潜在的外部变量或其他因素，它们可能影响结果
预测和应用	使用模型进行预测或作出决策	1. 为预测提供置信区间或预测区间 2. 在新数据上验证模型的性能

8.2.3 时间序列预测分析步骤

时间序列分析的步骤如表 8.3 所示。

表 8.3 时间序列分析的步骤

步骤	描述	注意点
数据收集和预处理	确保数据按时间顺序排列	1. 处理丢失的数据点，考虑插值或其他技术 2. 如果数据的频率不一致（例如，每天和每月的混合数据），则需要重新取样
时间序列可视化	查看数据的时间序列图形以识别任何明显的模式、季节性或趋势	1. 观察数据中是否存在明显的季节性、趋势或周期性 2. 注意任何异常值或离群值
检查平稳性	时间序列分析通常要求数据是平稳的，即其统计属性（如均值、方差）在时间上是恒定的	1. 使用 Augmented Dickey-Fuller (ADF) 测试或其他相关测试来检查平稳性 2. 观察数据的滚动统计量，如滚动均值和滚动方差
使数据平稳	如果数据不是平稳的，可以通过差分、转换（如对数转换）或其他方法使其平稳	1. 不要过度差分，因为这可能会导致过度拟合 2. 在进行差分或转换后，再次检查平稳性
确定模型参数	根据自相关函数（ACF）和偏自相关函数（PACF）图确定 ARIMA 或其他模型的参数	1. 注意 ACF 图和 PACF 图中的明显尖峰或截断来决定模型的参数 2. 使用信息准则［如 AIC（赤池信息准则）或 BIC（贝叶斯信息准则）］来帮助选择最佳模型
模型拟合	使用选择的参数和模型对数据进行拟合	1. 注意模型的残差，确保它们没有明显的模式或相关性 2. 检查模型的拟合度和预测误差
模型验证	使用留出的测试数据集或滚动预测来验证模型的预测能力	1. 注意预测误差的分布和大小 2. 如果模型的预测效果不佳，考虑返回并更改模型参数或选择其他模型
预测和解释	使用模型进行未来的预测，并解释结果	1. 为预测结果提供置信区间 2. 考虑任何潜在的外部因素或事件，它们可能影响未来的数据点

更详细的关于时间序列分析的数学公式推导可以参见如下课程：https://coding.imooc.com/class/418.html.

8.2.4 神经网络预测分析步骤

神经网络预测分析的步骤如表 8.4 所示。

表 8.4　神经网络预测分析的步骤

步骤	描述	注意事项
数据预处理	1. 数据清洗：处理缺失值、异常值和重复值 2. 数据转换：将分类数据转换为数字，例如使用独热编码 3. 数据规范化：使所有特征具有相似的尺度，例如使用 Min-Max 规范化或 z-score 标准化	1. 确保没有遗漏重要的数据 2. 避免数据泄露，即不要在预处理阶段使用测试数据 3. 数据集划分：划分为训练集、验证集和测试集
构建神经网络模型	1. 选择网络结构：如层数、每层的神经元数等 2. 选择激活函数：如 ReLU（线性整流单元）、Sigmoid、Tanh 等 3. 初始化权重和偏置	1. 避免过度复杂的网络结构，可能导致过拟合 2. 权重初始化很重要，错误的初始化可能导致网络训练困难
训练模型	1. 定义损失函数：如均方误差、交叉熵等 2. 选择优化器：如 SGD（随机梯度下降）、Adam、RMSprop 等 3. 使用训练数据进行前向传播和反向传播，更新权重和偏置	1. 避免过拟合，可以使用如早停、dropout、正则化等技术 2. 调整学习率和其他超参数以获得最佳性能
模型验证和评估	1. 使用验证集评估模型性能 2. 调整超参数以优化验证性能	1. 不要多次使用测试集，可能导致对模型的过度优化 2. 使用不同的评估指标，如准确率、召回率、F1 分数等，全面了解模型性能
模型测试	使用测试集评估模型的最终性能	1. 只在确定模型参数后使用测试集一次 2. 对模型的评估结果进行深入的分析，确保没有遗漏任何重要信息

更详细的关于神经网络分析的数学公式推导可以参见如下课程：https://coding.imooc.com/class/418.html。

8.2.5　决策树和随机森林预测分析步骤

决策树和随机森林预测分析步骤分别如表 8.5 和表 8.6 所示。

表 8.5　决策树主要步骤

决策树步骤	描述 / 方法	注意事项 / 细节
数据预处理	1. 数据清洗：处理缺失值、异常值和重复值 2. 数据转换：将分类数据转换为数字，例如使用独热编码	1. 确保没有遗漏重要的数据 2. 避免数据泄露，即不要在预处理阶段使用测试数据
划分标准	1. 信息增益：使用熵来衡量数据的混乱程度 2. 基尼不纯度：与信息增益不同，我们在使用基尼不纯度时是寻找最小的不纯度来划分数据	1. 信息增益较高的特征更有可能被选为分裂节点 2. 基尼不纯度是一种启发式算法，可能导致局部最优解
划分数据	1. 根据选择的特征及其阈值将数据集划分 2. 对于连续特征，选择一个阈值，例如"年龄 >30" 3. 对于离散特征，每个特征值都可以作为一个分支	1. 需要考虑特征的重要性和阈值的选择对模型的影响 2. 连续变量的最佳划分点可能导致过拟合或欠拟合 3. 分支过多可能导致决策树过于复杂
决策与递归	对于每个子集，再次应用划分过程，直到满足停止条件	停止条件包括节点内样本数量低于最小划分样本数、树达到最大深度或节点纯度达到一定程度等

续表

决策树步骤	描述 / 方法	注意事项 / 细节
剪枝	1. 预剪枝：设置条件如树的最大深度、每个叶节点的最小样本数等来提前停止树的增长 2. 后剪枝：构建完整决策树后，从底部开始删除或合并某些分支，使用验证集评估每次剪枝后的模型性能	1. 避免过拟合：模型在训练数据上表现优秀，但在新数据上可能不佳 2. 特征选择的重要性：选择与目标变量高度相关的特征。不相关或冗余的特征可能导致模型性能下降

表 8.6　随机森林主要步骤

随机森林步骤	描述 / 方法	注意事项 / 细节
自助采样	从原始数据集中随机选择样本（有放回地选择）来构建每棵树的训练数据。这意味着某些数据点可能被多次选择，而某些数据点可能一次都不被选择	确保每棵树的训练数据集具有足够的样本多样性
构建决策树	在构建每棵树时，不是使用所有特征，而是从所有特征中随机选择一部分特征。这提升了模型的多样性，有助于提高整体性能	特征选择的随机性要足够高，以确保树之间的差异性
投票或平均	每棵树都独立地作出预测。对于分类任务，随机森林的预测结果是基于所有决策树的投票结果得出的。对于回归任务，预测结果是所有树预测值的平均值	为了减少过拟合，可以限制树的深度或者增加树的数量
评估	袋外错误率：由于在构建每棵树时都有一些数据点没有被选中，我们可以使用这些"袋外"数据来评估该树的性能。这为我们提供了一个无偏的性能估计	使用袋外数据评估可以节省交叉验证的时间，并为模型提供一个合理的性能估计

更详细的关于决策树和随机森林的数学公式推导可以参见如下课程：https://coding.imooc.com/class/418.html.

8.3　ChatGPT数据预测实战

在本节，我们将深入探讨 8.1 节的任务。我们将带领大家学习如何使用 ChatGPT 进行预测分析，包括使用 ChatGPT 实现回归分析、时间序列分析、神经网络分析和随机森林分析。

8.3.1　ChatGPT回归分析实战

在任务一中，J 公司希望可以深入了解影响汽车定价的关键因素，那么我们可以先通过回归分析给出 J 公司制定定价策略时应重点考虑的特征。

首先要定下我们预期的回归分析的结果。

（1）ChatGPT 在进行回归分析时应当按照一定的步骤，并输出每个步骤的结果。

（2）ChatGPT 在进行回归分析后应当给出符合 J 公司现状的结论和建议。

基于这些预期，我们给到 ChatGPT 的提示词应当包括以下几个。

（1）说明 J 公司背景并赋予 ChatGPT 扮演数据分析专家角色。

（2）向 ChatGPT 介绍我们上传的数据文件。

（3）详细说明回归分析的步骤。

下面让我们在 Code Interpreter 模式下向 ChatGPT 提问吧！

```
User:
分析背景：
    J公司是一家中国汽车制造公司，目标是在美国设立制造基地并当地生产汽车，从而与美国和欧洲的主要汽车
品牌进行竞争，J公司希望深入了解影响汽车定价的关键因素。
数据介绍：
1.CarPrice_Assignment.csv为汽车价格分析所需用到的各个变量和数据；
2.Data Dictionary - carprices.xlsx是前者的数据字典，介绍了各个字段的含义。
分析任务：
    假设你是J公司的数据分析专家，请你按照以下步骤进行回归分析并输出每一个步骤的结果，最终形成回归分
析报告：
1.通过可视化和描述性统计来了解数据的基本特征和结构；
2.预处理，处理缺失值、编码分类变量并将数据分为训练集和测试集；
3.根据数据的特性和研究问题选择合适的回归模型；
4.使用统计测试来验证模型的整体和单个参数的显著性，如果需要，返回并修改或优化模型的问题；
5.基于拟合的模型解释结果，并对关系进行推断；
6.使用模型进行预测并给出业务上的结论建议。
```

根据我们的提示词，ChatGPT 按照我们要求的步骤依次输出了如下内容。

1. 通过可视化和描述性统计来了解数据的基本特征和结构

在这一步，ChatGPT 分别输出了描述性统计信息和可视化分析的结果。

（1）描述性统计信息。

```
ChatGPT:
汽车价格数据集的描述性统计信息如下：
该数据集有205条记录和26个字段。
CarName字段有147个唯一的值，其中"toyota corona"出现最频繁，共6次。
大部分汽车使用的是汽油（fueltype字段，185条记录为gas）。
大部分汽车的进气方式是标准型（aspiration字段，168条记录为std）。
carbody字段表示汽车的车身类型，其中"sedan"（轿车）是最常见的，共有96条记录。
大部分汽车的驱动轮位于前部（drivewheel字段，120条记录为fwd）。
enginelocation字段表示发动机的位置，其中202条记录表示发动机位于车辆的前部。
price字段表示汽车的价格，范围从5118到45400，平均值为13276.71。
```

该部分 ChatGPT 生成的代码如下。

```
ChatGPT:
# Descriptive statistics of the car price dataset
car_price_data.describe(include='all')
```

（2）可视化分析。

ChatGPT 生成的可视化图表如图 8.4 所示。

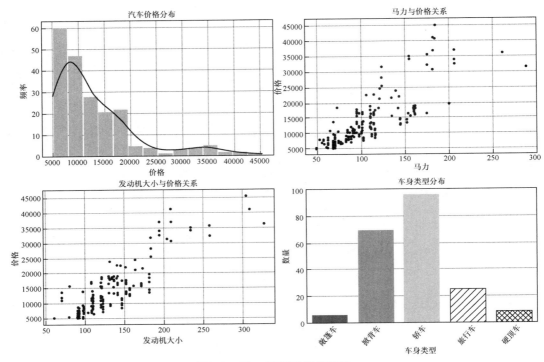

图8.4　ChatGPT可视化结果

紧接着，ChatGPT 给出了针对可视化结果的解读。

> ChatGPT:
> 从上述可视化中，我们可以得出以下结论：
> 1.价格分布：汽车价格的分布是右偏的，这意味着大多数汽车的价格都在平均价格以下，但也有少数汽车的价格远高于平均价。
> 2.燃油类型与价格的关系：柴油汽车的平均价格略高于汽油汽车，但两者的价格范围都有很大的重叠。
> 3.车身类型与价格的关系：硬顶车和敞篷车的价格中位数较高，而小型车和旅行车的价格中位数较低。轿车和掀背车的价格中位数位于中间。
> 4.马力与价格的关系：马力与汽车价格呈正相关，这意味着马力越高的汽车价格越高。

ChatGPT 用于生成可视化图表的代码如下。

```
ChatGPT:
import matplotlib.pyplot as plt
import seaborn as sns
```

```
# Set the style of the visualization
sns.set(style="whitegrid")

# Create a figure of a set size and axes
fig, ax = plt.subplots(figsize=(20, 12))

# Begin with the distribution of the target variable: price
plt.subplot(2, 2, 1)
sns.histplot(car_price_data['price'], kde=True, color='skyblue')
plt.title('Distribution of Price')

# Relationship between fueltype and price
plt.subplot(2, 2, 2)
sns.boxplot(x='fueltype', y='price', data=car_price_data)
plt.title('Price vs Fuel Type')

# Relationship between carbody and price
plt.subplot(2, 2, 3)
sns.boxplot(x='carbody', y='price', data=car_price_data)
plt.title('Price vs Car Body Type')

# Relationship between horsepower and price
plt.subplot(2, 2, 4)
sns.scatterplot(x='horsepower', y='price', data=car_price_data, hue='fueltype')
plt.title('Price vs Horsepower')

plt.tight_layout()
plt.show()
```

2. 进行预处理，包括处理缺失值、编码分类变量并将数据分为训练集和测试集

在这一步，ChatGPT 分别输出了处理缺失值、编码分类变量和划分数据集的结果。
（1）处理缺失值。

```
ChatGPT:
数据集中没有缺失值。
```

ChatGPT 生成的检查缺失值的代码如下。

```
ChatGPT:
# Check for missing values
missing_values = car_price_data.isnull().sum()

# Display columns with missing values
missing_values[missing_values > 0]
```

（2）编码分类变量和划分数据集。

> ChatGPT:
> 　　我们将对分类变量进行编码。为了避免多重共线性问题,我们会使用虚拟编码(dummy encoding)而不是独热编码(one-hot encoding)。虚拟编码会为每个分类变量的每个类别创建一个新的二进制列,但会删除一个类别,以避免完全预测性。
> 　　我们首先将数据分为训练集和测试集,然后在训练集上进行编码。

ChatGPT 生成的编码分类变量和划分数据集的代码如下。

```
ChatGPT:
from sklearn.model_selection import train_test_split

# Splitting the data into train and test sets (80% - 20%)
train_data, test_data = train_test_split(car_price_data, test_size=0.2, random_state=42)

# Encoding the categorical variables using dummy encoding
train_encoded = pd.get_dummies(train_data, drop_first=True)
test_encoded = pd.get_dummies(test_data, drop_first=True)

train_encoded.head()
```

3. 根据数据的特性和研究问题选择合适的回归模型

在这一步,ChatGPT 首先选择了线性回归作为基准模型,并输出了模型的性能指标均方误差和 R^2 值,可见目前模型的拟合效果不错。

> ChatGPT:
> 　　为了选择一个合适的模型,我们首先可以使用线性回归作为基准模型。然后,我们可以考虑使用其他更复杂的模型,看看是否可以获得更好的性能。
>
> 　　首先,我们使用线性回归模型进行拟合。
> 　　我们已经成功地拟合了线性回归模型。性能指标如下:
> 　　均方误差(MSE):8038596.59
> 　　R^2值:0.8982
> 　　R^2值表示,模型解释了测试集数据中89.82%的方差。这是一个相对较高的值,意味着模型的拟合效果不错。

ChatGPT 这一步生成的代码如下。

```
ChatGPT:
# Drop the 'CarName' column from the original train and test datasets
train_data = train_data.drop('CarName', axis=1)
test_data = test_data.drop('CarName', axis=1)

# Encode the categorical variables again
train_encoded = pd.get_dummies(train_data, drop_first=True)
test_encoded = pd.get_dummies(test_data, drop_first=True)
```

```
# Ensure that train and test datasets have the same columns after encoding
missing_cols = set(train_encoded.columns) - set(test_encoded.columns)
for col in missing_cols:
    test_encoded[col] = 0
test_encoded = test_encoded[train_encoded.columns]

# Separate the features and the target variable again
X_train = train_encoded.drop('price', axis=1)
y_train = train_encoded['price']

X_test = test_encoded.drop('price', axis=1)
y_test = test_encoded['price']

# Fit the model again
linear_model.fit(X_train, y_train)

# Predict on the test set
y_pred = linear_model.predict(X_test)

# Calculate the performance metrics
mse = mean_squared_error(y_test, y_pred)
r2 = r2_score(y_test, y_pred)

mse, r2
```

4. 验证模型和优化模型

在这一步中，ChatGPT 一方面给出了该模型在训练数据中的 R^2 值、调整后的 R^2 值和 F 统计量的 p 值来检验模型整体是否显著；通过每个参数的 p 值判断该参数是否对目标变量有显著影响；另一方面选择了岭回归方法对原模型进行优化。

（1）验证模型。

ChatGPT：

我们将使用statsmodels包来进行线性回归，这样可以获得关于模型整体和单个参数的统计信息。这将帮助我们确定哪些特征是显著的，并可能对汽车价格产生影响。

线性回归模型的统计摘要如下：

1. 模型整体：

（1）R^2值为0.957，这表示模型解释了训练数据中的95.7%的方差。

（2）调整后的R^2值为0.942，考虑到了模型中的特征数量。考虑到我们有很多特征，调整后的R值可以为我们提供一个更真实的性能度量。

（3）F统计量的p值［Prob (F-statistic)］非常小，这意味着模型整体是显著的。

2. 单个参数：

根据每个参数的p值，我们可以判断该参数是否对目标变量有显著影响。例如，car_ID, carwidth, curbweight, enginesize, boreratio等特征的p值都小于0.05，这表示这些特征与汽车价格有显著的线性关系。

与此相反，有一些特征的p值大于0.05，这可能意味着这些特征对模型的贡献不显著。

3. 其他注意事项：

由于模型的条件数非常大，这可能意味着存在多重共线性问题。这在具有许多特征的数据集中是常见的，可能需要进行特征选择或使用正则化技术来解决。

ChatGPT 这一步生成的代码如下。

```
ChatGPT:
# Drop the 'CarName' column from the original train and test datasets
train_data = train_data.drop('CarName', axis=1)
test_data = test_data.drop('CarName', axis=1)

# Encode the categorical variables again
train_encoded = pd.get_dummies(train_data, drop_first=True)
test_encoded = pd.get_dummies(test_data, drop_first=True)

# Ensure that train and test datasets have the same columns after encoding
missing_cols = set(train_encoded.columns) - set(test_encoded.columns)
for col in missing_cols:
    test_encoded[col] = 0
test_encoded = test_encoded[train_encoded.columns]

# Separate the features and the target variable again
X_train = train_encoded.drop('price', axis=1)
y_train = train_encoded['price']
```

（2）模型优化。这里 ChatGPT 使用岭回归来正则化模型，减少特征的权重，从而降低模型的复杂性，并且使得在测试集上测量的 R^2 值从 0.8982 增加到 0.9001。

```
ChatGPT:
    考虑到可能存在的多重共线性问题，我们可以考虑使用岭回归或套索回归来正则化模型。这两种技术都可以
减少特征的权重，从而降低模型的复杂性。
    我们尝试使用岭回归。
    使用岭回归模型，我们得到了以下结果：
    均方误差（MSE）：7886612.13
    $R^2$值：0.9001
    选择的正则化参数（$\alpha$）：0.1
    与基线线性回归模型相比，岭回归模型的性能略有提高。
    在测试集数据中，$R^2$值从0.8982增加到0.9001。
    这意味着正则化可能有助于改进模型，特别是当数据中存在多重共线性时。
```

ChatGPT 这一步生成的代码如下。

```
ChatGPT:
# from sklearn.linear_model import RidgeCV
# Initialize ridge regression model with built-in cross-validation
ridge_model = RidgeCV(alphas=[1e-3, 1e-2, 1e-1, 1, 10, 100], store_cv_
values=True)
# Fit the model
ridge_model.fit(X_train, y_train)
# Predict on the test set
```

```
y_pred_ridge = ridge_model.predict(X_test)
# Calculate the performance metrics
mse_ridge = mean_squared_error(y_test, y_pred_ridge)
r2_ridge = r2_score(y_test, y_pred_ridge)
mse_ridge, r2_ridge, ridge_model.alpha_
```

5. 基于拟合的模型解释结果，并对关系进行推断

这里 ChatGPT 列出岭回归模型中最重要的特征并解释了这些特征能产生显著影响的可能原因。

ChatGPT:

使用岭回归模型，我们可以看到以下几点：

1.正则化参数：最佳的正则化参数（α）是0.1。这意味着模型进行了一定程度的正则化，但没有太强烈地惩罚特征的权重。

2.显著特征：在岭回归中，所有特征都会被包含在模型中，但某些特征的权重可能会被显著减小。为了确定哪些特征对模型最重要，我们可以查看模型的系数。

让我们列出岭回归模型中最重要的特征。

基于岭回归模型的系数，以下是最重要的特征及其影响：

1.enginelocation_rear：系数为11238.09，表示当发动机位于车辆的后部时，汽车的价格平均上升约11238.09单位。这可能是因为后置发动机通常出现在高性能或豪华汽车中。

2.cylindernumber_twelve：系数为-7788.38，表示拥有12个气缸的汽车的价格平均下降约7788.38单位。这可能是一个意外的发现，因为更多的气缸通常与更高的性能和价格相关。

3.cylindernumber_five和其他气缸数量特征：这些特征的系数都是负数，表示与参考类别（三个气缸）相比，它们对价格的影响是负面的。

4.enginetype_l和enginetype_ohcv：这些发动机类型与参考发动机类型（dohc）相比，对价格的影响是负面的。

5.carbody_wagon、carbody_hardtop等：这些车身类型与参考车身类型（convertible）相比，对价格的影响也是负面的。

需要注意的是，这些系数表示的是其他因素保持不变时，某一特征变化一个单位所导致的平均价格变化。

ChatGPT 这一步生成的代码如下。

```
ChatGPT:
# Extract feature importance from the ridge model
ridge_coefficients = pd.DataFrame({
    'Feature': X_train.columns,
    'Coefficient': ridge_model.coef_
})
# Sort the features based on the absolute value of their coefficients
ridge_coefficients = ridge_coefficients.sort_values(by='Coefficient', key=lambda x:
abs(x), ascending=False)
# Display the top 10 most significant features
ridge_coefficients.head(10)
```

6. 使用模型进行预测并给出业务上的结论建议

在这一步中，ChatGPT 对预测结果与实际价格之间的关系进行了可视化，借此给出了最终的结论建议。

（1）可视化预测结果。ChatGPT 生成的可视化图表如图 8.5 所示。

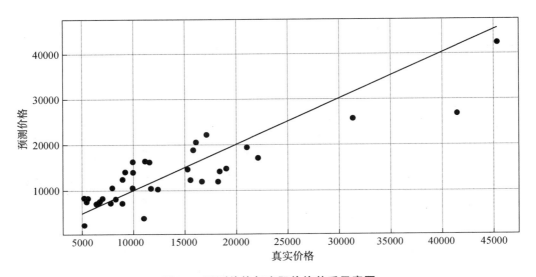

图8.5 预测价格与实际价格关系示意图

对此，ChatGPT 给出的解读如下。

ChatGPT:
从图8.5中，我们可以看到以下几点：
1. 预测价格与实际价格大致沿着图8.5中直线分布，这表示模型的预测与实际情况非常接近。
2. 对于中低价范围的汽车，模型的预测表现较好。但在高价范围，尤其是超过30000的价格，模型的预测存在一些偏差。

ChatGPT 这一步生成的代码如下。

```
ChatGPT:
# #Visualization of the predicted vs actual prices
plt.figure(figsize=(12, 6))
sns.scatterplot(y_test, y_pred_ridge, alpha=0.7)
plt.plot([y_test.min(), y_test.max()], [y_test.min(), y_test.max()], '--',
color='red')
plt.xlabel('Actual Price')
plt.ylabel('Predicted Price')
plt.title('Actual Price vs Predicted Price')
plt.show()
```

（2）业务建议。

> ChatGPT:
> 1.关键特征：汽车的enginelocation、cylindernumber、enginetype和carbody等特征对汽车价格有显著影响。J公司在制定定价策略时应考虑这些特征。
> 2.高价汽车的策略：模型在预测高价汽车时存在一些不准确性。J公司应当对高端市场进行更深入的研究，以更准确地确定这些汽车的价格。
> 3.市场竞争：J公司可以利用此模型来评估其汽车的市场竞争力。例如，如果模型预测的价格低于实际的市场价格，这可能意味着J公司的汽车在市场上具有价格优势。
> 4.进一步的研究：为了提高预测的准确性，建议进行更深入的特征工程，例如创建新的特征、使用更复杂的模型或收集更多的数据。
> 总的来说，此回归模型为J公司提供了对汽车价格影响因素的深入了解，并为其在美国市场的策略制定提供了有价值的见解。

8.3.2　ChatGPT时间序列分析实战

在任务二中，我们需要利用 F 公司过去的销售数据来预测下个月的总销售额，这里我们的训练集中都是随时间变化的数据，因此该任务我们可以使用时间序列分析方法进行预测。

首先要定下我们预期的时间序列分析的结果。

（1）ChatGPT 在进行时间序列分析时应当按照一定的步骤，并输出每个步骤的结果。

（2）ChatGPT 在进行回归分析后应当给出符合 F 公司现状的结论和建议以下内容。

基于这些预期，我们给到 ChatGPT 的提示词应当包括以下内容。

（1）向 ChatGPT 介绍我们上传的数据文件。

（2）详细说明回归分析的步骤。

我们的提示词如下。

> User:
> 分析背景：
> F公司是一家连锁零售企业，F公司要求利用公司过去的销售数据，来预测2022年11月至2023年2月间每个月的总销售额，以便为即将到来的购物季做好充分的准备。
> 数据介绍：
> sales_train.csv---训练集（2020年1月至2022年10月的每日历史数据）
> items.csv---有关项目/产品的补充信息
> item_categories.csv---有关项目类别的补充信息
> shop.csv---有关商店的补充信息
> test.csv---测试集
> 分析任务：
> 假设你是F公司的数据分析专家，请你按照以下步骤进行时间序列分析并输出每一个步骤的结果，最终形成时间序列分析报告：
> 1.时间序列可视化：查看数据的时间序列图形以识别任何明显的模式、季节性或趋势。
> 2.检查平稳性：时间序列分析要求数据是平稳的，使用ADF测试来检查销量数据的平稳性。
> 3.差分：如果数据不是平稳的，则通过差分来使其平稳。

4.模型选择：基于ACF（自相关函数）和PACF（偏自相关函数）图形，选择合适的ARIMA模型参数。
5.模型训练：使用选择的参数训练模型。
6.验证模型：使用测试数据集来验证模型的预测效果。
7.使用模型进行预测并给出业务上的结论建议。

根据我们的提示词，ChatGPT按照我们要求的步骤依次输出了如下内容。

1. 时间序列可视化

在这一步，ChatGPT按月汇总销售数据绘制时间序列图形并对可视化进行了解读。输出的可视化图形如图8.6所示。

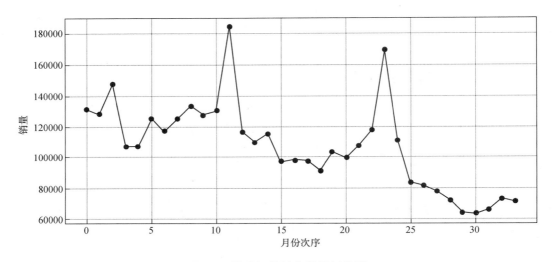

图8.6　按月汇总销售数据折线图

ChatGPT: ·
从图8.7中，我们可以观察到以下特点：
1.存在明显的季节性模式：每年的某些月份（如12月）销售额明显增加。
2.整体趋势表明销售额在某些年份有所下降。

ChatGPT这一步生成的代码如下。

```
ChatGPT:
import matplotlib.pyplot as plt

# Group the data by month and sum the item counts
monthly_sales = sales_train.groupby(['date_block_num'])['item_cnt_day'].sum()

# Plotting the time series data
plt.figure(figsize=(14,7))
monthly_sales.plot(title='Monthly Sales Data')
```

```
plt.ylabel('Total Sales')
plt.xlabel('Month')
plt.grid(True)
plt.show()
```

2. 检查平稳性

在这一步，ChatGPT 通过 ADF 测试得出结论：该时间序列是非平稳的。

> ChatGPT:
> 接下来，我们将使用ADF（Augmented Dickey-Fuller）测试来检查销售数据的平稳性。平稳性是指时间序列的统计特性（如均值和方差）不随时间变化，这是许多时间序列模型的一个基本假设。
> 现在，我们来进行ADF测试。
> ADF测试的结果如下：
> ADF统计值：-2.3957
> p值：0.1429
> 临界值：
> 1%: -3.6461
> 5%: -2.9541
> 10%: -2.6160
> ADF统计值大于所有的临界值，且p值大于0.05，这表明我们不能拒绝原假设，即时间序列是非平稳的。

ChatGPT 这一步生成的代码如下。

> ChatGPT:
```
from statsmodels.tsa.stattools import adfuller

# ADF test
result = adfuller(monthly_sales)

# Output the results
adf_statistic = result[0]
p_value = result[1]
critical_values = result[4]

adf_statistic, p_value, critical_values
```

3. 差分

在这一步，ChatGPT 对原时间序列使用差分，并在此进行 ADF 检验以确认时间序列是否平稳。

> ChatGPT:
> 为了使数据平稳，我们可以对其进行差分。差分是指用一个观测值减去前一观测值。我们首先尝试一阶差分，然后再次进行ADF测试以检查平稳性。
> 经过一阶差分后，ADF测试的结果如下：
>
> ADF统计值：-13.6362
> p值：1.686×10^{-25}

```
临界值:
1%: -3.7697
5%: -3.0054
10%: -2.6425
```
由于ADF统计值小于所有的临界值，且p值远小于0.05，我们可以拒绝原假设，认为经过一阶差分后的数据是平稳的。

ChatGPT 这一步生成的代码如下。

```
# First order differencing
monthly_sales_diff = monthly_sales.diff().dropna()

# ADF test on differenced data
result_diff = adfuller(monthly_sales_diff)

# Output the results
adf_statistic_diff = result_diff[0]
p_value_diff = result_diff[1]
critical_values_diff = result_diff[4]

# Plot the differenced data
plt.figure(figsize=(14,7))
monthly_sales_diff.plot(title='First Order Differenced Monthly Sales Data')
plt.ylabel('Difference in Sales')
plt.xlabel('Month')
plt.grid(True)
plt.show()

adf_statistic_diff, p_value_diff, critical_values_diff
```

经过差分后，我们得到了平稳的时间序列，如图 8.7 所示。

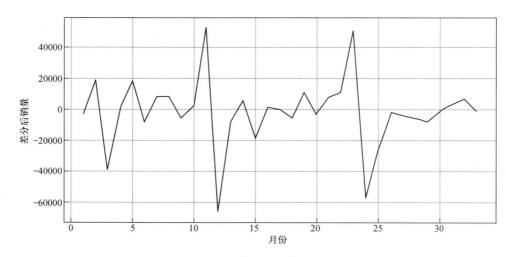

图8.7　差分后的时间序列

4. 模型选择

在这一步，ChatGPT 绘制了 ACF 图和 PACF 图以判断 ARIMA 模型的参数：AR 阶数为 1，差分阶数为 1，MA 阶数为 1。ACF 图和 PACF 图如图 8.8 所示。

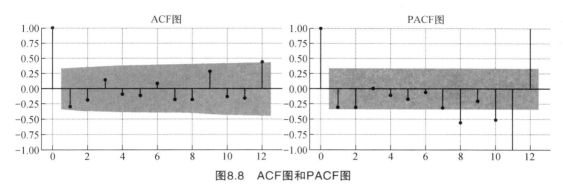

图8.8 ACF图和PACF图

> ChatGPT：
> 为了确定ARIMA模型的参数，我们可以基于ACF（自相关函数）图和PACF（偏自相关函数）图来选择合适的参数。接下来，我们将绘制ACF图和PACF图。
> 从ACF图和PACF图中，我们可以作出以下观察：
> ACF图显示，在第1阶差分后，有一个明显的非零滞后。
> PACF图显示，在第1阶差分后，有一个明显的非零滞后。
> 基于这些观察结果，我们可以尝试ARIMA(1,1,1)模型，其中AR阶数为1，差分阶数为1，MA阶数为1。

ChatGPT 这一步生成的代码如下。

```
from statsmodels.graphics.tsaplots import plot_acf, plot_pacf
# Plot ACF and PACF
fig, ax = plt.subplots(1, 2, figsize=(14, 4))
plot_acf(monthly_sales_diff, lags=12, ax=ax[0])
plot_pacf(monthly_sales_diff, lags=12, ax=ax[1])
plt.tight_layout()
plt.show()
```

5. 模型训练

在这一步，ChatGPT 输出了 AR(1) 系数和 MA(1) 系数，并计算了 AIC、BIC 的数值。

> ChatGPT：
> 我们将使用ARIMA(1,1,1)模型进行训练。
> 模型的摘要如下：
> ARIMA(1,1,1)模型的参数是：
> AR(1)系数: 0.5614
> MA(1)系数: -0.7695
> AIC (Akaike Information Criterion) 值: 759.828
> BIC (Bayesian Information Criterion) 值: 764.317

> 注意，模型摘要中的P值可以帮助我们确定模型参数的显著性。在这里，MA(1)的P值是0.017，小于0.05，表明这个参数是显著的。而AR(1)的P值是0.132，大于0.05，表明这个参数可能不是显著的。这意味着我们可能需要尝试其他模型或只使用MA部分。

ChatGPT 这一步生成的代码如下。

```
from statsmodels.tsa.arima.model import ARIMA

# Fit the ARIMA model
model = ARIMA(monthly_sales, order=(1,1,1))
results = model.fit()

# Summary of the model
results.summary()
```

6. 验证模型

在这一步，ChatGPT 绘制了模型的样本内预测以及实际的月度销售数据，将预测结果与实际数据进行比较，绘制的对比图如图 8.9 所示。

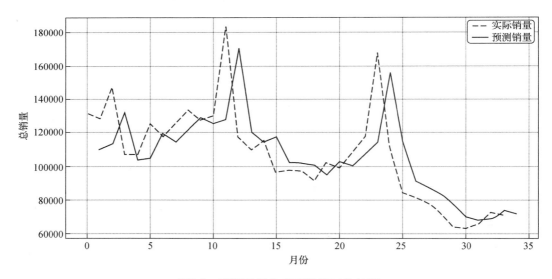

图8.9 预测结果与实际数据对比结果

ChatGPT 对该结果的解读如下。

> ChatGPT:
> 从图8.9中，我们可以看到实际的月销售数据和ARIMA(1,1,1)模型的样本内预测。模型捕捉到了一些销售的波动，虽然仍有一些地方的预测与实际值存在偏差。

ChatGPT 这一步生成的代码如下。

```
# In-sample predictions
predictions = results.predict(start=1, end=len(monthly_sales), dynamic=False)

# Plot actual vs predicted values
plt.figure(figsize=(14, 7))
plt.plot(monthly_sales, label="Actual")
plt.plot(predictions, color='red', label="Predicted")
plt.title("Monthly Sales: Actual vs Predicted")
plt.ylabel("Total Sales")
plt.xlabel("Month")
plt.legend()
plt.grid(True)
plt.show()
```

7. 使用模型进行预测并给出业务上的结论建议

（1）ChatGPT 对于未来几个月的总销售额预测如图 8.10 所示。

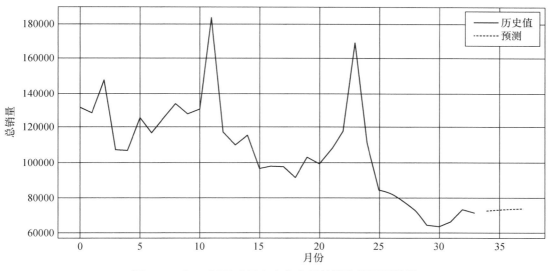

图8.10　ChatGPT对于未来几个月总销售额预测结果

```
预测的销售额为：
2022年11月：72130.69
2022年12月：72734.06
2023年1月：73072.81
2023年2月：73263.00
```

（2）根据预测结果，ChatGPT 给到 F 公司的业务结论和建议如下。

```
1.预测显示，从2022年11月到2023年2月，销售额将逐渐上升。
2.F公司应确保在此期间有足够的库存，以满足可能的销售需求。
```

ChatGPT 这一步生成的代码如下。

```
# Forecast the next 4 months
forecast = results.forecast(steps=4)

# Plot the forecast along with the historical data
plt.figure(figsize=(14, 7))
plt.plot(monthly_sales, label="Historical")
plt.plot(range(len(monthly_sales), len(monthly_sales) + 4), forecast, color=
'red', label="Forecast")
plt.title("Monthly Sales Forecast for Nov 2022 - Feb 2023")
plt.ylabel("Total Sales")
plt.xlabel("Month")
plt.legend()
plt.grid(True)
plt.show()

forecast
```

8.3.3　ChatGPT神经网络预测分析实战

在任务二中，我们需要利用 F 公司过去的销售数据来预测下个月的总销售额，这里除了时间序列分析，还可以使用神经网络进行预测分析。

首先要定下我们预期的神经网络预测分析的结果。

（1）ChatGPT 在进行神经网络预测分析时应当按照一定的步骤，并输出每个步骤的结果。

（2）ChatGPT 在进行神经网络预测分析后应当给出符合 F 公司现状的结论和建议。

（3）ChatGPT 无法直接使用 TensorFlow 环境，我们需要指出使用 sklearn 库。

基于这些预期，我们给到 ChatGPT 的提示词应当包括以下内容。

（1）向 ChatGPT 介绍我们上传的数据文件。

（2）详细说明神经网络预测分析的步骤。

下面我们开始在 Code Interpreter 模式下向 ChatGPT 提问。

```
User:
分析背景：
    F公司是一家连锁零售企业，F公司要求利用公司过去的销售数据，来预测2022年11月至2023年2月间每个
月的总销售额，以便为即将到来的购物季做好充分的准备。
    数据介绍：
    sales_train.csv---训练集（2020年1月至2022年10月的每日历史数据）
```

```
items.csv---有关项目/产品的补充信息
item_categories.csv---有关项目类别的补充信息
shop.csv---有关商店的补充信息
test.csv---测试集
分析任务:
假设你是F公司的数据分析专家,请你按照以下步骤进行神经网络预测分析并输出每一个步骤的结果,最终形
成神经网络预测分析报告:
  1. 数据预处理:数据清洗,将分类数据转换为数字,使所有特征具有相似的尺度,划分测试集、训练集、
验证集。
  2. 构建神经网络模型:选择网络结构、选择激活函数、初始化权重和偏置,使用python的sklearn库进行
构建。
  3. 训练模型:定义损失函数、选择优化器、使用训练数据进行前向传播和反向传播,更新权重和偏置。
  4. 模型验证和评估:使用验证集评估模型性能、调整超参数以优化验证性能。
  5. 模型测试:使用测试集评估模型的最终性能。
  6.使用模型进行预测并给出业务上的结论建议。
```

根据我们的提示词,ChatGPT 按照我们要求的步骤依次输出了如下内容。

1. 数据预处理

在数据预处理的步骤中,ChatGPT 依次完成了数据清洗、数据转换、使所有特征具有相似的尺度和划分数据集。

数据清洗:ChatGPT 检查了缺失值和异常值,但数据集中没有这些问题。

数据转换:ChatGPT 将日期列分解为年、月和日,并删除了不需要的列。此外,我们还使用独热编码处理了分类数据,如店铺和商品 ID。

数据规范化:ChatGPT 使用 StandardScaler 规范化了数值数据,确保所有特征具有相似的尺度。

数据集划分:ChatGPT 将数据划分为训练集、验证集和测试集,以评估模型的性能。

```
ChatGPT:
我们将检查缺失值、异常值和重复值。
1.数据清洗结果:
缺失值:所有数据集都没有缺失值。
重复值:在sales_train数据集中有6条重复记录。
接下来,我们将删除sales_train中的重复记录,并继续进行数据预处理。
2.数据转换:
(1)将分类数据转换为数字
(2)使所有特征具有相似的尺度
首先,我们需要将日期从字符串格式转换为datetime格式,并从该日期中提取月和年,因为我们的目标是预
测每个月的总销售额。然后,我们可以按月、年、店铺和商品对数据进行聚合。
接下来,我们将合并其他数据集,以便为每个条目提供更多的信息。具体来说,我们将合并商品和商品类别
信息。
数据已经成功合并。现在我们有了与每个条目相关的商品类别。
接下来,我们将执行以下任务:
1.为分类特征(如shop_id和item_category_id)创建独热编码,以将其转换为数字。
2.对特征进行规范化,使所有特征具有相似的尺度。
3.划分数据集为训练集、验证集和测试集。
数据预处理已完成,并且我们已经成功地转换了数据。现在,我们的训练、验证和测试集中有146个特征。
```

ChatGPT 这一步生成的代码如下。

```python
# Load all datasets
sales_train = pd.read_csv('/mnt/data/sales_train.csv')
items = pd.read_csv('/mnt/data/items.csv')
item_categories = pd.read_csv('/mnt/data/item_categories.csv')
shops = pd.read_csv('/mnt/data/shops.csv')
test = pd.read_csv('/mnt/data/test.csv')

# Display the first few rows of each dataset for an initial overview
datasets = {"sales_train": sales_train,
            "items": items,
            "item_categories": item_categories,
            "shops": shops,
            "test": test}

# Displaying first few rows of each dataset
{dataset_name: data.head() for dataset_name, data in datasets.items()}
# Check for missing values in each dataset
missing_values = {dataset_name: data.isnull().sum() for dataset_name, data in
datasets.items()}

# Check for duplicates in the training data
duplicates = sales_train.duplicated().sum()

missing_values, duplicates
# Convert date column to datetime format
sales_train['date'] = pd.to_datetime(sales_train['date'], format='%d.%m.%Y')

# Extract month and year from the date
sales_train['month'] = sales_train['date'].dt.month
sales_train['year'] = sales_train['date'].dt.year

# Aggregate data by month, year, shop_id, and item_id
monthly_sales = sales_train.groupby(['year', 'month', 'shop_id', 'item_id']).
agg({'item_cnt_day':'sum'}).reset_index()
monthly_sales.rename(columns={'item_cnt_day':'item_cnt_month'}, inplace=True)

monthly_sales.head()

from sklearn.model_selection import train_test_split
from sklearn.preprocessing import StandardScaler, OneHotEncoder
from sklearn.compose import ColumnTransformer

# Features and target variable
X = merged_data.drop(columns=['item_cnt_month'])
y = merged_data['item_cnt_month']

# Split data into training and temporary sets (80% - 20%)
```

```
    X_temp, X_test, y_temp, y_test = train_test_split(X, y, test_size=0.2, random_
state=42)

    # Further split training data into training and validation sets (80% - 20%)
    X_train, X_val, y_train, y_val = train_test_split(X_temp, y_temp, test_size=0.2,
random_state=42)

    # Define columns that need to be scaled and encoded
    scale_attrs = ['year', 'month', 'item_id']
    encode_attrs = ['shop_id', 'item_category_id']

    # Create a column transformer
    preprocessor = ColumnTransformer(
        transformers=[
            ('scale', StandardScaler(), scale_attrs),
            ('ohe', OneHotEncoder(), encode_attrs)
        ])

    # Fit the transformer on the training data and transform training data
    X_train_preprocessed = preprocessor.fit_transform(X_train)

    # Transform validation and test data
    X_val_preprocessed = preprocessor.transform(X_val)
    X_test_preprocessed = preprocessor.transform(X_test)

    X_train_preprocessed.shape, X_val_preprocessed.shape, X_test_
preprocessed.shape
```

2. 构建神经网络模型

ChatGPT 使用 sklearn 库的 MLPRegressor 模型构建了一个简单的神经网络。ChatGPT 选择了一个隐藏层，并使用 ReLU 激活函数。最终初始化了一个神经网络模型，为训练做好了准备。

最终得到了一个具有一个隐藏层和 50 个神经元的简单神经网络模型，它将在给定的训练数据上进行最多 100 次迭代，并在训练过程中输出进度信息。

ChatGPT 这一步生成的代码如下。

```
from sklearn.neural_network import MLPRegressor

# Initialize the neural network model
nn_model = MLPRegressor(hidden_layer_sizes=(50,),
                        activation='relu',
                        solver='adam',
                        max_iter=100,
                        random_state=42,
                        verbose=True)

# Train the model on the training data
nn_model.fit(X_train_preprocessed, y_train)
```

3. 训练模型和验证评估

ChatGPT 在训练集上训练了模型，使用 adam 优化器和默认的损失函数（均方误差）。在模型经过 100 次迭代后收敛，并在训练数据上达到了较好的性能，在验证集上的均方误差（MSE）为 50.90。

ChatGPT 这一步生成的代码如下。

```
from sklearn.metrics import mean_squared_error

# Predict on the validation set
y_val_pred = nn_model.predict(X_val_preprocessed)

# Calculate the mean squared error on the validation set
mse_val = mean_squared_error(y_val, y_val_pred)
mse_val
```

4. 模型测试

ChatGPT 在测试集上评估了模型的性能，并计算了 MSE。

模型在测试集上的 MSE 为 46.73，与验证集上的性能相比，模型在测试集上的表现略有改善。

ChatGPT 这一步生成的代码如下。

```
# Predict on the test set
y_test_pred = nn_model.predict(X_test_preprocessed)

# Calculate the mean squared error on the test set
mse_test = mean_squared_error(y_test, y_test_pred)
mse_test
```

5. 使用模型进行预测并给出业务上的结论建议

ChatGPT 使用模型为 2022 年 11 月至 2023 年 2 月进行了预测，得到了预测的销售额，并为 F 公司提供了一些建议，以帮助其做好即将到来的购物季的准备。

预测结果如下。

```
2022年11月：预测销售额为668,196
2022年12月：预测销售额为712,378
2023年1月：预测销售额为648,748
2023年2月：预测销售额为604,929
```

业务建议如下。

```
1.高峰销售：预测显示2022年12月将是销售额最高的月份。这可能是由于假期购物季的影响。F公司应确保此时库存充足，以满足潜在的高需求。
2.库存管理：在2023年1月和2月，预计销售额将略有下降。这意味着公司应该注意库存管理，以避免过多的库存积压。
3.营销策略：考虑到12月的高销售额，F公司可以考虑在这一月份实施一些促销活动或特别优惠，以进一步
```

提高销售额。

4.预测的可靠性：虽然这些预测为F公司提供了一个参考，但它们是基于历史销售数据和一个简单的神经网络模型得出的。为了提高预测的准确性，建议使用更复杂的模型或考虑其他可能影响销售的外部因素。

8.3.4　ChatGPT决策树和随机森林分析实战

在任务一中，J公司希望可以深入了解影响汽车定价的关键因素，我们可以通过随机森林模型预测J公司制定定价。

首先要定下我们预期的随机森林分析的结果。

（1）ChatGPT在进行随机森林分析时应当按照一定的步骤，并输出每个步骤的结果。

（2）ChatGPT在进行随机森林分析后应当给出符合J公司现状的结论和建议。

基于这些预期，我们给到ChatGPT的提示词应当包括以下内容。

（1）向ChatGPT介绍我们上传的数据文件。

（2）详细说明随机森林分析的步骤。

下面让我们在Code Interpreter模式下向ChatGPT提问。

分析背景：
J公司是一家中国汽车制造公司，目标是在美国设立制造基地并当地生产汽车，从而与美国和欧洲的主要汽车品牌进行竞争，J公司希望深入了解影响汽车定价的关键因素。
数据介绍：
1.CarPrice_Assignment.csv为汽车价格分析所需用到的各个变量和数据；
2.Data Dictionary - carprices.xlsx是前者的数据字典，介绍了各个字段的含义。
分析任务：
假设你是J公司的数据分析专家，请你按照以下步骤进行随机森林分析并输出每一个步骤的结果，最终形成随机森林分析报告：
1.数据预处理：数据清洗、分类变量编码和划分数据集。
2.自助采样：从原始数据集中随机选择样本（有放回地选择）来构建每棵树的训练数据。
3.构建决策树：在构建每棵树时，不是使用所有特征，而是从所有特征中随机选择一部分特征。
4.投票或平均：每棵树都独立地作出预测，对于回归任务，预测结果是所有树预测值的平均值。
5.评估：袋外错误率。
6.进行预测和业务建议。

根据我们的提示词，ChatGPT按照我们要求的步骤依次输出了如下内容。

1. 数据预处理

数据清洗：ChatGPT检查了数据中的缺失值和异常值，并进行了处理。

分类变量编码：ChatGPT使用LabelEncoder对分类变量进行了编码，将其转换为数值类型。

划分数据集：数据集被划分为训练集和测试集，其中80%用于训练，20%用于测试。

ChatGPT这一步生成的代码如下。

```
# Importing necessary libraries
import pandas as pd
```

```
from sklearn.model_selection import train_test_split
from sklearn.preprocessing import LabelEncoder

# Reading the data
df = pd.read_csv('/mnt/data/CarPrice_Assignment.csv')

# Dropping 'car_ID' as it's just an identifier
df.drop('car_ID', axis=1, inplace=True)

# Extracting the brand name from the 'CarName' column
df['brand'] = df['CarName'].apply(lambda x: x.split(' ')[0])

# Dropping the original 'CarName' column
df.drop('CarName', axis=1, inplace=True)

# Label Encoding for categorical variables
label_encoders = {}
categorical_columns = ['brand', 'fueltype', 'aspiration', 'doornumber', 'carbody',
                       'drivewheel', 'enginelocation', 'enginetype',
                       'cylindernumber', 'fuelsystem']

for col in categorical_columns:
    le = LabelEncoder()
    df[col] = le.fit_transform(df[col])
    label_encoders[col] = le

# Splitting the data into train and test sets
X = df.drop('price', axis=1)
y = df['price']
X_train, X_test, y_train, y_test = train_test_split(X, y, test_size=0.2, random_
state=42)

X_train.shape, X_test.shape
```

2. 自助采样

ChatGPT:
　　随机森林使用自助采样方法来为每棵决策树生成训练数据。这意味着对于每棵树，我们从原始训练集中随机选择样本（有放回地选择），形成新的训练集。这一步通常在随机森林的实现中内部完成。
　　我们将在构建随机森林模型时进行自助采样。因此，我们现在直接进入第三步：构建决策树。

3. 构建决策树

在这一步中，ChatGPT 成功地训练了包含 100 棵决策树的随机森林模型。

ChatGPT:
　　随机森林模型包括多棵决策树。每棵树都是在经过自助采样的数据集上训练的。此外，在每次划分时，随机森林会从所有特征中随机选择一部分特征，并仅基于这些特征进行划分。
　　我们将使用RandomForestRegressor来构建我们的随机森林模型，因为我们的任务是回归（预测汽车的价格）。

模型已成功训练。我们使用了以下参数:
n_estimators=100: 模型中的决策树数量为100。
random_state=42: 确保每次训练结果的可重复性。
oob_score=True: 启用袋外评分,以便我们使用袋外数据评估模型的性能。

ChatGPT 这一步生成的代码如下。

```
from sklearn.ensemble import RandomForestRegressor

# Initialize the Random Forest Regressor
rf_regressor = RandomForestRegressor(n_estimators=100, random_state=42)

# Fit the model on the training data
rf_regressor.fit(X_train, y_train)
```

4. 投票或平均

ChatGPT:
由于我们正在处理回归任务,随机森林的预测是所有决策树预测值的平均值。
我们将在验证集上评估模型的性能,看看它的预测能力如何。

在验证集上,模型的评估结果如下:
平均绝对误差 (MAE): $1246.38
均方根误差 (RMSE): $1540.65
这意味着模型在预测汽车价格时的平均误差约为$1246.38。

ChatGPT 这一步生成的代码如下。

```
#Predict on validation set
y_val_pred = rf_model.predict(X_val)

# Calculate the mean absolute error (MAE) and root mean squared error (RMSE)
from sklearn.metrics import mean_absolute_error, mean_squared_error

mae_val = mean_absolute_error(y_val, y_val_pred)
rmse_val = mean_squared_error(y_val, y_val_pred, squared=False)

mae_val, rmse_val
```

5. 评估

为了评估模型的性能,我们可以使用袋外错误率。袋外错误率是使用那些没有参与特定树训练的袋外数据计算的误差。这为我们提供了一个无偏的性能估计。

模型的袋外分数 (OOB score) 为 0.9079,这意味着模型在袋外数据上解释了 90.79% 的方差。对于模型效果的评估,还将使用 MSE 和 R^2 进行评估。

均方误差 (MSE): 3326665.19

R^2 分数：0.9579

R^2 分数趋近于 1，这意味着模型可以解释测试数据中 95.79% 的方差。这是一个相对较高的 R^2 值，说明随机森林模型在这个数据集上的表现非常好。

ChatGPT 这一步生成的代码如下。

```
from sklearn.metrics import mean_squared_error, r2_score
# Predicting on the test data
y_pred = rf_regressor.predict(X_test)

# Calculating and printing the evaluation metrics
mse = mean_squared_error(y_test, y_pred)
r2 = r2_score(y_test, y_pred)
mse, r2

# Get the out-of-bag (OOB) score
oob_score = rf_model.oob_score_
oob_score
```

6. 进行预测和业务建议

1）预测

ChatGPT 使用随机森林模型在测试集上进行预测，在测试集上，模型的评估结果如下：

平均绝对误差 (MAE)：$1632.25

均方根误差 (RMSE)：$2407.74

这意味着模型在预测汽车价格时的平均误差约为 $1632.25。

ChatGPT 这一步生成的代码如下。

```
# Predict on the test set
y_test_pred = rf_model.predict(X_test)

# Calculate the MAE and RMSE for the test set
mae_test = mean_absolute_error(y_test, y_test_pred)
rmse_test = mean_squared_error(y_test, y_test_pred, squared=False)

mae_test, rmse_test
```

2）业务建议

```
ChatGPT
  1.特征重要性:我们可以进一步分析特征的重要性,从而更好地了解哪些因素对汽车的定价有重要影响。这对
于制定定价策略和了解市场动态至关重要。
  2.优化模型:尽管模型的性能已经很好,但仍有提高的空间。我们可以尝试更多的超参数调整或使用其他回归
技术,如梯度增强回归,以获得更好的性能。
  3.考虑其他影响因素:除了数据集中提供的特征外,还有其他可能影响汽车定价的因素,如品牌知名度、营销
活动和宏观经济状况。J公司应考虑这些因素,以更全面地了解市场动态。
  4.制定策略:知道了影响汽车定价的关键因素后,J公司可以制定相应的定价策略,以确保其在美国市场的竞争力。
```

8.4　ChatGPT预测分析实战总结

8.4.1　重点概念总结

1. 回归分析重点概念

回归分析是基于自变量与因变量的相关性进行的。其核心是构建一个回归方程，根据自变量的变化预测因变量的变化。回归分析的重点概念包括以下几个。

（1）变量：数据集中的特定特征。

（2）响应变量：想要预测或解释的变量。

（3）预测变量：用来预测响应变量的变量。

（4）拟合：通过选择适当的参数使模型尽可能接近观测数据的过程。

（5）残差：观测值与模型预测值之间的差异。

（6）线性关系：响应变量和预测变量之间可以用直线表示的关系。

（7）多重共线性：预测变量之间存在高度相关性。

（8）自相关：变量的不同观测值之间存在相关性。

（9）异方差性：响应变量的方差随预测变量的变化而变化。

2. 时间序列分析重点概念

时间序列分析是对按时间顺序排列的数据点进行研究，以识别其内在的结构和模式。其重点概念包括以下几个。

（1）时间序列：按时间顺序收集的数据点。

（2）时间戳：时间序列数据中的一个特定时间点。

（3）季节性：时间序列数据中在固定时间间隔内重复出现的模式。

（4）趋势：时间序列数据中的长期上升或下降的模式。

（5）周期：时间序列数据中随时间变化的模式。

（6）白噪声：均值为0，方差为常数，且不同时间点之间没有相关性的随机时间序列。

（7）自相关：时间序列中不同时间点的值之间存在的相关性。

（8）偏自相关：除中间时间点影响外的自相关。

（9）平稳性：时间序列的均值、方差和自相关结构不随时间变化。

（10）差分：将非平稳时间序列转为平稳时间序列的方法。

（11）滑动平均：用于平滑时间序列数据以识别潜在趋势的方法。

3. 神经网络预测分析重点概念

神经网络模仿生物神经网络的结构和功能，通过并行操作简单元素来处理信息。其重点概念包括以下几个。

（1）神经元：神经网络中的基本工作单元。

（2）权重：连接两个神经元的参数。

（3）偏置：调整神经元输出的"基线"或"起始点"的参数。

（4）激活函数：将神经元的输入转化为输出的非线性函数。

（5）前向传播：计算神经网络输出的过程。

（6）反向传播：更新神经网络参数的过程。

（7）损失函数：衡量预测值与真实值之间差异的函数。

（8）批次：用于一次训练的数据子集。

（9）迭代：一次前向传播和一次反向传播的过程。

（10）学习率：权重和偏置更新速度的参数。

（11）过拟合：模型过于复杂导致的高训练精度和低测试精度。

（12）欠拟合：模型过于简单导致的低训练和测试精度。

（13）正则化：防止过拟合的技术。

4. 随机森林重点概念

决策树是一种树形结构的预测模型，每个节点代表一个决策，从根节点到叶节点的路径代表了一个决策路径；随机森林是集成学习的一种，结合了多棵决策树的预测结果以提高预测准确性。

（1）节点：决策树中的每一个判断点。

（2）根节点：决策树的起始节点。

（3）叶节点：决策树的最终节点，代表决策结果。

（4）分支：连接节点的路径。

（5）划分标准：如信息增益、基尼不纯度、熵等，决定节点如何划分数据。

（6）剪枝：避免过拟合，从决策树中移除不必要的分支。

（7）集成学习：结合多个模型的预测结果来提高整体的预测准确性。

（8）自助采样：随机选择样本（有放回地选择）构建每棵树的训练数据。

（9）特征随机选择：在构建每个节点时，随机选择部分特征进行划分。

（10）多数投票：在分类任务中，随机森林的预测是基于所有决策树的多数投票结果。

8.4.2　重点实操总结

提示词结构为分析背景＋数据介绍＋分析任务，而分析任务的结构又包括赋予角色＋分析步骤，该提示词最终得到预测结果和业务建议。

1. 回归分析提示词

```
User:
分析背景：
    J公司是一家中国汽车制造公司，目标是在美国设立制造基地并当地生产汽车，从而与美国和欧洲的主要汽车品牌进行竞争，J公司希望深入了解影响汽车定价的关键因素。
    数据介绍：
```

1.CarPrice_Assignment.csv为汽车价格分析所需用到的各个变量和数据；

2.Data Dictionary - carprices.xlsx是前者的数据字典，介绍了各个字段的含义。

分析任务：

假设你是J公司的数据分析专家，请你按照以下步骤进行回归分析并输出每一个步骤的结果，最终形成回归分析报告：

1.通过可视化和描述性统计来了解数据的基本特征和结构；

2.预处理，处理缺失值、编码分类变量并将数据分为训练集和测试集；

3.根据数据的特性和研究问题选择合适的回归模型；

4.使用统计测试来验证模型的整体和单个参数的显著性，如果需要，返回并修改或优化模型的问题；

5.基于拟合的模型解释结果，并对关系进行推断；

6.使用模型进行预测并给出业务上的结论建议。

2. 时间序列分析

User:

User:

分析背景：

F公司是一家连锁零售企业，F公司要求利用公司过去的销售数据，来预测2022年11月至2023年2月间每个月的总销售额，以便为即将到来的购物季做好充分的准备。

数据介绍：

sales_train.csv—训练集（2020年1月至2022年10月的每日历史数据）

items.csv—有关项目/产品的补充信息

item_categories.csv—有关项目类别的补充信息

shop.csv—有关商店的补充信息

test.csv—测试集

分析任务：

假设你是F公司的数据分析专家，请你按照以下步骤进行时间序列分析并输出每一个步骤的结果，最终形成时间序列分析报告：

1.时间序列可视化：查看数据的时间序列图形以识别任何明显的模式、季节性或趋势。

2.检查平稳性：时间序列分析要求数据是平稳的，使用ADF测试来检查销量数据的平稳性。

3.差分：如果数据不是平稳的，则通过差分来使其平稳。

4.模型选择：基于ACF(自相关函数)图和PACF(偏自相关函数)图，选择合适的ARIMA模型参数。

5.模型训练：使用选择的参数训练模型。

6.验证模型：使用测试数据集来验证模型的预测效果。

7.使用模型进行预测并给出业务上的结论建议。

3. 神经网络预测分析

User:

分析背景：

F公司是一家连锁零售企业，F公司要求利用公司过去的销售数据，来预测2022年11月至2023年2月间每个月的总销售额，以便为即将到来的购物季做好充分的准备。

数据介绍：

sales_train.csv—训练集（2020年1月至2022年10月的每日历史数据）

items.csv—有关项目/产品的补充信息

item_categories.csv—有关项目类别的补充信息

shop.csv—有关商店的补充信息

test.csv—测试集

分析任务：

假设你是F公司的数据分析专家，请你按照以下步骤进行神经网络预测分析并输出每一个步骤的结果，最终形成神经网络预测分析报告：

1. 数据预处理：数据清洗，将分类数据转换为数字，使所有特征具有相似的尺度，划分测试集、训练集、验证集。

2. 构建神经网络模型：选择网络结构、选择激活函数、初始化权重和偏置，使用python的sklearn库进行构建。

3. 训练模型：定义损失函数、选择优化器、使用训练数据进行前向传播和反向传播，更新权重和偏置。

4. 模型验证和评估：使用验证集评估模型性能、调整超参数以优化验证性能。

5. 模型测试：使用测试集评估模型的最终性能。

6. 使用模型进行预测并给出业务上的结论建议。

4. 决策树和随机森林

User：

分析背景：

J公司是一家中国汽车制造公司，目标是在美国设立制造基地并当地生产汽车，从而与美国和欧洲的主要汽车品牌进行竞争，J公司希望深入了解影响汽车定价的关键因素。

数据介绍：

1. CarPrice_Assignment.csv为汽车价格分析所需用到的各个变量和数据；

2. Data Dictionary - carprices.xlsx是前者的数据字典，介绍了各个字段的含义。

分析任务：

假设你是J公司的数据分析专家，请你按照以下步骤进行随机森林分析并输出每一个步骤的结果，最终形成随机森林分析报告：

1. 数据预处理：数据清洗、分类变量编码和划分数据集。

2. 自助采样：从原始数据集中随机选择样本（有放回地选择）来构建每棵树的训练数据。

3. 构建决策树：在构建每棵树时，不是使用所有特征，而是从所有特征中随机选择一部分特征。

4. 投票或平均：每棵树都独立地作出预测，对于回归任务，预测结果是所有树预测值的平均值。

5. 评估：袋外错误率。

6. 进行预测和业务建议。

第 9 章

ChatGPT 文本分析实战

在如今这个信息爆炸的时代，每天都有大量的文本数据在互联网上流动。例如，据统计，仅在微博上，每分钟就有约 20 万条新的微博被发布。而在淘宝、京东等电商平台上，消费者每天都会留下数以百万计的商品评价和反馈。

在数字化的世界中，文本已经成为我们日常生活、工作和社交的核心组成部分。从社交媒体的帖子、电子邮件，到新闻文章和科学论文，文本信息的生成和传播速度是前所未有的。但在这海量的文字背后，隐藏着哪些深层的信息和价值呢？如何从其中捕捉到有意义的洞见和模式？这正是文本分析所要做的事情。

借助 ChatGPT 的强大自然语言处理能力，我们可以快速进行大规模文本数据的分析，节省了大量的时间和资源。传统的文本分析方法通常需要大量的数据清洗和特征工程。而使用 ChatGPT，我们可以直接处理原始文本，从而简化分析流程。

9.1 案例背景和任务

X 公司是一家在全球多个国家都有稳固市场份额的大型旅游企业，提供从酒店预订到全方位旅行套餐的一站式服务。但近年来，随着新竞争者的涌入以及消费者消费习惯的变化，公司开始面临收入逐渐减少的困境。为了有效应对这些新的市场变革，管理层已经开始探讨进入新的市场或是在现有基础上优化业务的策略。

为了更全面地了解酒店业务领域的竞争态势和客户的真实反馈，公司的数据分析部门决定对大量酒店评论数据进行深入的挖掘和分析。这些数据不仅涵盖了酒店的基本信息，如位置、名称和评分，还包括了评论的发布日期、标题和用户名等详细内容。这为公司揭示市场上竞争对手的实际表现和客户的真实感受提供了一个宝贵的信息来源。

基于此，数据部门决定结合 ChatGPT 进行文本分析。他们计划对每一条酒店评论进行细致的情感分析，明确判断每条评论的情感倾向是正面、负面还是中性。在此基础上，为每家酒店综合计算一个整体情感评分,并分析正、负面评论的具体比例。

9.2 文本分析知识提要

本节将介绍从预处理、特征工程到关键词分析、情感分析等文本分析的原理、实现方法和步骤,为后续的实战打下理论基础。

9.2.1 文本预处理

文本预处理是自然语言处理中的一个关键步骤,它涉及将原始文本转化为可以输入模型中的格式。预处理的主要目标是清除数据,使其更加有序和易于分析,这里我们重点介绍文本分词、去除停用词、词形还原和词干提取。

1. 文本分词

文本分词是将连续的文本划分为独立的词或短语的过程,它是自然语言处理的基础步骤,类似于英文中的空格分隔,但对于没有明确分隔符的语言如中文,这一步骤尤为关键。分词的核心是通过词典匹配或统计方法来确定文本中词汇的边界。词典匹配是基于已有的词库进行匹配,而统计方法则是通过大量文本数据学习词的边界。

(1)分词就像我们在阅读英文文章时,会通过空格来确定每个单词的开始和结束。

(2)对于没有明确分隔的语言,如中文,分词就像是为文本"切片",以确保每个切片都是有意义的。

(3)比如句子"我爱自然语言处理"分词后为"我 爱 自然语言 处理",其中"自然语言处理"应当被识别为一个词。

文本分词主要方法如表 9.1 所示。

表 9.1 文本分词主要方法

方法	描述
最大正向匹配	从文本的第一个字开始,尝试与词典中的词进行匹配,每次尝试匹配的长度逐渐增加,直到找到匹配的词或达到预设的最大长度
最大逆向匹配	与正向匹配相反,从文本的最后一个字开始匹配
基于 HMM(隐马尔可夫模型)的统计方法	基于已有的大量文本数据学习词的边界

2. 去除停用词

去除停用词是自然语言处理中的一个预处理步骤,目的是移除文本中那些频繁出现但对文本分析没有太大意义的词汇,如"的""和""是"等。这些词在文本中的频率很高,但它们对于理解文本的主题或情感并没有太大帮助。因此会通过与预定义的停用词列表进行匹配,从文本中过滤掉这些常见但不携带核心信息的词汇。

通常,我们会有一个预定义的停用词列表(不同的应用场景和领域可能需要不同的停用词列表），然后使用字符串匹配的方法，直接从文本中移除这些停用词。输出处理后的文本，该文本应更加精练，只包含有意义的词汇。

需要注意的是，在某些特定的分析任务中，如情感分析，某些被认为是停用词的词汇可能会携带情感信息，如"不"，因此不应盲目移除。停用词的移除可能会影响文本的原始意义，因此在进行去除停用词操作前，应明确其目的和可能的影响。

3. 词形还原和词干提取

它们主要针对英文。

词形还原是将一个单词转换回其词典基本形式的过程，词形还原的主要目标是将词的各种形态都映射到其"词元"上，也就是它的标准或字典形式。

比如：

"running" → "run"

"better" → "good"

词干提取则是一个更为简单的过程，目的是去除单词的后缀（在英文中通常是前缀）以获得单词的词干。它不像词形还原那样需要深入地理解单词的意义，而是使用启发式方法裁剪单词。因此，得到的词干可能不是实际的英文单词。

比如：

"running" → "run"

"flies" → "fli"

表 9.2 展示了 python 支持文本分词、去除停用词、词形还原和词干提取的相关库。

表 9.2　python 相关库

库名称	文本分词	去除停用词	词形还原	词干提取
jieba	中文	中文	无	无
NLTK	英文（也支持其他语言，但主要是英文）	英文（也支持其他语言，但主要是英文）	英文	英文
Gensim	无	英文	无	无
spaCy	多语言（包括英文和中文）	多语言（包括英文和中文）	英文	无
scikit-learn	无	英文	无	无
SnowNLP	中文	中文	无	无

9.2.2　文本特征工程

文本特征工程是自然语言处理中的一个核心步骤，它将原始文本转化为机器学习算法可以理解的形式，这里我们重点介绍几种常见的方法：词袋模型、TF-IDF(词频 - 逆文档频率）和词嵌入。

1. 词袋模型

词袋模型是一种将文本转化为数值型数据的方法，它将文本表示为词的集合，不考虑其在文本中的顺序或语法结构。它通过统计文本中每个词的出现频率来表示文本，完全忽略了词的位置和上下文信息。

该方法通常会首先为词汇表中的每个词分配一个唯一的ID，然后统计每个词在文本中的出现次数，最终形成一个向量。

词袋模型的问题在于，对于大型词汇表，词袋模型可能产生非常大的向量。此外，由于词袋模型不考虑词的顺序，它可能会丢失文本的一些语义信息。

比如句子"我爱学习"在一个包含"我""爱""学习""运动"的词汇表中，可以表示为向量 [1,1,1,0]。

2.TF-IDF

TF-IDF 是一种统计方法，用于评估一个词在特定文档中的重要性，结合了词频（TF）和逆文档频率（IDF）两个指标。

简单地说，词频表示词在文档中的出现次数，而逆文档频率表示词在整个文档集中的稀有程度。其中，$\text{TF} = \dfrac{\text{词在文档中的次数}}{\text{文档的总词数}}$；$\text{IDF} = \log\left(\dfrac{\text{总文档数}}{\text{含有该词的文档数}} + 1\right)$。

该方法通常会先分别计算每个词在文档中的词频和每个词的逆文档频率，再将 TF 和 IDF 相乘，就得到每个词的 TF-IDF 值。TF-IDF 旨在平衡常见词（高 TF 值）和稀有词（高 IDF 值）的权重。

比如在一个关于科技主题的文档集中，"电脑"可能有较低的 IDF 值和较高的 TF 值，因为它是一个常见词；而"量子计算"可能有较高的 IDF 值和较低的 TF 值，因为它相对稀有。

3. 词嵌入

词嵌入是一种将单词或短语从词汇表映射到向量空间中的技术。这些向量捕获单词之间的语义关系，如相似性、反义等，即通过在大量文本数据上训练模型（如神经网络），使得语义上相似的单词在向量空间中靠近。

想象每个单词都是一个点在一个大空间里，而这些点的位置是根据单词的意思和用法来决定的。相似的单词会靠得很近，不相似的则远离彼此。这就是词嵌入，它把每个单词变成了空间中的一个位置或"地址"。

我们使用大量的文本（例如整个互联网上的文章）来"教"计算机。当计算机看到"猫"和"狗"这两个词经常在相似的语境中出现时（例如都与"宠物""动物"有关），它就会把这两个词放得很近。而"猫"和"火箭"这样的词则会被放得很远。

词嵌入方法通常会初始化每个单词的随机向量，然后使用大量文本数据训练模型，优化这些向量以捕获语言中的模式。最终，每个单词都会映射到一个固定大小的向量。

表 9.3 是对主要词嵌入技术的介绍。

表 9.3　主要词嵌入技术介绍

名称	概念	应用	举例
Embedding Layer	Embedding Layer 是神经网络中的一个层，它将文本中的每个单词转换为一个固定大小的向量	常见于深度学习中的文本分类、情感分析等任务	在情感分析中，句子"I love this movie"中的每个单词都会通过 Embedding Layer 转化为一个向量，然后供神经网络使用

续表

名称	概念	应用	举例
Word2Vec	Word2Vec 是一种学习单词向量表示的技术，它能够捕捉词与词之间的语义关系	用于文本分类、词义相似度计算等	在 Word2Vec 的向量空间中，"King" – "Man" + "Woman" 会接近"Queen"的向量
GloVe	GloVe 结合了全局统计信息与局部上下文学习	与 Word2Vec 类似	如果在一个大型文本语料库中，"coffee" 和 "mug" 之间的共现频率很高，而 "coffee" 和 "shoe" 之间的共现频率很低，那么 GloVe 会确保"coffee"和"mug"的向量在向量空间中更为接近
BERT	BERT 是一种基于预训练深度学习模型，它通过双向上下文来理解文本中的每个单词	BERT 被广泛应用于各种 NLP 任务，如问答系统、命名实体识别、文本分类等	给定一个问题和一个段落，BERT 可以准确地找到段落中的答案。比如在句子 "The cat sat on the ___" 中，BERT 可以预测填充的词为"table"，因为它可以同时考虑句子中的所有词的上下文

表 9.4 展示了 python 支持词袋模型、TF-IDF、词嵌入的相关库。

表 9.4　python 相关库

库名称	词袋模型	TF–IDF	词嵌入
scikit–learn	是	是	否
Gensim	是	是	是
NLTK	是	是	否
spaCy	是	是	是

9.2.3　文本情感分析

文本情感分析是自然语言处理中的一个重要任务，旨在从文本中提取作者的情感或情绪。它通常用于分析用户评论、反馈、推文等，以了解公众对特定产品、服务或主题的看法。情感分析主要有三个类型，如表 9.5 所示。

表 9.5　情感分析类型

类型	描述	应用
极性分析	确定文本的情感是正面、负面还是中性	社交媒体监控，品牌声誉管理和产品评论
情感强度分析	确定文本情感的强度或程度，例如"非常好"比"好"更积极	深入了解用户对产品或服务的具体感受
面向特定目标的情感分析	确定文本中对特定目标或方面的情感，例如在餐馆评论中，食物可能是正面的，但服务可能是负面的	提供关于文本中特定目标或方面的更详细的洞察

1. 词典方法

词典方法是基于预定义的情感词典来评估文本的情感。这种方法不需要训练数据，而是依赖于为每个词分配的情感分数。词典中的每个词都有一个与之相关的情感分数。通过计算文本中所有词的情感分数的总和，可以评估整体情感。

简单地说，词典方法的过程就是先加载情感词典，再扫描文本并匹配词典中的词，计算每个词的情感分数并累加，最终输出情感评估结果。

词典的准确性和全面性至关重要。一个好的词典应该包含各种情感词汇，并且每个词的分数应该是准确的。

句子"这部电影真糟糕"中的"糟糕"在词典中可能有负面的分数。

词典方法的流程如图9.1所示。

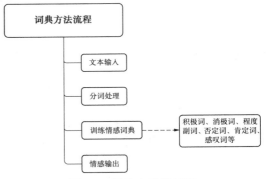

图9.1　词典方法的流程

2. 机器学习方法

机器学习方法使用标注的数据来训练模型进行情感分类。这种方法可以捕捉到文本中的复杂模式，但需要大量的标注数据，即基于从文本中提取的特征（如 TF-IDF、Word2Vec 等）和分类器［如 SVM（支持向量机）、决策树、神经网络等］来预测情感。

运用机器学习方法进行情感分析的流程主要包括数据预处理、特征提取、训练模型和预测新文本的情感，如图9.2所示。

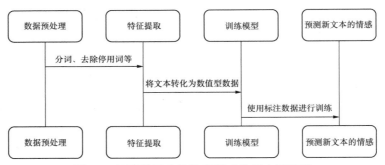

图9.2　机器学习方法进行情感分析主要流程

比如首先使用 TF-IDF 方法提取文本特征，然后使用 SVM 或神经网络进行分类。其中，训练数据的质量和数量、特征的选择和模型的选择都会影响到情感分析的效果。

但是需要注意的是，机器学习方法需要大量的标注数据，并且可能存在过拟合的问题。此外，模型的解释性可能不如词典方法。

9.2.4　文本关键词分析和主题建模

1. 文本关键词分析

文本关键词分析是文本挖掘的一个重要环节，主要用于从大量的文本数据中提取出有代表性的关键词，以便对文本内容进行快速概览和分类。

文本关键词分析是通过对文本内容进行处理，提取出文本中的关键信息，通常是文本中频繁出现且具有代表性的词汇或短语。

文本关键词分析中常用的方法主要包括词频统计、TF-IDF 和 TextRank。

词频统计顾名思义，就是计算文本中每个词汇出现的频率。

TF-IDF 我们在文本特征过程中已经阐述过了，该方法即考虑词汇在文本中的频率和在整个文档集中的频率，从而确定其重要性。

TextRank 则是基于图论的方法，它将文本中的词汇视为节点，通过共现关系构建图，然后进行排序，实现步骤如图 9.3 所示。

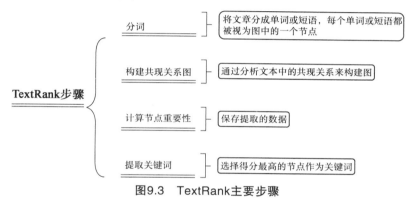

图9.3　TextRank主要步骤

比如对于如下段落：

> ChatGPT自其发布以来，对科技行业产生了深远的影响。随着ChatGPT的广泛应用，各行各业纷纷采用该技术进行创新，这导致了传统工作方式的改变、客户交互方式的升级以及人工智能技术的快速普及。许多企业因此加速了数字化转型，同时行业内对AI人才的需求大幅增加。尽管ChatGPT带来了诸多机遇，但也引发了有关伦理和监管的广泛讨论。各国政府和相关组织正努力制定规范，以应对AI技术的快速发展。
>
> 虽然ChatGPT的不断迭代和优化在一定程度上降低了技术发展的不确定性，但其未来发展仍然面临诸多挑战。科技公司和研究机构正在努力推动相关技术的成熟和应用，但未来的发展方向仍然存在很多不确定因素，这使得对科技行业的预测更加复杂。

（1）TextRank 会将文章分成单词或短语，每个单词或短语都被视为图中的一个节点。分词后的结果可能包括诸如"ChatGPT""AI 技术"等词汇。

（2）通过分析文本中的共现关系来构建图。如果两个词汇在文本中频繁共现，它们之间就会有一条边连接。如果"ChatGPT"和"科技行业"经常出现在同一句话中，它们之间就会有一条边。

（3）TextRank 使用迭代算法来计算每个节点（词汇）的重要性得分。节点的重要性得分取决于与其相连的其他节点的重要性以及边的权重，节点的得分是通过不断更新和调整来计算的，直到收敛为止。

（4）根据节点的得分，选择得分最高的节点作为关键词，这些关键词代表了文章中最重要和最相关的词汇。

文本关键词分析可以帮助我们快速理解文本的主题和内容，提高文本处理的效率，为后续的文本挖掘和分析提供基础。

2. 文本主题建模

文本主题建模是一种在大量文本数据中发现隐藏主题的技术，用于在大量文档中发现抽象的"主题"。主题建模基于概率和统计技术，如潜在狄利克雷分配（LDA）。

LDA假设每个文档都是由多个主题组成的，而每个主题又是由多个单词组成的。通过这种方式，它可以找出文档和单词之间的关系。NMF（非负矩阵分解）方法则是将非负矩阵分解为两个非负矩阵的乘积，用于数据降维和特征提取。

LDA和NMF的区别可以参考表9.6。

表9.6　LDA和NMF的区别

区别点	LDA	NMF
描述	主题模型，用于发现文档中的隐藏主题	矩阵分解技术，用于数据降维和特征提取
基本原理	每个文档由多个主题组成，主题由单词组成	将非负矩阵分解为两个非负矩阵的乘积
工作流程	1. 选择文档的主题 2. 为文档中的每个单词分配主题 3. 重复上述过程	1. 随机初始化两个非负矩阵 2. 更新两矩阵使乘积接近原始矩阵 3. 重复直到满足停止准则
应用领域	文本挖掘、文档分类、推荐系统等	图像处理、文本挖掘、生物信息学等
模型基础	基于概率模型	基于线性代数
约束	无特定约束	数据需为非负值
解释性	基于概率分布	更好的解释性，基于线性组合
计算复杂性	较高，需要估计多个参数	较低，但需要迭代算法

文本主题建模的一般步骤流程包括数据预处理、选择模型、训练模型、主题解释，如图9.4所示。

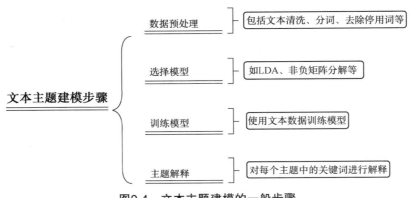

图9.4　文本主题建模的一般步骤

在文本主题建模中要注意选择合适的主题数量，过多或过少的主题都可能导致模型效果不佳，并且确保从模型中得到的主题是有意义的。

主题建模可以帮助我们更好地理解和组织大量的文本数据，从而为决策提供有价值的见解。

假设我们有一个新闻文章的集合，通过主题建模，我们可能会发现这些文章中的主题包括"政治""经济""体育"等。每个主题都会有一组与之相关的关键词，如"政治"主题可能包括"选举""政府""议会"等词汇。

9.3　ChatGPT评论文本分析实战

9.3.1　评论数据预处理

在任务一中，X 公司希望可以通过酒店评论数据了解用户对各个竞争对手的情感倾向，那么作为情感分析的前置步骤，我们需要先对评论数据进行分词处理和停用词处理。

这里需要注意，ChatGPT 在 Code Interpreter 模式下无法使用 python 的 NLTK 库，因此我们需要让 ChatGPT 直接输出可以在本地运行的代码。

因此，我们给到 ChatGPT 的提示词应当包括以下几个。

（1）赋予 ChatGPT 扮演数据分析专家角色。

（2）向 ChatGPT 简单介绍我们上传的数据文件。

（3）说明分词处理和停用词处理所需使用的 python 库，并要求输出可以在本地运行的代码。

下面让我们在 Code Interpreter 模式下向 ChatGPT 提问吧！

> User:
> 　　假设你是一位资深数据分析专家，上传文件的reviews.text是酒店评论，请你对针对该评论数据集先使用python的NLTK库进行分词处理，再进行停用词处理，最后给出可以在本地运行的python代码，并使用中文注释。

ChatGPT 生成的代码如下，我们可以在 Jupyter Notebook 中运行。

```
ChatGPT:

import pandas as pd
import nltk
from nltk.corpus import stopwords
from nltk.tokenize import word_tokenize
# 确保您已经下载了停用词和punkt数据
nltk.download('stopwords')
nltk.download('punkt')
# 加载数据集
data = pd.read_csv("7282_1.csv")
# 对reviews.text进行分词处理
```

```
data['tokenized_reviews'] = data['reviews.text'].apply(lambda x: word_
tokenize(str(x)))
    # 去除停用词
stop_words = set(stopwords.words('english'))
data['tokenized_reviews'] = data['tokenized_reviews'].apply(lambda x: [word for
word in x if word.lower() not in stop_words])
    # 保存处理后的数据到新的CSV文件
data.to_csv("processed_reviews.csv", index=False)
```

我们在本地的 Jupyter Notebook 环境中使用该代码进行文本预处理后，部分分词 & 去除停用词后的评论示例如表 9.7 所示。

表 9.7 部分分词 & 去除停用词后的评论示例

部分原 reviews.text	部分分词 & 去除停用词后 reviews.text
Pleasant 10 min walk along the sea front to the Water Bus. Restaurants etc. Hotel was comfortable breakfast was good – quite a variety. Room aircon didn't work very well. Take mosquito repelant!	[Pleasant, 10, min, walk, along, sea, front, Water, Bus, ., restaurants, etc, ., Hotel, comfortable, breakfast, good, –, quite, variety, ., Room, aircon, "n't", work, well, ., Take, mosquito, repelant, !]
Really lovely hotel. Stayed on the very top floor and were surprised by a Jacuzzi bath we didn't know we were getting! Staff were friendly and helpful and the included breakfast was great! Great location and great value for money. Didn't want to leave!	[Really, lovely, hotel, ., Stayed, top, floor, surprised, Jacuzzi, bath, "n't", know, getting, !, Staff, friendly, helpful, included, breakfast, great, !, Great,location, great, value, money, ., "n't", want, leave, !]
Ett mycket bra hotell. Det som drog ner betyget var att vi fick ett rum under taksarna dr det endast var full sthjd i 80 av rummets yta.	[Ett, mycket, bra, hotell, ., Det, som, drog, ner, betyget, var, att, vi, fick, ett, rum, taksarna, dr, det, endast, var, full, sthjd, 80, av, rummets, yta, .]

可以看到，在使用 ChatGPT 输出的代码对原评论数据进行处理后，评论由完整的句子被划分为独立的词或短语，并且我们可以看到诸如"the""for""at"等这样没有实际意义的词汇被删去，说明对停用词的处理也得以实现。

9.3.2 评论数据关键词分析

对酒店评论数据进行关键词分析是一种洞察客户需求、预期和体验的有效方法。它不仅可以揭示客户最关心的服务方面和潜在问题，还可以帮助酒店优化其营销策略、改进服务质量，甚至进行竞争和趋势分析。通过这种分析，酒店能够更深入地了解客户的反馈，从而制定更加具有针对性的策略来提高客户满意度和忠诚度。

如果我们通过肉眼去观察每一条评论，一方面我们难以记住各个评论中的具体内容，另一方面对于具体的关键词可能会出现先入为主的判断，因此需要通过具体的算法更加公正客观地进行分析。

这里我们希望 ChatGPT 输出该评论数据集的各个关键词并给出相应的结论，因此，我们给到 ChatGPT 的提示词应当包括以下几个。

（1）赋予 ChatGPT 继续扮演数据分析专家角色。

（2）向 ChatGPT 简单介绍我们上传的数据文件和字段。

（3）说明我们希望的关键词分析的步骤，即特征工程→关键词发现→可视化和结论输出。据此，我们的提示词如下。

```
User:
    假设你是一位资深数据分析专家，上传文件的tokenized_reviews是经过分词和停用词处理的酒店评论，请你按照如下步骤进行分析：
    1.使用TF-IDF方法对tokenized_reviews字段进行特征工程处理；
    2.找出该评论数据中的关键词；
    3.根据关键词的结果和TF-IDF值绘制可视化图表并且给出业务结论。
```

1. 特征工程

在使用 TF-IDF 方法对 tokenized_reviews 字段进行特征工程处理后，每条酒店评论中的词汇都被赋予了 TF-IDF 值，表 9.8 展示了词汇"staff"在部分评论中的 TF-IDF 值。

表 9.8 词汇"staff"在部分评论中的 TF-IDF 值

部分原始酒店评论	部分文本预处理后酒店评论	staff 的 TF-IDF 值
We stayed here for four nights in October. The hotel staff were welcoming, friendly and helpful. Assisted in booking tickets for the opera. The rooms were clean and comfortable–good shower, light and airy rooms with windows you could open wide. Beds were comfortable. Plenty of choice for breakfast.Spa at hotel nearby which we used while we were there.	['stayed', 'four', 'nights', 'October', '.', 'hotel', 'staff', 'welcoming', ',', 'friendly', 'helpful', '.', 'Assisted', 'booking', 'tickets', 'opera', '.', 'rooms', 'clean', 'comfortable–', 'good', 'shower', ',', 'light', 'airy', 'rooms', 'windows', 'could', 'open', 'wide', '.', 'Beds', 'comfortable', '.', 'Plenty', 'choice', 'breakfast.Spa', 'hotel', 'nearby', 'used', '.']	0.081193
Lovely view out onto the lagoon. Excellent view. Staff were welcoming and helpful.	['Lovely', 'view', 'onto', 'lagoon', '.', 'Excellent', 'view', '.', 'Staff', 'welcoming', 'helpful', '.']	0.171178

ChatGPT 生成的处理计算 TF-IDF 值的代码如下。

```python
from sklearn.feature_extraction.text import TfidfVectorizer

# Initialize a TF-IDF vectorizer
tfidf_vectorizer = TfidfVectorizer(max_features=5000)

# Fit and transform the reviews
tfidf_matrix = tfidf_vectorizer.fit_transform(reviews_df['reviews.text'].fillna(''))

# Convert the TF-IDF matrix to a DataFrame for easier handling
tfidf_df = pd.DataFrame(tfidf_matrix.toarray(), columns=tfidf_vectorizer.get_feature_names_out())

# Display the first few rows of the TF-IDF DataFrame
tfidf_df.head()
```

2. 关键词挖掘和可视化

ChatGPT 会根据 TF-IDF 值的大小，进一步挖掘文本的关键词，前 30 名的关键词和它们的

TF-IDF 值如图 9.5 所示。

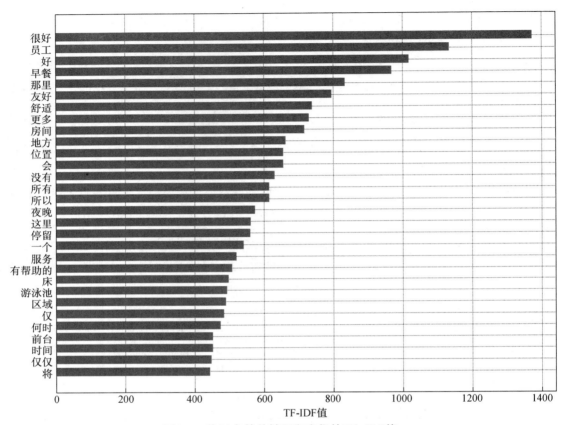

图9.5 前30名的关键词和它们的TF-IDF值

ChatGPT 生成的挖掘关键词的代码如下。

```python
import pandas as pd
import numpy as np

# Load the provided TF-IDF processed file
reviews_tfidf_df = pd.read_csv("reviews_tfidf.csv")

# Filter out rows where 'tokenized_reviews' is NaN
reviews_tfidf_df = reviews_tfidf_df.dropna(subset=['tokenized_reviews'])

# Determine columns where all values are zero (after NaN removal)
cols_to_drop = reviews_tfidf_df.columns[(reviews_tfidf_df == 0).all()]

# Drop those columns
reviews_tfidf_df = reviews_tfidf_df.drop(columns=cols_to_drop)
```

```
# Identify columns that are entirely of numeric type (TF-IDF columns)
tfidf_columns_cleaned = reviews_tfidf_df.columns[reviews_tfidf_df.dtypes != 'object'][2:]

# Common English stopwords list
common_stopwords = {···}

# Remove the TF-IDF columns of common stopwords and other non-descriptive words
non_descriptive_terms = ["reviews.rating", "not", "very", "hotel", "room", "stay",
"clean", "nice"]
tfidf_columns_cleaned = [col for col in tfidf_columns_cleaned if col not in common_stopwords
and col not in non_descriptive_terms]

# Function to get the top keyword for each review based on TF-IDF value using numpy
def get_top_keyword_np(row):
    return tfidf_columns_cleaned[np.argmax(row.values)]

# Apply the function to get the top keyword for each cleaned review
reviews_tfidf_df['top_keyword_cleaned'] = reviews_tfidf_df[tfidf_columns_cleaned].apply(get_
top_keyword_np, axis=1)

# Display the top keywords for the first few tokenized reviews
tokenized_keywords_display=reviews_tfidf_df[['tokenized_reviews', 'top_keyword_cleaned']].
head()

# Analyze overall keyword trends across the entire dataset using cleaned TF-IDF columns
# Sum the TF-IDF values for each keyword across all reviews
keyword_sums_cleaned = reviews_tfidf_df[tfidf_columns_cleaned].sum()

# Sort keywords by their summed TF-IDF values in descending order
sorted_keywords_cleaned = keyword_sums_cleaned.sort_values(ascending=False)

print(tokenized_keywords_display)
print(sorted_keywords_cleaned.head(20))
```

3. 业务结论

ChatGPT:

1.高品质的服务和体验:
　"great" "good" "friendly"和"comfortable"这些词的高TF-IDF值表示许多客户在他们的评论中使用了这些词来形容他们的经历。这表明大多数客户对酒店的服务和体验都很满意。
2.员工:
　"staff"是TF-IDF值较高的词,这表明员工在客户的酒店体验中起到了重要的作用。这可能意味着员工的服务质量很高,或者客户在与员工互动时有特殊的经历。
3.早餐:
　"breakfast"也是TF-IDF值较高的词,这可能意味着酒店的早餐服务或早餐质量是客户经常提及的一个特点。
4.位置:
　"location"的高TF-IDF值表示位置是客户在选择或评价酒店时考虑的一个重要因素。
5.房间和住宿:
　"rooms" "night"和"stayed"这些词的出现表明客户经常提及他们的住宿经验和房间的质量。

6.服务：
"service"的出现表示客户经常评论酒店的服务质量。
7.可能的问题或改进点：
词汇"no""more"和"would"可能与客户的某些期望、建议或酒店的不足之处有关。
这些关键词为酒店管理者提供了一个关于客户评论中最常提及的主题和特点的概览。

9.3.3 评论数据主题建模

在 9.3.2 节，我们通过关键词分析了解了酒店评论中的重点关键词，现在我们需要进行一些更宏观的总结和分析，因此可以采用文本主题建模的方式。

这里我们希望 ChatGPT 输出的文本建模结果的预期如下。

（1）评论数据经过处理后应当被分为几个具体的主题，每个主题下都有对应的关键词。

（2）输出的结果中应当包括对于各个主题出现频率和业务结论的阐述。

因此，我们给到 ChatGPT 的提示词应当包括以下几个。

（1）赋予 ChatGPT 继续扮演数据分析专家角色。

（2）向 ChatGPT 简单介绍我们预期的主题数量和关键词个数。

（3）说明要求产出可视化结果和业务结论。

据此，我们的提示词如下。

User:
假设你是一位资深数据分析专家，上传文件的tokenized_reviews是经过分词和停用词处理的酒店评论，请你按照如下步骤进行分析：
1.使用LDA方法输出该数据集的10个主题，每个主题输出3个关键词；
2.根据关键词和文本含义，给每个主题赋予中文名称；
3.计算各个主题在数据集中出现的频率，据此绘制饼图；
4.根据主题建模的结果，给出业务结论和建议。

（1）ChatGPT 首先输出了 10 个主题，每个主题均有 3 个关键词作为解释，如表 9.9 所示。

表 9.9　各主题关键词

餐饮与活动	餐饮体验	住宿氛围	反馈	旅行与问题	餐饮与装饰	设施和位置	户外服务	旅行体验	房间质量
餐厅	基础	发霉	有效	婚礼	很棒	污渍	麦片	花园	污迹
到达	负面	引人注目	不好	检查	靠近	英里	计划	食堂	清洁
外部	24	装饰	度假	经常	修理	两次	很好	早餐	问题

（2）根据各个主题在文本中出现的频率，ChatGPT 绘制了如图 9.6 所示的饼图。

从饼图中我们能清晰地看到设施和位置相关主题的评论占比最高，其次是关于餐饮与装饰主题的评论，说明消费者对于酒店的这些内容有着较为强烈的关注。

ChatGPT 生成的代码如下，我们可以在 Jupyter Notebook 中运行。

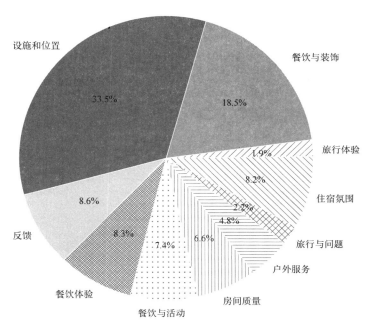

图9.6　各个主题在文本中出现的频率

```
# Define the stopwords list
common_stopwords = {…
}

# Filter out the stopwords from the dataset
subset_data = data.drop(columns=common_stopwords.intersection(data.columns), errors='ignore')

# Select a subset of 10,000 reviews for modeling
subset_data = subset_data.iloc[:10000]

# Keep only the TF-IDF columns
tfidf_data = subset_data.drop(columns=['address', 'categories', 'city', 'country', 'latitude',
'longitude', 'name', 'postalCode', 'province', 'reviews.date'])

tfidf_data.head()
from sklearn.decomposition import LatentDirichletAllocation

# Number of topics
n_topics = 10

# Create LDA model
lda = LatentDirichletAllocation(n_components=n_topics, random_state=42, max_iter=10)

# Fit the LDA model on the TF-IDF data
lda_result = lda.fit_transform(tfidf_data.iloc[:, 3:])

# Extract the topics and their top words
topics = {}
for idx, topic in enumerate(lda.components_):
    top_words = [tfidf_data.columns[i] for i in topic.argsort()[-10:][::-1]]
```

```
        topics[idx] = top_words

    topics
```

（3）根据主题建模的结果，ChatGPT 生成了如下业务结论。

ChatGPT:
根据提供的酒店评论主题建模结果，我们可以得出以下业务结论：

1. 餐饮与活动：客户在评论中经常提及 "restaurant"（餐厅）和 "arrival"（到达），这可能意味着酒店的餐饮和活动是客户关注的重点。同时，"outside"（外部）的提及可能表示客户对酒店的户外活动或餐饮环境有所评价。

2. 餐饮体验：评论中出现了 "basic"（基础）和 "negative"（负面）这两个词，这可能意味着部分客户对酒店的餐饮体验感到不满。同时，"24" 可能指的是24小时服务或者某种特色服务。

3. 住宿氛围：客户提到了 "musty"（霉味）和 "decorated"（装饰），这可能表示酒店的部分房间存在异味问题，但酒店的装饰风格受到了一些客户的欣赏。

4. 反馈：客户经常使用 "helpful"（有帮助）和 "negative"（负面）这两个词来描述他们的反馈，这表示酒店的服务或设施既有正面的评价也有负面的评价。

5. 旅行与问题：词汇 "wedding"（婚礼）和 "check"（检查/入住）的出现可能意味着酒店经常承办婚礼或其他活动，而 "often"（经常）可能表示客户经常遇到某些问题或者经常选择这家酒店。

6. 餐饮与装饰：客户对酒店的装饰风格表示赞赏，使用了 "awesome"（很棒）这个词。同时，"near"（附近）可能表示酒店附近有其他餐饮或娱乐设施。

7. 设施：评论中提到了 "stains"（污渍）和 "miles"（英里），这可能表示酒店的部分设施存在清洁问题，或者酒店距离某些景点或设施有一定的距离。

8. 户外服务：客户提到了 "cereal"（谷物）和 "plan"（计划），这可能与酒店的早餐服务或户外活动计划有关。

9. 旅行体验：评论中出现了 "garden"（花园）和 "accommodations"（住宿），这表示酒店的花园和住宿条件是客户关注的焦点。

10. 房间质量：客户提到了 "stained"（有污渍的）和 "cleaning"（清洁），这可能意味着酒店的房间清洁度存在问题，需要加强清洁工作。

总结：酒店在餐饮、活动和住宿方面都受到了客户的关注。部分客户对酒店的餐饮体验和房间清洁度表示不满，但也有客户对酒店的装饰风格和服务表示赞赏。酒店应该针对客户的反馈进行改进，提高服务质量和客户满意度。

9.3.4　评论数据情感分析

在 9.1 节，我们要求对每一条酒店评论进行细致的情感分析，明确判断每条评论的情感倾向，进一步为每家酒店综合计算一个整体情感评分，并分析正、负面评论的具体比例。

因此在本节，我们将通过 ChatGPT 对该评论数据集进行情感分析并得出业务结论和建议。

这里我们希望 ChatGPT 输出的情感分析的预期如下。

（1）使用正确的情感分析方法进行分析。

（2）输出的结果中应当包括各个酒店的整体情感评分和正、负面评论的具体比例等内容。

因此，我们给到 ChatGPT 的提示词应当包括以下几个。

（1）赋予 ChatGPT 继续扮演数据分析专家角色。

（2）向 ChatGPT 简单介绍 X 公司的情况。

（3）由于数据集中是无标注的数据，因此我们应当要求使用词典方法进行情感分析。

我们的提示词如下。

```
User:
    假设你是X公司的资深数据分析专家，X公司是一家大型旅游企业，提供从酒店预订到全方位旅行套餐的一站式服
务，上传文件的tokenized_reviews是经过分词和停用词处理的酒店评论，请你按如下步骤进行文本情感分析：
    1.使用词典方法进行情感分析，输出各个酒店的整体情感得分、正面评价数、负面评价数、总评价数、正面
评价比例和负面评价比例；
    2.根据情感分析的结果绘制不同酒店的评价类型占比图表；
    3.针对情感分析的结果给出业务结论和建议；
    4.根据主题建模的结果，给出业务结论和建议。
```

ChatGPT 对所有的评论都输出了对应的情感分数，评论和其对应的情感分数的例子如表 9.10 所示，可以看到第一条评论表示"我们一家五口住在悬崖酒店的 138 号房间。我们可以看到大海和游泳池的美景。房间干净、宽敞、舒适。工作人员友好且乐于助人。我们一定会再次入住这里。"显然这属于好评，ChatGPT 处理后给到的分值和分类也正确地将其划分为正面情感；而第二条评论则表示"没有逗留，它并不容易找到，而当找到时，它并不在我想要的位置。"显然属于对酒店的差评，因此 ChatGPT 对于其情感分数赋予负分，并归类为负面情感。

表 9.10　评论和情感分值对应举例

评论内容	情感分值	情感类别
Our family of 5 stayed in room 138 at the Cliffs. We had a great view of the ocean and the pool. The room was clean, spacious, and comfortable. The staff was friendly and helpful. We would definitely stay here again. 我们一家五口住在悬崖酒店的 138 号房间。我们可以看到大海和游泳池的美景。房间干净、宽敞、舒适。工作人员友好且乐于助人。我们一定会再次入住这里	0.5400	正面
There was no stay. It was not easily found, and when it was it was not where I wanted to be. 没有逗留，它并不容易找到，而当找到时，它并不在我想要的位置	−0.2167	负面

ChatGPT 输出的各个酒店的整体情感评分和正、负面评论的具体比例等内容如表 9.11 所示。

表 9.11　各酒店的整体情感评分和正、负面评论比例

酒店名称	整体情感得分	正面评价数	负面评价数	总评价数	正面评价比例	负面评价比例
亚历山大安东尼亚酒店	0.368228581	1056	42	1185	0.891139241	0.035443038
霍华德·约翰逊旅馆 – 纽堡	0.129473505	412	144	714	0.577030812	0.201680672
美洲最佳价值旅馆	0.140501959	353	130	567	0.622574956	0.229276896
希尔顿旅馆弗吉尼亚海滩海滨北	0.353214028	298	14	334	0.892215569	0.041916168
百捷佳逸精选酒店华特维尔大酒店	0.295540881	280	26	335	0.835820896	0.07761194
IP 赌场度假村水疗中心	0.327636543	276	46	392	0.704081633	0.117346939
长滩百捷佳逸酒店	0.27678712	265	27	317	0.835962145	0.085173502

续表

酒店名称	整体情感得分	正面评价数	负面评价数	总评价数	正面评价比例	负面评价比例
舒适套房	0.286593799	261	26	326	0.800613497	0.079754601
希尔顿双树西棕榈滩机场	0.319694717	238	15	276	0.862318841	0.054347826
安纳海姆万豪套房酒店	0.323398014	237	19	275	0.861818182	0.069090909
红屋顶旅馆伊利	0.288651934	215	9	243	0.884773663	0.037037037
希尔顿双树酒店贝城－河滨	0.405136611	209	10	227	0.920704846	0.044052863
德卡酒店－贵族之屋酒店	0.293359175	204	19	237	0.860759494	0.080168776
杰克逊维尔广场酒店与套房	0.230633299	204	27	264	0.772727273	0.102272727
纽约万豪马奎斯酒店	0.249865207	194	28	320	0.60625	0.0875
百捷佳逸精选法式区地标酒店	0.299531001	190	11	215	0.88372093	0.051162791
德鲁里旅馆与套房哥伦布会议中心	0.381208268	186	6	200	0.93	0.03

根据表 9.11 绘制的不同酒店的评价类型占比如图 9.7 所示。

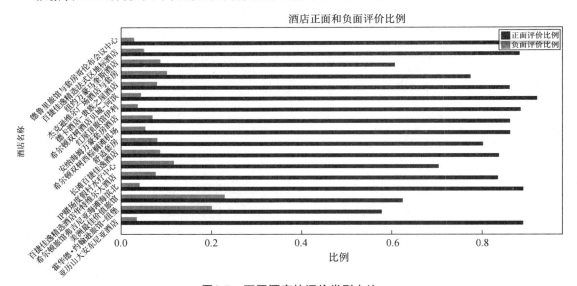

图9.7　不同酒店的评价类型占比

ChatGPT 生成的代码如下，我们可以在 Jupyter Notebook 中运行。

```
from textblob import TextBlob

# Function to classify sentiment based on polarity score
```

```
def classify_sentiment(polarity):
    if polarity > 0.05:
        return "positive"
    elif polarity < -0.05:
        return "negative"
    else:
        return "neutral"

# Compute sentiment polarity for each review
reviews_tfidf_df['polarity'] = reviews_tfidf_df['tokenized_reviews'].apply(lambda
x: TextBlob(' '.join(eval(x))).sentiment.polarity)

# Classify each review as positive, negative, or neutral
reviews_tfidf_df['sentiment'] = reviews_tfidf_df['polarity'].apply(classify_
sentiment)

# Calculate the overall sentiment score and proportion of positive/negative
reviews for each hotel
hotel_sentiment = reviews_tfidf_df.groupby('name').agg(
    overall_sentiment=('polarity', 'mean'),
    positive_reviews=('sentiment', lambda x: (x == 'positive').sum()),
    negative_reviews=('sentiment', lambda x: (x == 'negative').sum()),
    total_reviews=('sentiment', 'count')
)

hotel_sentiment['positive_ratio'] = hotel_sentiment['positive_reviews']/hotel_
sentiment['total_reviews']
hotel_sentiment['negative_ratio'] = hotel_sentiment['negative_reviews']/hotel_
sentiment['total_reviews']

hotel_sentiment.head()
```

最终，根据情感分析的结果，ChatGPT 生成了如下业务结论和建议。

```
ChatGPT:

通过情感分析的结果，我们可以得出以下业务结论和建议：
一、结论
1.整体情感得分：
（1）最高得分："Doubletree By Hilton Hotel Bay City - Riverfront"，得分为0.4051，表
明其在所有竞品中得到了最高的整体情感反馈。
（2）最低得分："Howard Johnson Inn - Newburgh"，得分为0.1295，这表示其整体情感反馈相对较低。
2.正面评价数：
（1）最高："The Alexandrian, Autograph Collection"，共有1056条正面评价。
（2）最低："Drury Inn and Suites Columbus Convention Center"，共有186条正面评价。
3.负面评价数：
（1）最高："Howard Johnson Inn - Newburgh"，共有144条负面评价。
（2）最低："Drury Inn and Suites Columbus Convention Center"，仅有6条负面评价。
```

4．正面评价比例：
（1）最高："Drury Inn and Suites Columbus Convention Center"，正面评价比例高达93%。
（2）最低："New York Marriott Marquis"，正面评价比例为60.625%。
5．负面评价比例：
（1）最高："Howard Johnson Inn - Newburgh"，负面评价比例为20.168%。
（2）最低："Drury Inn and Suites Columbus Convention Center"，负面评价比例仅为3%。

二、建议：
（1）强势竞品："The Alexandrian, Autograph Collection"在正面评价数量上有明显的领先，且其总体情感也相对较高。这表明该竞品在市场上的表现非常出色，可能有很高的客户满意度。
（2）弱势竞品："Howard Johnson Inn - Newburgh"有最多的负面评价和最高的负面评价比例，且其总体情感分析结果也是最低的。这意味着这个品牌可能存在一些问题，需要进行深入的分析和改进。
（3）市场机会：对于那些负面评价比例较高的竞品，例如"Americas Best Value Inn"和"Howard Johnson Inn - Newburgh"，它们可能存在一些用户不满意的问题。对于其他品牌，这是一个机会，可以深入了解这些不满意的原因，并提供更好的服务来吸引这部分用户。
（4）持续改进：对于那些正面评价比例和总体情感都相对较高的竞品，例如"Drury Inn and Suites Columbus Convention Center"和"Doubletree By Hilton Hotel Bay City - Riverfront"，它们在市场上的表现可能非常出色。但是，任何品牌都应该持续关注用户反馈，寻找改进的机会。
总的来说，不同的竞品在市场上的表现存在差异。对于品牌而言，了解竞品的情感分析结果可以帮助它们更好地了解市场动态，找到自己的弱点和机会，并制定相应的策略。

9.4　ChatGPT文本分析实战总结

9.4.1　文本预处理重点概念

文本预处理是文本分析中不可或缺的步骤，它确保我们的模型接收到的数据是清洁和有序的。通过有效的分词、去除无关词汇和考虑词的基本形式，我们可以使文本数据更加有意义和准确。选择适当的工具和库是实现这些任务的关键，而了解每个工具的优缺点可以帮助我们更有效地处理文本数据。该部分的重点内容包括以下几个。

1．文本分词
（1）定义：将连续文本划分为独立词汇或短语。
（2）主要方法：最大正向匹配、最大逆向匹配、基于 HMM 的统计方法。

2．去除停用词
（1）定义：移除文本中频繁出现但对分析无意义的词汇。
（2）特定任务中的考虑：某些停用词可能在特定上下文中携带重要信息。

3．词形还原和词干提取
（1）词形还原：将单词转换回其基本形式。
（2）词干提取：简化单词，去除后缀得到词干。

4. python 工具及库

支持文本分词、去除停用词、词形还原和词干提取的 python 库，例如 jieba、NLTK、Gensim、spaCy、scikit-learn、SnowNLP。

9.4.2 文本特征工程重点概念

文本特征工程是文本分析核心步骤，是要将原始文本转化为机器学习算法可理解形式。
常用方法：词袋模型、TF-IDF、词嵌入。

1. 词袋模型

（1）定义：基于词频统计表示文本，将文本转化为词的集合，忽略词序和语法。

（2）问题：可能产生大向量，丢失语义信息。

2. TF-IDF

（1）定义：结合词频和逆文档频率评估词重要性。

（2）指标计算：TF = 词次数 / 文档总词数；IDF = log(总文档数 / 含词文档数 +1)。

3. 词嵌入

（1）定义：将词汇映射到向量空间，捕获语义关系，语义相似词在空间中靠近。

（2）主要技术：Embedding Layer、Word2Vec、GloVe。

（3）Embedding Layer：深度学习文本分类、情感分析。

（4）Word2Vec：捕捉词语义关系，用于文本分类、词相似度计算。

（5）GloVe：结合全局统计和局部上下文，与 Word2Vec 相似。

4. 工具与库

python 支持各方法的库：scikit-learn、Gensim、NLTK、spaCy。

9.4.3 文本情感分析重点概念

文本情感分析在日常生活和商业领域中都有广泛的应用。根据不同的需求，可以选择不同的情感分析方法，例如词典方法或机器学习方法。

1. 定义及应用

文本情感分析是自然语言处理的关键任务，目的是从文本中识别和提取作者的情感或情绪。它常用于社交媒体、用户反馈、产品评论等，帮助企业了解公众对产品、服务或事件的情感倾向。

2. 情感分析类型

（1）极性分析：分类文本为正面、负面或中性。

（2）情感强度分析：确定文本情感的强度或程度。

（3）面向特定目标的情感分析：评估文本中特定目标或方面的情感。

3. 情感分析方法

（1）词典方法：基于预定义的情感词典进行文本情感评估，不需要训练数据，关键在于词典的准确性和全面性。

（2）机器学习方法：使用标注数据训练模型，捕捉文本中的复杂模式，需要大量地标注数据，可能存在过拟合问题。

9.4.4 文本关键词分析和主题建模重点概念

1. 文本关键词分析

（1）定义：文本关键词分析是文本挖掘的关键部分，旨在从文本数据中提取关键信息，为用户提供文本内容的快速概览和分类。

（2）核心概念：

词频统计：测量文本中每个词汇的出现频率。

TF-IDF：基于文本和整体文档集的词汇频率来确定其重要性。

TextRank：一个基于图论的方法，将文本中的词汇视为节点，并通过共现关系构建图，然后进行排序。

（3）应用价值：帮助快速理解文本内容，为后续文本挖掘和分析提供基础。

2. 文本主题建模

（1）定义：文本主题建模是一种技术，用于从大量的文本数据中挖掘隐藏的主题。

（2）核心概念：

LDA：基于概率的方法，假设每个文档由多个主题组成，每个主题由多个词汇组成。

NMF：线性代数方法，通过将非负矩阵分解为两个非负矩阵的乘积，用于数据降维和特征提取。

（3）应用价值：帮助更好地理解和组织大量的文本数据，为决策提供有价值的见解。

9.4.5 重点实操总结

这里我们先回顾一下 9.1.1 节中的任务要求和预期：对每一条酒店评论进行细致的情感分析，明确判断每条评论的情感倾向是正面、负面还是中性。在此基础上，为每家酒店综合计算一个整体情感评分，并分析正、负面评论的具体比例。

1. 文本数据预处理

该部分通过使用 python 的 NLTK 库进行分词处理，再进行停用词处理，从而完成预处理工作，提示词如下。

```
User:
    假设你是一位资深数据分析专家，上传文件的reviews.text是酒店评论，请你对针对该评论数据集先使用
python的NLTK库进行分词处理，再进行停用词处理，最后给出可以在本地运行的python代码，并使用中文注释。
```

2. 文本关键词分析

该部分通过使用 TF-IDF 方法对已预处理的数据进行特征工程处理，并根据 TF-IDF 值分析和挖掘关键词，提示词如下。

> User:
> 假设你是一位资深数据分析专家，上传文件的tokenized_reviews是经过分词和停用词处理的酒店评论，请你按照如下步骤进行分析：
> 1.使用TF-IDF方法对tokenized_reviews字段进行特征工程处理；
> 2.找出该评论数据中的关键词；
> 3.根据关键词的结果和TF-IDF值绘制可视化图表并且给出业务结论。

3. 文本主题建模

该部分通过 LDA 方法输出评论数据的主题和对应的关键词，提示词如下。

> User:
> 假设你是一位资深数据分析专家，上传文件的tokenized_reviews是经过分词和停用词处理的酒店评论，请你按照如下步骤进行分析：
> 1.使用LDA方法输出该数据集的10个主题，每个主题输出3个关键词；
> 2.根据关键词和文本含义，给每个主题赋予中文名称；
> 3.计算各个主题在数据集中出现的频率，据此绘制饼图；
> 4.根据主题建模的结果，给出业务结论和建议。

4. 文本情感分析

该部分通过词典方法对评论数据进行情感分析，得到各个酒店的整体情感得分、正面评价数、负面评价数等结果，提示词如下。

> User:
> 假设你是X公司的资深数据分析专家，X公司是一家大型旅游企业，提供从酒店预订到全方位旅行套餐的一站式服务，上传文件的tokenized_reviews是经过分词和停用词处理的酒店评论，请你按照如下步骤进行文本情感分析：
> 1.使用词典方法进行情感分析，输出各个酒店的整体情感得分、正面评价数、负面评价数、总评价数、正面评价比例和负面评价比例；
> 2.根据情感分析的结果绘制不同酒店的评价类型占比图表；
> 3.针对情感分析的结果给出业务结论和建议；
> 4.根据主题建模的结果，给出业务结论和建议。

第 10 章

ChatGPT 分类和聚类分析实战

在当今数据驱动的时代，我们被海量的信息包围。每时每刻，无数的数据点在全球范围内产生，它们记录着我们的偏好、习惯、交互和决策。然而，仅仅收集这些数据是不够的。真正的价值来自从这些数据中提取有意义的洞察和模式。这就是分类和聚类分析的舞台。

分类和聚类是数据科学领域中两种核心的机器学习技术。分类的目标是预测一个已知的目标类别或结果，如预测一个电子邮件是否垃圾邮件。而聚类则是一种无监督的方法，旨在发现数据中隐藏的结构或群组，如找出一群具有相似购买行为的客户。

本章我们将一起学习分类方法、聚类方法的基础知识，并尝试通过 ChatGPT 实现这些方法。

10.1 案例背景和任务

10.1.1 任务一

随着全球化和技术的快速发展，企业竞争日趋激烈，员工作为公司最宝贵的资产之一，其稳定性对公司的长远发展至关重要。一个稳定的团队可以为公司提供持续的创新和增长动力，而频繁的人员更替则可能导致公司战略计划的中断、项目延误以及客户关系的损失。

T 公司是一家全球领先的技术公司，近年来在市场上取得了很大的成功，但同时也面临着一个紧迫的问题——员工流失率上升。这不仅增加了公司的招聘和培训成本，而且导致了关键项目的延误和知识的流失。为了应对这一挑战，公司的高级管理层决定更深入地研究这一问题，希望找到可能的原因并制定相应的策略。

初步的调查发现，员工的离职可能与其教育背景、工作地点、薪资水平、工作经验等多种因素有关。为了更准确地预测和理解员工的离职趋势，T 公司决定利用机器学习技术来分析其内部数据。

　　T公司希望开发一个预测模型，该模型可以基于员工的多种特征（如入职时间、所在城市、薪资级别、年龄、性别等）预测他们是否会离职。目标是识别出那些有高风险离职的员工，这样公司可以针对这些员工采取特定的措施，如提供更好的职业发展机会、工作调整或其他福利。

10.1.2　任务二

　　Y公司是一家中型文具制造和销售公司，提供从基本的铅笔和橡皮擦到高端的办公设备。在过去的几年中，Y公司已经发展成为文具行业的领导者之一，拥有数万的忠实客户。

　　然而，随着时间的推移，由于客户越来越多样化，满足他们的需求变得越来越复杂。为了更好地理解客户并优化市场策略，公司决定进行一项数据分析项目，以揭示客户的行为模式。

　　公司为您提供了一个客户数据集，其中包含每个客户的平均订单数、平均消费金额、活跃度和性别等信息。公司希望您能帮助其进行以下任务。

　　（1）对客户进行聚类分析，以揭示不同的客户群体。

　　（2）分析每个聚类的特点，为公司提供有关每个客户群体的见解和建议。

10.2　分类和聚类知识提要

　　本节将介绍主要分类方法、聚类方法的原理、实现方法和步骤，并介绍相应的效果评价指标，为后续的实战打下理论基础。

10.2.1　分类方法概述

　　分类，简而言之，是一种将输入数据划分为给定的几个类或标签的任务。这是我们日常生活中经常遇到的问题，比如判断一封电子邮件是否垃圾邮件、识别图像中的物体、预测病患是否有某种疾病等，这些都是分类任务的典型例子。

　　分类算法背后的核心思想是基于数据的特征来预测或归类数据点的标签。为了实现这一目标，算法首先在标记的训练数据上进行学习，然后使用学习到的知识来对新的、未知的数据进行预测。

　　分类算法有许多不同的种类，包括逻辑回归、决策树和随机森林、支持向量机、K最近邻（K-Nearest Neighbors，KNN）、梯度提升方法等。每种方法都有其独特之处，适用于特定类型的数据和问题，选择合适的分类算法并正确地应用是获得准确、有效结果的关键。

　　下面我们会介绍这些分类算法。

1. 逻辑回归

　　逻辑回归是一种用于预测二分类问题的概率的统计方法，比如预测一个电子邮件是垃圾邮件还是非垃圾邮件。

　　逻辑回归使用Sigmoid函数将线性回归的输出转换为0和1之间的值。也就是说，无论输入数据的范围如何，输出都会被压缩到0和1之间。

其中，Sigmoid函数是一个S形曲线函数，可以将任何值转换为0和1之间的值，数学公式为$\sigma(z) = \dfrac{1}{1+e^{-z}}$。

假如银行想要预测客户订购定期存款的情况，那么银行可以使用客户的年龄、职业、收入等信息作为输入特征，使用逻辑回归来预测客户是否会订购定期存款。

2. 决策树和随机森林

决策树和随机森林算法涉及的概念和流程步骤在第8章ChatGPT预测分析实战中已经有所介绍，但是当时主要介绍二者在预测任务中的应用，因此这里我们会讨论二者在分类任务中的应用。

决策树和随机森林在分类任务中都会根据输入特征将数据点分配到预定义的类别中。

（1）决策树会使用如信息增益或基尼不纯度等指标来选择最佳的特征进行分割。树从根节点开始，基于特征的值进行分支，直到到达叶节点，最终每个叶节点都有一个分类结果。

（2）随机森林是多个决策树的集合，每棵树的预测结果会进行投票，从而得到分类结果，即对于每棵树，随机森林都会从原始数据中随机选择样本（自助采样）和特征子集进行训练，然后，对于新的数据点，每棵树都会作出预测，进行投票得到最终结果。

对比第8章ChatGPT预测分析实战中提到的决策树和随机森林的应用方法，我们会发现当决策树和随机森林应用在分类任务中时，会有以下不同之处。

（1）在分类任务中，决策树和随机森林的叶节点代表类别，而在回归任务中，叶节点代表连续值。

（2）随机森林在分类任务中使用投票机制来确定最终类别，而在回归任务中使用平均值来预测连续输出。

3. 支持向量机

支持向量机，也叫SVM，是一种监督学习算法，主要用于分类任务，在正式介绍支持向量机的原理和步骤前，我们需要对其中的一些新概念进行基本的理解。

（1）超平面：这是SVM的核心概念。它是在N维空间中的一个$N-1$维平面。比如在3D空间中，一个超平面就是一个2D的平面。

在一个房间里（3D空间），墙壁（2D平面）就是一个超平面，将房间分隔成两部分。

（2）边距：SVM的目标是最大化分类边距，即数据点到决策边界的最小距离。在一个2D平面上，有一条直线将两类数据点分开，边距就是这条直线到最近的数据点的最短距离；而在一个3D空间中，一个超平面可以将数据点分成两边，边距是这个平面到最近的数据点的最短距离。

（3）线性可分与非线性可分：如果一个数据集的两个类别可以被一条直线（在2D空间）、一个平面（在3D空间）或一个超平面（在更高维度的空间）完美地分隔开，那么这个数据集被称为线性可分；若不能，那么这个数据集被称为非线性可分。

① 这里我们所谓的"完美地分隔开"是指在给定的数据集中，分类边界（可能是直线、平面或超平面）能够确保所有属于同一类别的数据点都位于边界的同一侧，而没有任何错误或例外。

② 假如一个2D平面上的红点和蓝点，我们可以通过画一条直线，使得所有红点在直线的一侧，而所有蓝点在直线的另一侧，那么这两类点就是线性可分的。

如图 10.1 所示，左侧图片中的 × 和圆点就可以通过一条直线完全划分，而右图则不可，因此认为左图的数据线性可分，右侧为非线性可分。

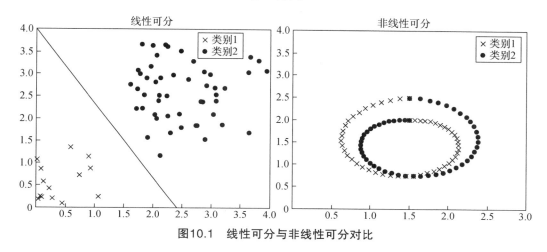

图10.1　线性可分与非线性可分对比

（4）核技巧（kernel trick）：核技巧可以将数据映射到更高的维度，使其变得线性可分，并且在这个过程中不实际计算高维空间中的数据。比如在 2D 平面上的数据可能是非线性可分的，但当我们将其映射到 3D 空间时，可能可以用一个平面将其分开。

① 假如一个 2D 平面上有一个红色圆圈围绕着一个蓝色点，无论我们如何尝试，必然都不能用一条直线将红色圆圈和蓝色点分开，即非线性可分。

② 但是如果我们将纸弯曲或折叠成一个 3D 形状，那我们就可以用一条直线（在 3D 中是一个平面）从上到下穿过纸张，将红色圆圈和蓝色点分开。

（5）核函数：核函数用于将非线性可分的数据映射到更高维的空间，使其在新的空间中变得线性可分。常见的核函数有线性核、多项式核、径向基函数（RBF）核等。表 10.1 总结了常用核函数的应用场景。

表10.1　核函数总结

核函数名称	公式	公式含义	适用场景
线性核	$K(x,x') = x \cdot x'$	线性核实际上就是两个向量的点积，即计算两个数据点之间的直线距离	当数据线性可分时
多项式核	$K(x,x') = (1 + x \cdot x')^d$	这个公式首先计算两个数据点的相似度，然后将其提高到某个幂（由 d 表示）。这样，我们可以捕捉数据中更复杂的模式。例如，如果 d 是 2，那么我们考虑的是数据的二次关系	当数据具有多项式关系时
径向基函数核	$K(x,x') = e^{-\gamma\|x-x'\|^2}$	这个公式考虑的是两个数据点之间的距离。如果两个点很接近，这个值会接近 1；如果两个点很远，这个值会接近 0。参数 γ 决定了这个变化有多快	当数据在高维空间中线性可分时

（6）惩罚系数 C : C 是 SVM 中的一个超参数，用于控制误分类的惩罚。较小的 C 值会导致较大的分类间隔，但可能允许一些误分类；较大的 C 值会努力正确分类每个点，但可能导致较小的间隔。

在对各个基本概念有了基本了解后，我们再来看 SVM 工作的基本原理。

SVM 工作的基本原理是找到一个超平面使得两个类别之间的间隔最大化。这个间隔就是前面所说的"边距"，最大化边距可以帮助算法更好地泛化到新的、未见过的数据。

当数据线性可分时，SVM 会直接找到一个超平面来分隔数据。但在现实中，很多数据都是非线性可分的。这时，SVM 使用核技巧将数据映射到更高的维度，使其在新的空间中变得线性可分。然后，在这个高维空间中找到最佳的超平面。

SVM 流程和步骤可以参考图 10.2。

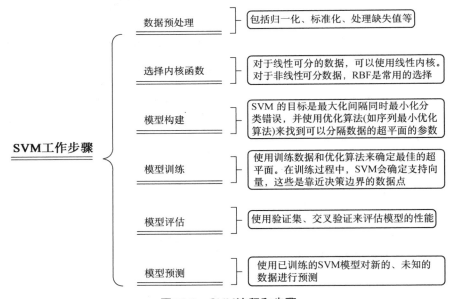

图10.2　SVM流程和步骤

4. K 最近邻

KNN 算法的核心思想是根据对象的属性，对其进行分类或回归预测。具体来说，当给定一个未知分类的数据点时，KNN 会考察该点周围最近的 k 个数据点，然后根据这些相邻数据点的类别来预测该点的类别。

KNN 的原理非常简单，对于基础的数据集，实现起来也很直接。并且 KNN 不对数据分布做任何明确假设，这使它在某些非线性数据集上能够有良好的表现。

然而对于大型数据集，计算每个测试数据点与所有训练数据点之间的距离可能会非常慢，并且 k 值的选取对于最终分类结果的影响非常大，太小的 k 值可能会受到噪声的影响，而太大的 k 值可能会忽略数据中的局部模式。

比如在图 10.3 中，测试样本（圆形）应归入要么是第一类的方形或是第二类的三角形。如果 k=3（实线圆圈），它被分配给第二类，因为有 2 个三角形和只有 1 个正方形在内侧圆圈之内。如果 k=5（虚线圆圈），它被分配到第一类（3 个正方形与 2 个三角形在外侧圆圈之内）。

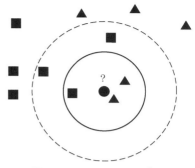

图10.3　KNN原理示意图

5. 梯度提升

梯度提升是一种集成学习方法，是一种用于分类问题的机器学习技术，它基于弱学习器构建的加性模型。所谓弱学习器即"只比随机猜测稍好一点的模型"，在梯度提升中，通常使用的弱学习器是决策树，尤其是深度受限的决策树。

该方法的核心思想是，通过迭代地添加弱学习器来纠正前一次迭代的误差，然后将新模型的预测添加到总预测中，从而通过迭代地添加新的模型来优化损失函数。梯度提升的原理和步骤可以通过如下例子进行理解。

假设某学校希望学生通过身高、体重和运动能力被分类为"运动员"或"非运动员"。

（1）使用一个简单的决策树（弱学习器）来作出初步分类。此决策树可能会根据身高将大部分高个子的学生分类为"运动员"。

（2）梯度提升会考查这个简单决策树的错误，如一些高个子但不擅长运动的学生被错误分类。

（3）在接下来的几轮中，梯度提升会使用额外的决策树来修正之前的错误，如考虑体重或运动能力，直到分类效果达到满意为止。

10.2.2　分类方法评估指标

常见的用于评价分类任务的评估指标包括准确率（accuracy）、错误率（error rate）、灵敏度（sensitivity）、特异度（specificity）等，这些指标不仅可以帮助我们理解模型在哪里做得好、在哪里需要改进，而且还可以为我们提供一个标准，以便在不同的模型或方法之间进行比较。下面我们将这些指标分为三个部分依次进行介绍。

1. 基本指标

（1）准确率：代表模型正确分类的样本占总样本数的比例。但在数据不平衡的情况下，这个指标可能不是很有用。该指标的计算公式为

$$\text{Accuracy} = \frac{\text{正确预测的数量}}{\text{总样本数量}}$$

（2）错误率：它是和准确率相对的指标，表示模型错误分类的样本占总样本数的比例。

假设在 100 个样本的数据集中，如果模型预测了 95 个样本正确，5 个样本错误，则准确率为 95%，错误率就是 5%。

2. 混淆矩阵相关指标

（1）真正例（true positive, TP）：实际为正类，预测也为正类。

（2）真负例（true negative, TN）：实际为负类，预测也为负类。

（3）假正例（false positive, FP）：实际为负类，预测为正类。

（4）假负例（false negative, FN）：实际为正类，预测为负类。

① 在一个关于患病分类预测的实验中，如果100人实际患病，模型预测其中有90人患病，那么真正例TP=90。

② 如果有100人实际没有疾病，模型预测其中有85人没有疾病，那么真负例TN=85。

③ 如果实际没有疾病的人中，模型错误预测为有疾病的有15人，那么假正例FP=15。

④ 如果实际患病的人中，模型错误预测为没有疾病的有10人，那么假负例FN=10。

该案例的混淆矩阵如图10.4所示。

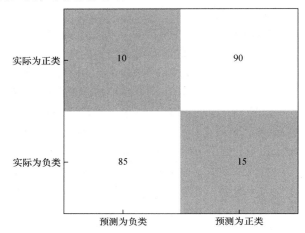

图10.4　混淆矩阵示意图

3. 性能指标

（1）灵敏度：也称真正率、召回率，表示正类中被正确预测的比例，其公式为

$$sensitivity = \frac{TP}{TP + FN}$$

（2）特异度：也称假正率，表示负类中被正确预测的比例，其公式为

$$specificity = \frac{FP}{FP + TN} = 1 - sensitivity$$

（3）精确率（precision）：表示预测为正类中实际为正类的比例，其公式为

$$precision = \frac{TP}{TP + FP}$$

在上述患病分类预测的实验场景中：

① 灵敏度为 $\frac{90}{90 + 10} = 0.9$；

② 特异度为 $\frac{85}{85 + 15} = 0.85$；

③ 精确率为 $\frac{90}{90 + 15} = 0.857$。

（4）F1分数（F1 Score）：是精确率和灵敏度（也称为真正率、召回率）的调和平均数，F1分数为这两者提供了一个平衡的度量，其公式为

$$F1 = 2 \times \frac{precision \times sensitivity}{precision + sensitivity}$$

使用上面的精确率和灵敏度，F1 分数为$2 \times \dfrac{0.857 \times 0.9}{0.857 + 0.9} = 0.878$。

（5）AUC-ROC 曲线。AUC-ROC 曲线是针对各种阈值设置下的分类问题的性能度量，其中阈值是一个介于 0 和 1 之间的值，基于此阈值，模型的预测概率会被转化为二进制类标签。

在二分类问题中：

① 如果预测概率大于或等于决策阈值，则样本被分类为正类（例如，标签为 1）。

② 如果预测概率小于决策阈值，则样本被分类为负类（例如，标签为 0）。

ROC 是概率曲线，AUC 表示可分离的程度或测度，它告诉我们多少模型能够区分类别。出色的模型的 AUC 接近 1，这意味着它具有良好的可分离性度量，较差的模型的 AUC 接近于 0，这意味着它的可分离性度量差。

为了绘制 ROC 曲线，我们通常会改变模型的决策阈值，然后计算每个阈值对应的 TPR（真正率）和 FPR（假正率），将这些点在图上绘制出来。

ROC 曲线越接近左上角，则模型的性能越好。

AUC 值范围在 0 到 1 之间，其中，1 表示完美分类器，0.5 表示随机猜测。AUC 值越高，表示模型的性能越好。

假设在多个阈值下的真正率和假正率如下：(0.1, 0.05), (0.5, 0.2), (0.9, 0.6)。这些点可以在 ROC 曲线上绘制，AUC 表示这些点下方的面积，如图 10.5 所示。

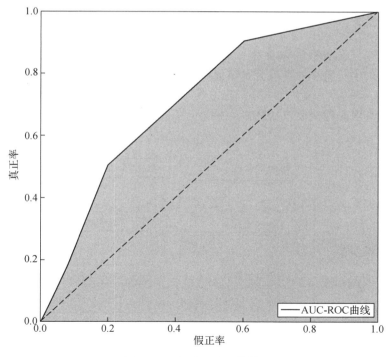

图10.5　AUC–ROC曲线

（6）交叉验证。交叉验证是一种模型评估方法，它将训练数据分成 K 个子集，每次使用 K-1 个子集作为训练数据，剩下的一个子集作为验证数据。这个过程重复 K 次，每次选择一个不同的子集作为验证数据。最后取 K 次评估的平均值作为模型的最终评估结果。

10.2.3 聚类方法概述和效果评价

聚类算法是无监督学习的一种方法，它旨在将数据集中的样本划分为几个"簇"（簇即数据中自然形成的组或集群），使得同一簇中的样本相互之间的相似性高，而不同簇中的样本的相似性低。

聚类和分类最简单的区分就是，类别是否已知。分类是根据数据的特征划分到已知的类别，比如对动物图片进行分类，提取图片的特征，然后根据提取的特征将其划分到对应的动物类别。聚类则是未知的类别，同样是提取数据的特征，然后将特征相似的聚成一类，从而聚成几个类别。

在确定聚类的簇数量时，我们主要会用到肘部法则（Elbow Method），这是一种确定聚类算法最佳簇数（即 K 值）的经验方法。随着簇的数量增加，样本到其簇中心的平均距离（称为群内平方和，或 WSS）会逐渐减小。但在某个点之后，这种减小的趋势会变得非常缓慢。这个"转折点"就好像一个肘部一样，因此得名"肘部法则"。

常见的聚类算法包括 K 均值聚类、层次聚类、DBSCAN 聚类和 GMM（Gaussian Mixture Model）聚类。下面我们分别对其进行介绍。

1．聚类方法介绍

1）K 均值聚类

K 均值聚类是一种将数据点分成 K 个簇的方法，其中每个数据点都属于最近的中心点的簇，该方法尝试最小化每个数据点到其所属簇中心的距离之和，所谓簇中心就是簇中所有数据点的均值。

K 均值聚类实现流程主要包括随机初始化、分配数据点、计算新的簇中心和迭代，可以参考图 10.6。

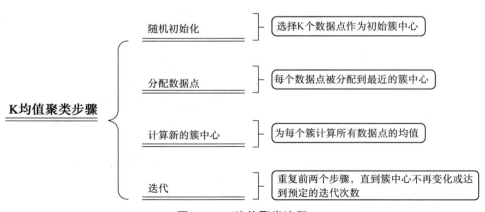

图10.6　K均值聚类流程

假设我们通过某购物中心的顾客数据集对客户进行聚类，其中每个顾客都有年龄和年度购物额度两个特征。使用 K 均值聚类，我们可能会根据这些特征将顾客分为几个簇，例如"年轻且花费高"或"中年且花费低"。

2）层次聚类

层次聚类不是将数据一次性划分为几个簇，而是创建一个数据样本的树形层次结构。这个结构可以是自下而上的（凝聚）或自上而下的（分裂）。

自下而上的凝聚层次聚类有如下三个步骤。

（1）开始：每个数据点都是自己的簇，所以如果有 N 个数据点，就有 N 个簇。

（2）合并：在每一步中，找到最接近的两个簇并将它们合并成一个新的簇。

（3）结束：重复上一步，直到所有的数据点都在一个簇中，或者达到某个其他停止准则。

自上而下的分裂层次聚类有如下三个步骤。

（1）开始：所有的数据点都在一个簇中。

（2）分裂：在每一步中，找到可以进一步分裂的最"不连续"的簇，并将其分裂为两个子簇。

（3）结束：重复上一步，直到每个数据点都是自己的簇。

图 10.7 展示了自下而上的层次聚类过程。

3）DBSCAN 聚类

DBSCAN 是一种基于密度的聚类方法，它可以发现任何形状的簇，并能够识别噪声数据点。

在正式介绍该方法前，我们需要先学习一些基本概念。

（1）ε：它是一个距离阈值，用于确定数据点的"邻域"，如果两个点之间的距离小于或等于 ε，那么它们是"邻居"。

（2）MinPts：这是一个数量阈值，指定了一个点的邻域中应有的最小数据点数，以使该点被视为核心点。

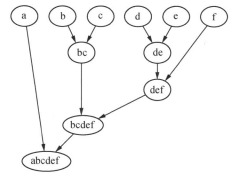

图10.7　自下而上的层次聚类过程示意

DBSCAN 的核心思想是利用数据的密度来形成簇，它认为一个簇是数据空间中的一个密集区域，由数据点的紧密排列形成，与低密度区域相隔离。由此各个数据点会被分类为核心点、边界点、噪声点。

（1）核心点：如果一个点的邻域中至少有 MinPts 个点，那么这个点就被视为核心点。

（2）边界点：如果一个点的邻域中的点数少于 MinPts，但它位于核心点的邻域内，那么它是一个边界点。

（3）噪声点：既不是核心点也不是边界点的点被视为噪声点或异常点。

DBSCAN 将会先随机选择一个未被访问的点，如果这个点的邻域中至少有 MinPts 个点，那么开始一个新的簇，并将所有可到达的点都添加到这个簇中；如果点是一个噪声点，标记它并继续下一个点。重复上述过程，直到所有的点都被访问或标记。

下面我们通过一个简单的例子来理解它的流程。

数据：假设有点 $A(1, 2)$，$B(2, 2)$，$C(2, 3)$，$D(8, 8)$，$E(8, 7)$，$F(7, 8)$，$G(25, 25)$。

参数:假设我们选择参数 $\varepsilon= 2$(即两个点之间的距离必须小于或等于2才能被认为是邻居)和 MinPts = 2(一个点的邻域中至少应有2个其他点才能将其视为核心点)。

步骤1:从点 A 开始。在距离2的范围内,A 有两个邻居:B 和 C。因此,A 是一个核心点。我们开始一个新的簇并包括 A、B 和 C。

步骤2:我们选择点 D,D 在其邻域中有两个邻居:E 和 F。因此,D 也是一个核心点。我们开始另一个簇并包括 D、E 和 F。

步骤3:当我们到达点 G 时,发现它在距离2的范围内没有任何邻居。因此,G 被视为噪声点或异常点。

最终,分类结果如表10.2所示。

表 10.2 分 类 结 果

点	坐标	分类结果
A	(1, 2)	Cluster 1
B	(2, 2)	Cluster 1
C	(2, 3)	Cluster 1
D	(8, 8)	Cluster 2
E	(8, 7)	Cluster 2
F	(7, 8)	Cluster 2
G	(25, 25)	噪声点

4)GMM 聚类

GMM 聚类是一种基于概率的软聚类方法。与硬聚类方法(如 K 均值聚类)不同,GMM 为每个数据点分配到每个簇的概率,而不是明确地将其分配到某个簇。

GMM 假设数据是由多个高斯分布(高斯分布就是正态分布)生成的。每个高斯分布对应一个簇,数据点可以由任何一个高斯分布(即簇)生成,而 GMM 的目的是确定这些分布的参数,以及每个点属于每个分布的概率。

在 GMM 方法中,最主要的步骤是 E 步骤和 M 步骤。

E 步骤也称期望步骤,即对于每个数据点,计算它属于每个高斯分布的概率;M 步骤也称最大化步骤,即更新每个高斯分布的参数,使得观测到的数据的似然性最大化。重复 E 步骤和 M 步骤,直到参数收敛或达到预定的迭代次数,即可得到每个数据点的类别标签或生成新的数据样本。

下面我们通过一个简单的例子来理解它的原理和步骤。

(1)数据:假设学校想对学生身高进行分类,并且前期观察到数据中有两个明显的峰值。据推断是因为男生和女生的身高分布有所不同,男生和女生都各自遵循一个高斯分布,均值和标准差各自不同。因此女生身高均值在 160 cm 附近,另一个则在 175 cm 附近。

(2)GMM 假设:我们假设数据由两个高斯分布生成(一个对应于男生,另一个对应于女生)。因此,我们需要确定这两个高斯分布的参数(均值和标准差)。

（3）E 步骤：给定当前的参数估计，为每个数据点计算它属于男生分布或女生分布的概率。

（4）M 步骤：更新参数（均值和标准差），使得观察到的数据的似然性最大化。

（5）迭代：E、M 这两个步骤反复进行，直到参数收敛或达到预定的迭代次数。

（6）结果：我们得到两个高斯分布的参数，比如：

男生：均值 = 175 cm，标准差 = 7 cm

女生：均值 = 160 cm，标准差 = 6 cm

如此一来，对于每个数据点，我们就可以得到它属于每个簇的概率。例如，一个身高为 168 cm 的学生可能有 70% 的概率属于女生簇和 30% 的概率属于男生簇。

2. 效果评估方法

由于聚类是无监督学习的一种，通常没有真实的类别标签来评估结果，因此对于聚类的效果评估是一件比较有挑战性的事，不过好在我们依然有一些方法可以评估聚类的质量。这些方法可以大致分为两类：内部评价指标和外部评价指标。下面我们分别介绍这两种类型的指标。

1）内部评价指标

内部评价是基于聚类结果本身进行的评价，不需要外部的标签信息。常见的内部评价指标包括以下两个。

（1）轮廓系数（Silhouette Coefficient）：轮廓系数是衡量样本与相同聚类中其他样本的相似度与样本与最近的另一个聚类的样本的相似度之间的差异的指标，计算公式为

$$S(i) = \frac{b(i) - a(i)}{\max\{a(i), b(i)\}}$$

其中，$a(i)$ 是样本 i 与同一簇中其他样本的平均距离；$b(i)$ 是样本 i 与最近的另一簇的所有样本的平均距离。

该指标取值范围为 [-1, 1]，值越大表示聚类效果越好。

假设我们有三个数据点 A、B 和 C。A 和 B 在同一簇，而 C 在另一个簇。A 到 B 的距离为 1，A 到 C 的距离为 4。对于 A，$a(A)=1$（与 B 的平均距离），$b(A)=4$，因此 $S(A) = 0.75$。这意味着 A 与其所在的簇非常接近，聚类效果较好。

（2）DBI（Davies-Bouldin Index）：该指标基于聚类内的平均距离和聚类之间的距离，值越小表示聚类效果越好，计算公式为

$$DBI = \frac{1}{k}\sum_{i=1}^{k} \max_{i \neq j} \left(\frac{s_i + s_j}{d_{ij}} \right)$$

其中，s_i 是簇 i 中所有点的平均距离；d_{ij} 是簇 i 和簇 j 的中心之间的距离。

假设有两个簇，两个簇内部的平均距离分别为 1 和 0.5，两个簇中心之间的距离为 10，可计算 DBI 的值即为 0.15，DBI 值较小，聚类效果良好。

2）外部评价指标

外部评价是基于已知的真实类标签来评估聚类结果的。常见的外部评价指标包括以下两个。

（1）兰德指数（Rand Index，RI）：衡量两个数据分割的一致性。其取值范围为 [0, 1]，值

越大表示聚类效果越好，计算公式为

$$RI = \frac{a+b}{a+b+c+d}$$

其中，a 是在同一簇且在同一真实类中的样本对数；b 是在不同簇且在不同真实类中的样本对数；c 是在同一簇但在不同真实类中的样本对数；d 是在不同簇但在同一真实类中的样本对数。

假设有 5 个数据点，真实的类标签为 [1, 1, 2, 2, 2]，聚类结果为 [1, 1, 1, 2, 2]。根据上文公式可知 $a=6$，$b=4$，$c=2$，$d=2$，则 RI=0.71。

（2）Fowlkes-Mallows 指数（FMI）：FMI 用于评估聚类的质量，特别是在真实的类标签已知的情况下，它基于精确率和召回率（相关概念可以参考 10.2.2 节）的几何平均值，值范围为 [0,1]，值越大表示聚类效果越好。其公式为

$$FMI = \sqrt{\frac{TP}{TP + FP} \times \frac{TP}{TP + FN}}$$

其中，TP 是真正例；FP 是假正例；FN 是假负例。

这里我们沿用前面兰德指数中使用的例子，真实的类标签为 [1, 1, 2, 2, 2]，聚类结果为 [1, 1, 1, 2, 2]。TP=6，FP=2，FN=2，则 FMI =0.75。

10.3 ChatGPT分类和聚类分析应用实战

10.3.1 ChatGPT分类任务实战

在任务一（https://www.kaggle.com/datasets/tejashvi14/employee-future-prediction/data）中，T 公司希望可以预测员工未来两年内是否离职，即将员工分为两类：一类是未来两年内不会离职；一类是未来两年内会离职。因此这里需要我们通过分类方法来完成这个任务。

我们对于 ChatGPT 处理分类任务的预期如下。

（1）ChatGPT 应当使用多种分类方法得出最合适的分类结果。

（2）ChatGPT 在运用分类方法时应选择效果最好的参数，并展现调参过程。

（3）ChatGPT 最终应当为 T 公司提出人力资源方面的结论和建议。

因此，我们给到 ChatGPT 的提示词应当包括以下几个。

（1）赋予 ChatGPT 扮演数据分析专家角色。

（2）向 ChatGPT 简单介绍数据文件中用于分类任务的标签字段。

（3）在评估各个分类方法的分类效果时，要求 ChatGPT 使用精确率、召回率等指标综合评估。

下面让我们在 Code Interpreter 模式下向 ChatGPT 提问吧。

User:
该数据集中的Leave Or Not代表员工是否在两年内离职，是我们本次分类任务的标签。请你作为数据分析专家，完成以下工作：
1．数据预处理，包括将分类变量转换为数值型、划分训练集和测试集、标准化数值特征；
2．分别使用K最近邻方法、梯度提升和SVM方法完成分类任务，分别展示这些方法分类的结果；
3．通过精确率、召回率等指标评估分类结果，得出最佳方法，并得各个特征在分类中的重要性；
4．根据分类结果，得出人力资源方面的业务结论和建议。
请注意：
1．输出代码的注释应为中文；
2．在K最近邻方法中，K值的选择会影响结果，说明你选择的K值和对应的效果，选分类效果最好的K值；
3．在支持向量机方法中，核函数的选择会显著影响分类性能，正则化参数C用于控制分类误差和模型复杂度之间的权衡，在不同核函数下选择不同C值得到分类效果最好的核函数和C值；
4．在梯度提升方法中，弱学习器数量、深度限制、损失函数的选择会对分类效果产生影响，使用分类效果最佳的参数；
5．使用图表可视化地展示你选择参数的过程。

ChatGPT 返回的内容如下。

1. 预处理部分

首先，我将加载和预览数据。
接下来，我们将进行数据预处理。这包括对非数值型的特征进行编码，并将数据集划分为训练集和测试集。

原数据和经过处理后的数据如图 10.8 和图 10.9 所示，可以看到如 Education、City 等分类数据已被编码为数值。

	Education	JoiningYear	City	PaymentTier	Age	Gender	EverBenched	ExperienceInCurrentDomain	LeaveOrNot
0	Bachelors	2017	Bangalore	3	34	Male	No	0	0
1	Bachelors	2013	Pune	1	28	Female	No	3	1
2	Bachelors	2014	New Delhi	3	38	Female	No	2	0
3	Masters	2016	Bangalore	3	27	Male	No	5	1
4	Masters	2017	Pune	3	24	Male	Yes	2	1

图10.8 原数据示意图

	Education	JoiningYear	City	PaymentTier	Age	Gender	EverBenched	ExperienceInCurrentDomain
2005	0	2017	2	3	26	0	0	4
4316	0	2014	1	3	23	1	0	1
1723	0	2015	2	2	25	0	1	3
3773	1	2014	1	3	40	1	0	5
2154	0	2012	0	1	27	0	0	5

图10.9 编码后数据示意图

ChatGPT 在 Code Interpreter 中生成的预处理代码如下，这些代码我们也可以在 Jupyter Notebook 中本地运行。

```
ChatGPT:
import pandas as pd
from sklearn.model_selection import train_test_split
from sklearn.preprocessing import LabelEncoder
# 读取数据集
data = pd.read_csv("/mnt/data/Employee.csv")
# 显示数据集的前几行
data.head()
# 对非数值型特征进行编码
for column in ['Education', 'City', 'Gender', 'EverBenched']:
    le = LabelEncoder()
    data[column] = le.fit_transform(data[column])

# 划分数据集为训练集和测试集
X = data.drop('LeaveOrNot', axis=1)
y = data['LeaveOrNot']
X_train, X_test, y_train, y_test = train_test_split(X, y, test_size=
0.3, random_state=42)

# 显示处理后的训练集前几行
X_train.head()
```

2. 分类方法实现——K 最近邻方法

1）K 参数选择

在 K 最近邻方法中，当 K=5 时得到了最高的准确率，约为 82%，参数的选择过程如图 10.10 所示，可以看到，当 K<5 时，分类准确率随着 K 的上升而大幅上升；而当 K 超过 5 后，准确率开始随着 K 的上升而波动下降，因此我们选择 K=5 进行后续分类。

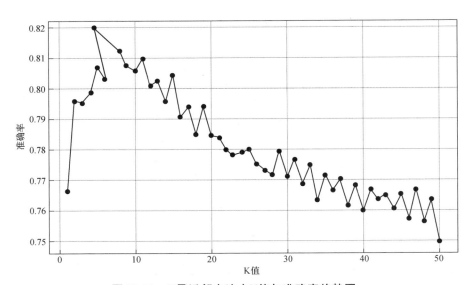

图10.10 K最近邻方法中K值与准确率趋势图

ChatGTP 在该步骤生成的代码如下。

```
ChatGPT:
# 使用K最近邻方法进行分类，并选择最佳的K值

# 为了选择最佳的K值，我们将测试一系列的K值并记录每个K值的准确率
k_values = range(1, 51)
accuracies_knn = []

for k in k_values:
    knn = KNeighborsClassifier(n_neighbors=k)
    knn.fit(X_train, y_train)
    y_pred = knn.predict(X_test)
    accuracies_knn.append(accuracy_score(y_test, y_pred))

# 可视化K值与准确率的关系
plt.figure(figsize=(10, 6))
plt.plot(k_values, accuracies_knn, marker='o', linestyle='-')
plt.title('Accuracy vs. K Value for KNN')
plt.xlabel('K Value')
plt.ylabel('Accuracy')
plt.grid(True)
plt.show()

# 返回准确率最高的K值
best_k = k_values[accuracies_knn.index(max(accuracies_knn))]
best_k, max(accuracies_knn)
```

2）分类结果评估

ChatGPT 通过在测试集上计算精确率和召回率对 K 最近邻的分类结果进行了评估：

```
K最近邻 (KNN)
准确率: 82%
对于未离职（Not Leave）：精确率为83%，召回率为93%
对于离职（Leave）：精确率为81%，召回率为62%
```

ChatGTP 在该步骤生成的测试分类效果的代码（该代码包括了 K 最近邻、SVM 和梯度提升的效果检验）如下。

```
from sklearn.metrics import confusion_matrix, classification_report

# 为三种方法预测测试集
y_pred_knn=KNeighborsClassifier(n_neighbors=best_k).fit(X_train, y_train).
predict(X_test)
    y_pred_svm=SVC(kernel=best_kernel_svm, C=best_C_svm, random_state=42).fit(X_
train, y_train).predict(X_test)
```

```
# 计算三种方法的混淆矩阵
cm_knn = confusion_matrix(y_test, y_pred_knn)
cm_svm = confusion_matrix(y_test, y_pred_svm)
cm_gb = confusion_matrix(y_test, y_pred_gb)

# 显示三种方法的分类报告
report_knn = classification_report(y_test, y_pred_knn, target_names=["Not Leave",
"Leave"])
    report_svm = classification_report(y_test, y_pred_svm, target_names=["Not Leave",
"Leave"])
    report_gb = classification_report(y_test, y_pred_gb, target_names=["Not Leave",
"Leave"])

    report_knn, report_svm, report_gb
```

3. 分类方法实现——SVM 方法

1）核函数和 C 值选择

在支持向量机方法中，ChatGPT 分别对比了线性核和 RBF 核下取不同 C 值时的准确率情况，如图 10.11 所示，当使用线性核函数和 $C=1$ 时，可以得到最高的准确率，约为 69.34%。

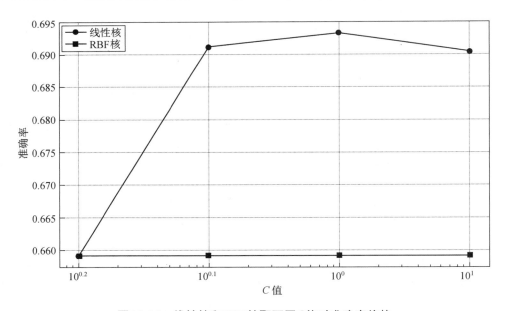

图10.11　线性核和RBF核取不同C值时准确率趋势

ChatGTP 在选取 SVM 相关参数时生成的代码如下。

```
ChatGPT:
# 使用支持向量机方法进行分类,并选择最佳的核函数和C值

# 选择两个核函数和较少的C值进行测试
kernels = ['linear', 'rbf']
C_values_small = [0.01, 0.1, 1, 10]
# 使用网格搜索来找到最佳的核函数和C值
accuracies_svm = {}
for kernel in kernels:
    accuracies_svm[kernel] = []
    for C in C_values_small:
        svc = SVC(kernel=kernel, C=C, random_state=42)
        svc.fit(X_train, y_train)
        y_pred = svc.predict(X_test)
        accuracy = accuracy_score(y_test, y_pred)
        accuracies_svm[kernel].append(accuracy)

# 可视化选择的核函数和C值的准确率
plt.figure(figsize=(10, 6))
for kernel in kernels:
    plt.plot(C_values_small, accuracies_svm[kernel], marker='o', label=kernel)
plt.xscale('log')
plt.title('Accuracy vs. C Value for Selected Kernels in SVM')
plt.xlabel('C Value (log scale)')
plt.ylabel('Accuracy')
plt.legend()
plt.grid(True)
plt.show()
# 返回准确率最高的参数组合
best_kernel_svm = max(accuracies_svm, key=lambda k: max(accuracies_svm[k]))
best_C_svm = C_values_small[accuracies_svm[best_kernel_svm].
index(max(accuracies_svm[best_kernel_svm]))]
    best_accuracy_svm = max(accuracies_svm[best_kernel_svm])

best_kernel_svm, best_C_svm, best_accuracy_svm
```

2）分类结果评估

ChatGPT 通过在测试集上计算精确率和召回率对 SVM 的分类结果进行了评估。

```
支持向量机 (SVM)
准确率: 69.34%
对于未离职(Not Leave): 精确率为72%,召回率为89%
对于离职(Leave): 精确率为59%,召回率为32%
```

可以看到 SVM 在该分类任务中的表现并不太好,逊色于 K 最近邻方法的分类结果。我们接下来继续看梯度提升方法的分类结果。

4. 分类方法实现——梯度提升方法

1）弱学习器数量、弱学习器最大深度和损失函数选择

ChatGPT 对于梯度提升中弱学习器数量、弱学习器最大深度和损失函数选择给出了如下反馈。

ChatGPT：
我们将针对梯度提升方法的以下参数进行选择和调优：

n_estimators：弱学习器数量
max_depth：单个弱学习器最大深度
loss：损失函数
为了提高效率，我们会使用较小的参数范围来进行网格搜索。
当使用deviance作为损失函数和最大深度为5时，选择50个弱学习器可以获得最好的交叉验证准确率。
随着弱学习器数量的增加，准确率在某些参数组合中会略有下降。

弱学习器数量、弱学习器最大深度和不同损失函数组合的准确率趋势图如图10.12所示，横轴代表弱学习器的数量，每条线段代表损失函数和弱学习器最大深度的组合，纵轴代表准确率，可以发现最佳的参数组合如下。

损失函数 (loss): deviance ；

最大深度 (max_depth): 5 ；

弱学习器数量 (n_estimators): 50。

这些参数组合下的平均交叉验证准确率约为 84.22%。

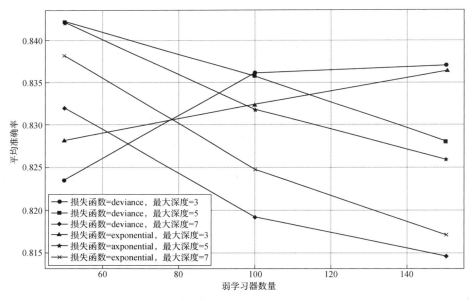

图10.12　弱学习器数量、弱学习器最大深度和不同损失函数组合的准确率趋势图

ChatGPT 生成的代码如下。

ChatGPT:
from sklearn.model_selection import GridSearchCV

```
# 定义参数网格
param_grid = {
    'n_estimators': [50, 100, 150],
    'max_depth': [3, 5, 7],
    'loss': ['deviance', 'exponential']
}

# 使用网格搜索来找到最佳的参数
gbc_grid = GridSearchCV(GradientBoostingClassifier(random_state=42),
                        param_grid, cv=5, scoring='accuracy', n_jobs=-1)
gbc_grid.fit(X_train, y_train)

# 获取网格搜索的结果
grid_results = pd.DataFrame(gbc_grid.cv_results_)

# 可视化不同参数组合的准确率
plt.figure(figsize=(12, 6))
for loss in param_grid['loss']:
    for depth in param_grid['max_depth']:
        subset = grid_results[(grid_results['param_loss'] == loss) &
                              (grid_results['param_max_depth'] == depth)]

        plt.plot(subset['param_n_estimators'], subset['mean_test_score'],
                 marker='o', label=f'loss={loss}, max_depth={depth}')

plt.title('Accuracy vs. Parameters for Gradient Boosting Classifier')
plt.xlabel('Number of Estimators (n_estimators)')
plt.ylabel('Mean Accuracy (CV)')
plt.legend()
plt.grid(True)
plt.tight_layout()
plt.show()

gbc_grid.best_params_, gbc_grid.best_score_
```

2）分类结果评估

ChatGPT 通过在测试集上计算精确率和召回率对梯度提升方法的分类结果进行了评估。

```
梯度提升 (Gradient Boosting)
准确率: 84.22%
对于未离职（Not Leave）: 精确率为85%, 召回率为96%
对于离职（Leave）: 精确率为89%, 召回率为67%
```

三种分类方法在该分类任务中的效果指标表现如表 10.3 所示。

可以看到，在本次分类任务中，梯度提升方法的分类效果表现最优秀，后续的步骤中我们选择梯度提升的分类结果进行分析。

表 10.3　各分类方法效果 %

分类方法	准确率	未离职精确率	未离职召回率	离职精确率	离职召回率
K 最近邻	82	83	93	81	62
支持向量机	69.34	72	89	59	32
梯度提升	84.22	85	96	89	67

5. 评估特征重要性

ChatGPT 计算了梯度提升方法中不同特征的重要性，并且进行了可视化，如图 10.13 所示，可以看到特征重要性从高到低依次是 JoiningYear（入职时间）、PaymentTier（薪资等级）、City（办公城市）、Education（学历）、Gender（性别）、Age（年龄）、ExperienceInCurrentDomain（该领域经验）、EverBenched（是否有过待岗），ChatGPT 对特征重要性的洞察如下。

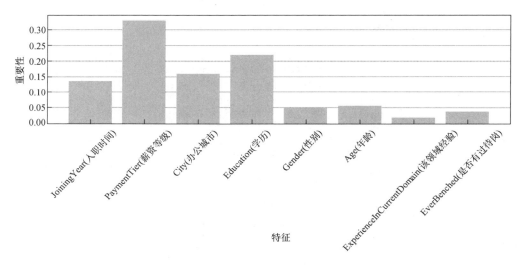

图10.13　不同特征重要性对比

ChatGPT：
1. 入职时间与离职关系密切：JoiningYear是最重要的特征，这意味着员工的入职时间与其离职意向有显著的关系。
2. 薪酬与员工满意度有关：PaymentTier的重要性位居第二，显示出薪资等级对员工的留任意向有一定的影响。
3. 地域差异显著：City是第三重要的特征，表明不同城市的员工可能有不同的离职趋势。
4. 教育背景和性别的影响：Education和Gender在特征列表中的位置也相对较高，说明这两个特征在某种程度上也影响着员工的离职意向。

ChatGPT 生成的代码如下。

```
feature_importance = gbc.feature_importances_
# 可视化特征的重要性
```

```
plt.figure(figsize=(12, 6))
plt.bar(X_train.columns, feature_importance, align='center')
plt.title('Feature Importance for Gradient Boosting Classifier')
plt.xlabel('Features')
plt.ylabel('Importance')
plt.xticks(rotation=45)
plt.grid(True, axis='y')
plt.tight_layout()
plt.show()
```

6. 业务建议

最终，ChatGPT 给出了人力资源方面的建议供 T 公司参考。

ChatGPT:
1.关注新员工：由于入职时间是最重要的特征，公司可能需要为新近入职的员工提供更多的培训和支持，确保他们更好地融入公司文化和工作环境。
2.审查薪酬策略：考虑到PaymentTier的重要性，公司应该确保其薪酬策略是公平和有竞争力的，以此来提高员工的满意度和留任率。
3.地域差异化策略：针对City特征的重要性，公司可以考虑针对不同地域制定不同的人才留任策略和福利方案。
4.考虑教育和性别多样性：提供更多的培训和职业发展机会，尤其是针对特定的教育背景和性别群体，以确保多样性和包容性。

10.3.2　ChatGPT聚类任务实战

对于任务二，我们可以看到用户的类别是未知的，因此我们可以判断这是一个聚类任务，即将特征有一定相似性的用户聚在同一个簇中，从而揭示不同的客户群体并制定对应的业务策略。

数据集地址：https://www.heywhale.com/mw/dataset/5fd4895c1a34b90030b85a57/file。

我们对于 ChatGPT 处理聚类任务的预期如下。

（1）ChatGPT 应当使用多种聚类方法得出最合适的聚类结果。

（2）和分类方法一样，ChatGPT 在运用聚类方法时应选择效果最好的参数，并展现调参过程。

（3）ChatGPT 最终应当为 Y 公司提出营销策略方面的结论和建议。

因此，我们给到 ChatGPT 的提示词应当包括以下两个。

（1）向 ChatGPT 简单介绍数据文件中用于聚类任务的特征字段。

（2）要求 ChatGPT 使用 DBI 和肘部法则选择最合适的聚类簇数或其他参数。

据此，我们的提示词如下。

User:
假设你是一位资深数据分析专家，请你根据上传的数据文件进行如下步骤的分析：
1.数据预处理，包括将分类变量转换为数值型、处理缺失值等。
2.分别使用K均值聚类方法和DBSCAN聚类方法对不同数据点进行聚类。
3.通过对比DBI选择合适的聚类方法，并根据每个簇的特征对聚类结果进行命名。
4.根据聚类结果，提出你对人群的洞察结论和建议。

请注意:
1.在使用K均值聚类方法时,使用肘部法则和DBI选择聚类簇数。
2.在使用DBSCAN聚类方法时,使用DBI选择合适的ε、MinPts参数。

1. 数据预处理

由于预处理步骤我们在此前已经多次提及(比如 10.3.1 节),可以参考前文的相关内容,这里我们直接给出 ChatGPT 生成的预处理代码。

```python
import pandas as pd
import numpy as np
from sklearn.preprocessing import StandardScaler, LabelEncoder
from sklearn.cluster import DBSCAN
from sklearn.metrics import davies_bouldin_score, silhouette_score
import matplotlib.pyplot as plt
# 1. 加载数据
data = pd.read_excel("/mnt/data/data.xlsx")
# 2. 数据预处理
# 编码 'IS_ACTIVE' 列
le_active = LabelEncoder()
data['IS_ACTIVE_ENCODED'] = le_active.fit_transform(data['IS_ACTIVE'])
# 标准化数字列
columns_to_standardize = ['AVG_ORDERS', 'AVG_MONEY', 'IS_ACTIVE_ENCODED', 'SEX']
scaler = StandardScaler()
data_standardized = scaler.fit_transform(data[columns_to_standardize])
```

2. 聚类方法实现——K 均值方法

如图 10.14 所示,左侧是肘部法则的结果,横轴代表簇数,纵轴代表群内平方和,可以清晰地看到 K=4 就是出现在"肘部"的那个转折点;同时,根据右侧不同簇数下 DBI 的数值,不难发现 K=3 和 K=4 时 DBI 数值最小。因此这里我们取 K=4 来进行 K 均值聚类分析,且 K=4 时,DBI 值约为 0.47。

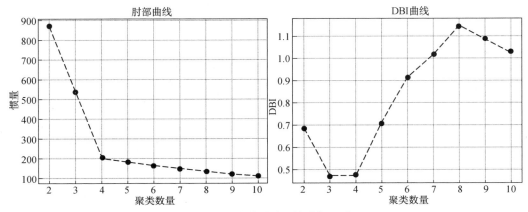

图10.14　K均值方法中K值选择示意图

该步骤 ChatGPT 生成的 python 代码如下。

```python
import pandas as pd
import numpy as np
from sklearn.preprocessing import StandardScaler, LabelEncoder
from sklearn.cluster import KMeans
from sklearn.metrics import davies_bouldin_score
import matplotlib.pyplot as plt
# 1. 加载数据
data = pd.read_excel("data.xlsx")
# 剔除性别为2的数据
data = data[data['SEX'] != 2]
# 2. 数据预处理
# 编码 'IS_ACTIVE' 列
le_active = LabelEncoder()
data['IS_ACTIVE_ENCODED'] = le_active.fit_transform(data['IS_ACTIVE'])
# 标准化数字列
columns_to_standardize = ['AVG_ORDERS', 'AVG_MONEY', 'IS_ACTIVE_ENCODED', 'SEX']
scaler = StandardScaler()
data_standardized = scaler.fit_transform(data[columns_to_standardize])
# 3. 使用肘部法则和DBI确定最佳的聚类数k
inertia_values = []
dbi_values = []
range_values = range(2, 11)
for i in range_values:
    kmeans = KMeans(n_clusters=i, random_state=42)
    cluster_labels = kmeans.fit_predict(data_standardized)
    inertia_values.append(kmeans.inertia_)
    dbi_values.append(davies_bouldin_score(data_standardized, cluster_labels))
# 绘制肘部曲线和DBI曲线
plt.figure(figsize=(15,6))
plt.subplot(1, 2, 1)
plt.plot(range_values, inertia_values, marker='o', linestyle='--')
plt.xlabel('Number of Clusters')
plt.ylabel('Inertia')
plt.title('Elbow Curve')
plt.grid(True)
plt.subplot(1, 2, 2)
plt.plot(range_values, dbi_values, marker='o', linestyle='--', color='red')
plt.xlabel('Number of Clusters')
plt.ylabel('Davies-Bouldin Index')
plt.title('DBI Curve')
plt.grid(True)
plt.tight_layout()
plt.show()
# 4. 使用k=4进行聚类
kmeans = KMeans(n_clusters=4, random_state=42)
data['CLUSTER'] = kmeans.fit_predict(data_standardized)
# 计算每个聚类的人群占比
```

```
cluster_counts = data['CLUSTER'].value_counts(normalize=True)
print("Cluster Population Percentage:\n", cluster_counts)
# 分析每个聚类的数值特点
cluster_summary_numeric=data[['AVG_ORDERS','AVG_MONEY', 'CLUSTER']].
groupby('CLUSTER').mean()
print(cluster_summary_numeric)
# 分析每个聚类的分类特点
cluster_summary_active=data.groupby(['CLUSTER','IS_ACTIVE']).size().
unstack(fill_value=0)
cluster_summary_sex = data.groupby(['CLUSTER', 'SEX']).size().unstack(fill_
value=0)
print(cluster_summary_active)
print(cluster_summary_sex)
```

3. 聚类方法实现——DBSCAN 聚类方法

如图 10.15 所示，横轴代表不同的 MinPts 参数，每条线段代表不同的 ε 参数，纵轴代表不同的 DBI 值，可以发现，DBSCAN 聚类方法在本次聚类任务中的最佳组合是 ε =0.6 且 min_samples=10，对应的 DBI 值约为 0.98。

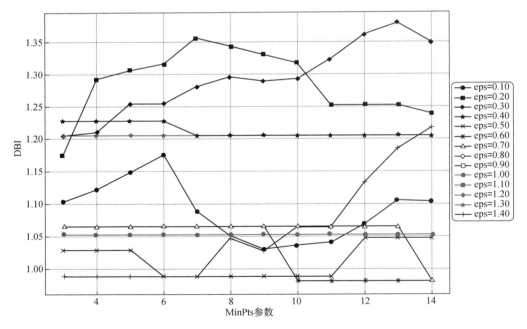

图10.15 不同MinPts参数与 ε 参数组合下DBI值趋势图

对比 K 均值方法的 DBI 值，DBSCAN 的 DBI 值显然偏高了，因此可以认为对于该聚类任务而言，K 均值方法更加合适，我们后续的聚类结果和结论建议都将根据 K 均值方法的聚类结果得出。

该步骤 ChatGPT 生成的 python 代码如下。

```python
import pandas as pd
import numpy as np
from sklearn.preprocessing import StandardScaler, LabelEncoder
from sklearn.cluster import DBSCAN
from sklearn.metrics import davies_bouldin_score
import matplotlib.pyplot as plt
# 1. 加载数据
data = pd.read_excel("data.xlsx")
data = data[data['SEX'] != 2]
# 2. 数据预处理
# 编码 'IS_ACTIVE' 列
le_active = LabelEncoder()
data['IS_ACTIVE_ENCODED'] = le_active.fit_transform(data['IS_ACTIVE'])
# 标准化数字列
columns_to_standardize = ['AVG_ORDERS', 'AVG_MONEY', 'IS_ACTIVE_ENCODED', 'SEX']
scaler = StandardScaler()
data_standardized = scaler.fit_transform(data[columns_to_standardize])
# 3. 调优DBSCAN参数
eps_values = np.arange(0.1, 1.5, 0.1)
min_samples_values = range(3, 15)
best_dbi = float('inf')
best_eps = None
best_min_samples = None
dbi_results = []
for eps in eps_values:
    dbi_for_eps = []
    for min_samples in min_samples_values:
        dbscan = DBSCAN(eps=eps, min_samples=min_samples)
        cluster_labels = dbscan.fit_predict(data_standardized)

        # Ensure more than one cluster is formed to calculate DBI
        if len(np.unique(cluster_labels)) > 1:
            dbi = davies_bouldin_score(data_standardized, cluster_labels)
            if dbi < best_dbi:
                best_dbi = dbi
                best_eps = eps
                best_min_samples = min_samples
        else:
            dbi = float('inf')
        dbi_for_eps.append(dbi)
    dbi_results.append(dbi_for_eps)

# Visualize the DBI results using line plots
plt.figure(figsize=(12,8))
for idx, eps in enumerate(eps_values):
    plt.plot(min_samples_values, dbi_results[idx], marker='o', label=f'eps=
{eps:.2f}')
```

```
plt.title("DBI for Different Parameters")
plt.xlabel("min_samples")
plt.ylabel("DBI")
plt.legend(loc='center left', bbox_to_anchor=(1, 0.5))  # 将图例放在图的右侧

plt.grid(True)
plt.tight_layout()
plt.show()

print(f"Best DBI: {best_dbi} with eps={best_eps} and min_samples={best_min_samples}")

# 4. 使用最佳参数进行DBSCAN聚类
dbscan = DBSCAN(eps=best_eps, min_samples=best_min_samples)
data['CLUSTER'] = dbscan.fit_predict(data_standardized)

# 5. 分析每个聚类的数值特点
cluster_summary_numeric=data[['AVG_ORDERS','AVG_MONEY','CLUSTER']].groupby
('CLUSTER').mean()
print(cluster_summary_numeric)

# 分析每个聚类的分类特点
cluster_summary_active=data.groupby(['CLUSTER', 'IS_ACTIVE']).size().unstack
(fill_value=0)
cluster_summary_sex = data.groupby(['CLUSTER', 'SEX']).size().unstack(fill_
value=0)

print(cluster_summary_active)
print(cluster_summary_sex)
```

4. 聚类结果

基于 K 均值方法，ChatGPT 给出了针对用户的分类。

```
ChatGPT:

CLUSTER 0:
占比: 0.260090
平均订单数: 3.93（接近4）
平均消费金额: 41.01
活跃度: 全部为不活跃用户
性别: 几乎全部为性别男
命名: "不活跃的性别男高消费用户"

CLUSTER 1:
占比: 0.251121
平均订单数: 2.05（接近2）
平均消费金额: 38.99
活跃度: 全部为活跃用户
性别: 全部为性别女
```

```
命名："活跃的性别女低消费用户"

CLUSTER 2:
占比: 0.246637
平均订单数: 4.01（接近4）
平均消费金额: 40.97
活跃度: 全部为活跃用户
性别: 几乎全部为性别男
命名："活跃的性别男高消费用户"

CLUSTER 3:
占比: 0.242152
平均订单数: 2.03（接近2）
平均消费金额: 38.98
活跃度: 全部为不活跃用户
性别: 几乎全部为性别女
命名："不活跃的性别女低消费用户"
```

可以看到，根据 K 均值方法得到的四类人群在总人群中的占比都比较接近，不存在明显的倾斜，并且可以通过订单数、消费金额、活跃度等特征对各个类别人群进行具有业务含义的命名："不活跃的性别男高消费用户""活跃的性别女低消费用户""活跃的性别男高消费用户""不活跃的性别女低消费用户"。

5. 结论建议

根据聚类结果，ChatGPT 针对各种类型的用户人群提出了不同的策略和行动方向。

```
ChatGPT:
1.不活跃的性别男高消费用户（CLUSTER 0）
（1）策略: 重新吸引这些高价值的客户是关键。他们过去的消费金额相对较高，可能他们对某些产品或服务有特定的喜好。可以提供专属优惠、限时折扣或者针对性的产品推介，激发他们的购买意愿。
（2）行动: 发送个性化的电子邮件或短信，提供特别折扣和优惠；为他们推出新产品或独家预览；调查他们的需求，了解为什么他们变得不活跃。

2.活跃的性别女低消费用户（CLUSTER 1）
（1）策略: 这些客户很活跃但消费较低，可能她们更喜欢低价位的商品或者还没有找到合适的产品。可以考虑推荐更多适合她们的商品，或者提供捆绑销售、买一赠一等优惠。
（2）行动: 设计女性专属的营销活动；提供相关商品的捆绑优惠；通过调查或反馈了解她们的具体需求和喜好。

3.活跃的性别男高消费用户（CLUSTER 2）
（1）策略: 这是一个高价值的客户群，应该持续关注并保持他们的忠诚度。为他们提供VIP服务，例如优先发货、专属客服等，以及更多的高价值商品或服务。
（2）行动: 推出男性专属的高端产品线或服务；为他们提供尊享的VIP服务；定期发送感谢礼物或专属优惠。

4.不活跃的性别女低消费用户（CLUSTER 3）
（1）策略: 这些客户可能需要更多的激励措施才能重新激活。可以考虑提供特定的回归优惠，或者针对性的市场推广，例如女性专属的促销活动。
（2）行动: 发送"我们想念您"的电子邮件或短信，提供回归优惠；推出女性专属的限时折扣或赠品活动；
```

调查她们的需求，了解为什么她们变得不活跃。

总体上，针对每个聚类的特点和需求，可以设计专属的营销策略和活动，以提高客户满意度和忠诚度，并最大化销售和利润。

10.4　ChatGPT分类和聚类分析实战总结

1. 分类方法重点概念

1）分类概述

（1）分类是将输入数据划分为几个给定的类或标签的任务。

（2）常见的分类任务包括垃圾邮件识别、图像物体识别和疾病预测等。

（3）分类算法首先在标记的训练数据上进行学习，然后预测新的、未知的数据的标签。

2）逻辑回归

（1）适用于二分类问题。

（2）使用 Sigmoid 函数将线性回归的输出转换为 0 和 1 之间的值。

3）决策树和随机森林

（1）决策树使用指标如信息增益或基尼不纯度选择最佳特征进行分割。

（2）随机森林是多个决策树的集合，对新数据点的预测是基于多棵树的投票结果。

4）支持向量机

（1）寻找一个超平面使得两个类别之间的间隔最大化。

（2）使用核技巧来处理非线性可分的数据。

5）K 最近邻

（1）根据对象的属性，对其进行分类。

（2）考察给定点周围最近的 k 个数据点来预测其类别。

6）梯度提升

（1）它是一种集成学习方法，基于弱学习器构建的加性模型。

（2）通过迭代地添加弱学习器来纠正前一次的错误。

2. 聚类方法重点概念

1）聚类的定义

聚类是无监督学习的一种，目标是将数据集中的样本划分为几个"簇"，使得同一簇中的样本相互之间的相似性高，不同簇的样本相似性低。

2）聚类与分类的区别

（1）分类是有标签的学习，目标是将数据点分配到已知的类别中。

（2）聚类是无标签的学习，目标是将数据点分配到某个簇中，但簇的数量和结构事先未知。

3）确定聚类数量的方法

肘部法则是一种经验方法，用于确定聚类算法的最佳簇数。

4）主要的聚类方法

（1）K均值聚类：目标是最小化每个数据点到其所属簇中心的距离之和。

（2）层次聚类：创建一个数据样本的树形层次结构，可以是自下而上的或自上而下的。

（3）DBSCAN聚类：基于密度的聚类方法，可以识别任何形状的簇和噪声数据点。

（4）GMM聚类：基于概率的软聚类方法，假设数据是由多个高斯分布生成的。

3.重点实操总结

1）分类分析

在任务一中，为了帮助T公司基于员工的多种特征来预测他们是否会在两年内离职，我们需要进行分类分析，即将员工分为两类：一类是未来两年内不会离职；一类是未来两年内会离职。该部分综合对比多种分类方法并选取最合适的分类结果，从而完成分类任务，提示词如下。

User:

该数据集中的Leave Or Not代表员工是否在两年内离职，是我们本次分类任务的标签。请你作为数据分析专家，完成以下工作：

1.数据预处理，包括将分类变量转换为数值型、划分训练集和测试集、标准化数值特征；

2.分别使用K最近邻方法、梯度提升和SVM方法完成分类任务，分别展示这些方法分类的结果；

3.通过精确率、召回率等指标评估分类结果，得出最佳方法，并得各个特征在分类中的重要性；

4.根据分类结果，得出人力资源方面的业务结论和建议。

请注意：

1.输出代码的注释应为中文；

2.在K最近邻方法中，K值的选择会影响结果，说明你选择的K值和对应的效果，选分类效果最好的K值；

3.在支持向量机方法中，核函数的选择会显著影响分类性能，正则化参数C用于控制分类误差和模型复杂度之间的权衡，在不同核函数下选择不同C值得到分类效果最好的核函数和C值；

4.在梯度提升方法中，弱学习器数量、深度限制、损失函数的选择会对分类效果产生影响，使用分类效果最佳的参数；

5.使用图表可视化地展示你选择参数的过程。

2）聚类分析

在任务二中，为了协助Y公司区分不同的客户群体并根据不同群体制定不同的策略，该部分我们对比了多种聚类分析方法并选择聚类效果最好的方法，最终将客户聚类成四类人群并给不同人群设置不同的策略，提示词如下。

User:

假设你是一位资深数据分析专家，请你根据上传的数据文件进行如下步骤的分析：

1.数据预处理，包括将分类变量转换为数值型、处理缺失值等。

2.分别使用K均值聚类方法和DBSCAN聚类方法对不同数据点进行聚类。

3.通过对比DBI选择合适的聚类方法，并根据每个簇的特征对聚类结果进行命名。

4.根据聚类结果，提出你对人群的洞察结论和建议。

请注意：

1.在使用K均值聚类方法时，使用肘部法则和DBI选择聚类簇数。

2.在使用DBSCAN聚类方法时，使用DBI选择合适的ε、MinPts参数。

第 11 章

ChatGPT 推荐算法实战

随着 5G（第五代移动通信技术）和人工智能技术的飞速发展，我们的生活发生了深刻的变革。物质生活的基本需求得到了满足，人们开始追求更高层次的精神满足。从阅读书籍、观看电影到日常购物，我们的消费和娱乐方式似乎变得更加"随意"和"无意识"。很多时候，我们并不是主动去寻找，而是被动地接受各种信息和推荐。这种"随波逐流"的消费模式，往往受到热点事件、网红效应等外部因素的驱动。

在这样的背景下，如何在众多的商品和服务中找到真正符合自己口味和需求的内容成为一个挑战。尤其是在当今这个信息爆炸的时代，每个人的兴趣和偏好都是独特的，而且在不同的场景和时间点，我们对自己的需求也并不总是那么明确。正是基于这样的现实需求，推荐系统应运而生，它通过智能算法，为我们提供了一个更加个性化、精准的选择方案。

在本章，我们将一起学习推荐算法的基础知识，并尝试通过 ChatGPT 实现这些算法。

11.1 案例背景和任务

本节首先引入 T 公司对于音乐推荐和 Y 公司对于电影推荐的需求，以此引出推荐算法和 ChatGPT 在推荐任务中的应用。

11.1.1 任务一

T 公司成立于 2015 年，是亚洲领先的在线音乐流媒体服务提供商。自成立以来，平台已经积累了超过 500 万首歌曲和超过 1000 万注册用户。其核心竞争力在于为用户提供丰富的音乐库和出色的个性化体验。

随着用户群的日益多样化，平台面临一个挑战：如何确保每位用户都能发现并享受到他们真正喜欢的音乐？传统的基于流行度的推荐方法已经无法满足用户对于个性化的需求。因此，T 公司开始寻找新的方法来提高推荐的质量和相关性。

为了解决这个问题，T公司决定与某公司的信息检索组合作，利用该组提供的数据进行研究。这一合作不仅为T公司提供了一个宝贵的数据资源，还为其技术团队提供了一个独特的机会，通过开发基于内容的推荐算法，为其用户推荐他们可能感兴趣的音乐艺术家。

T公司希望帮助其技术团队和其他相关团队更好地理解用户的真实需求，从而提供更加精准和个性化的推荐，增强用户的黏性，提高用户满意度，并最终实现商业目标。

数据集描述如下。

（1）artists.dat：包含艺术家ID和艺术家名称的数据。

（2）tags.dat：包含标签ID和标签名称的数据。

（3）user_taggedartists.dat：包含用户对艺术家打的标签及其时间戳的数据。该数据集中包含了来自约2000名用户的社交网络、标签和资源消费（网页书签和音乐艺术家收听）信息。

11.1.2　任务二

Y公司是一家视频平台公司，致力于为观众提供无与伦比的电影推荐服务。近年来，我国电影市场呈现出迅猛的增长，观众越来越多元化，对于电影和电视节目的喜好和品位也越发多样化。Y公司的愿景是成为电影推荐领域的领先者，通过智能技术，将最适合每位用户口味的电影推送到他们的屏幕前。

Y公司的成功不仅来自对电影本身的热爱，也得益于它强大的推荐系统。这个系统基于用户的评级和标签数据，帮助用户找到他们可能喜欢的电影，而无须浏览数千个选项。为了进一步提高这一系统的精确性和个性化程度，Y公司决定借助MovieLens数据集，该数据集包含了来自各类用户的大量电影评级和标签数据，是宝贵的数据资源。

这个数据集包括多年来的用户评分和标记活动，覆盖了62423部电影，包括各种类型、风格和语言。此数据集包括：

（1）943位用户对1682部电影的100000次评分（1～5分）；

（2）每位用户至少评分了20部电影；

（3）用户的简单人口统计信息（年龄、性别、职业、邮政编码）。

11.2　推荐算法知识提要

在各种推荐算法中，基于内容的推荐算法和协同过滤推荐是发展最成熟、最常用的推荐算法，并且在工业界得到了大规模的应用，因此本节主要对这两种方法进行学习。

11.2.1　基于内容的推荐算法

基于内容的推荐系统的主要思想基于一个简单的理念：如果一个用户对某类型的内容表示了兴趣，那么他们很可能对相似内容也感兴趣。这种方法直接依赖于内容的属性，而不是其他用户的行为或反馈。

如果你在某个在线书店购买了很多关于计算机编程的书籍，基于内容的推荐系统可能会推荐更多与编程或相关技术主题有关的书籍给你。

基于内容的推荐算法中主要涉及的重点方法有内容描述和用户描述。

1. 内容描述

内容描述通常涉及提取项目的关键特性或属性，是对项目（如电影、书籍、文章等）的特性或属性的数字化表示。这个描述的目的是捕捉项目的核心特性，使其能够与其他项目或用户描述进行比较。

（1）对于文本内容（如新闻文章、书籍或电影描述），这可能包括关键词、主题或其他与内容相关的概念。

（2）对于其他类型的内容，如音乐或图像，内容描述可能包括节奏、旋律、颜色或形状等特性。

2. 用户描述

用户描述是基于他们过去的行为和喜好创建的。如果我们知道一个用户喜欢某些项目，我们可以简单地将这些项目的内容描述合并，从而形成该用户的描述。用户描述一般会涉及计算用户喜欢的每个项目描述的加权平均值。

如果一个用户在视频网站上观看科幻电影，并给这些电影高分，他们的用户描述可能就会强调"科幻"这一特性。

简单来说，内容描述就像是给每部电影或书籍贴上一个标签，让我们知道它是关于什么的，而用户描述就像是列出一个人喜欢的所有标签。推荐系统就是通过匹配这些标签来帮助找到用户可能喜欢的内容。准确的标签可以帮助我们更准确地找到好的推荐，所以选择如何制作这些标签非常重要。

下面我们介绍基于内容的推荐算法的流程，主要包括内容特征提取、向量化、计算用户描述、计算相似度、排序与推荐，如图11.1所示。

1. 内容特征提取

这是推荐过程中的第一步。

（1）文本数据：例如新闻、书籍或电影描述，特征提取通常涉及自然语言处理技术，例如分词、词干提取、词形还原、关键词抽取等。这一部分可以参考本书第9章文本分析部分的阐述。

（2）非文本数据：例如图片、音乐或视频，特征提取可以涉及颜色直方图、音频特性、关键帧提取等。

2. 向量化

当我们提取内容特征后，下一步就是将这些特征转化为数值形式，从而便于计算。常见的方法是 TF-IDF，它为每个词分配一个与其重要性成比例的权重，该方法我们在第9章文本分析的相关内容中有详细介

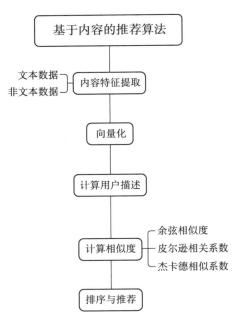

图11.1　基于内容的推荐算法主要流程

绍。对于非文本的向量化，如图像，可以使用特定的图像特征向量或通过深度学习模型，如 CNN 得到的特征向量来表示。

3. 计算用户描述

根据用户的行为，如点击、购买或评分，计算用户描述。常用的方法是取用户喜欢的所有项目的平均值，也可以考虑给不同的行为分配不同的权重。

权重的选择和计算在这个过程中是一个关键步骤，一般我们可以考虑如下方法进行。

（1）基于评分：就是直接使用用户给出的评分作为权重。

比如如果一个用户为电影 A 评分 5 星，而为电影 B 评分 3 星，那么在计算用户描述时，电影 A 的内容描述的权重会更高。

（2）基于时间：主要考虑用户与内容的最近交互。最近的交互会被赋予更高的权重，因为它们更能反映用户的当前兴趣。表 11.1 展示了一些常见的衰减函数。

表 11.1　常见的衰减函数

衰减函数类型	公式	参数含义
指数衰减	$f(t) = e^{-\lambda t}$	λ 是一个正数，决定了衰减的速度
线性衰减	$f(t) = \max(0, 1 - \alpha t)$	α 是一个正数，决定了每单位时间权重减少的数量
幂衰减	$f(t) = \dfrac{1}{(1+t)^p}$	p 是一个正数，当 p 值较大时，权重衰减得更快
对数衰减	$f(t) = \dfrac{1}{1 + \beta \log(1+t)}$	β 是一个正数，决定了衰减的速度
阶梯式衰减	根据时间间隔减少权重	适用于交互数据较为稀疏的情况

4. 计算相似度

余弦相似度是最常用的相似度度量，但也有其他方法，如欧几里得距离或皮尔逊相关系数。选择哪种方法取决于具体的应用和数据类型。表 11.2 展示了一些常见的相似度度量方法。

表 11.2　常见的相似度度量方法

方法	计算方法	优点	缺点
欧几里得距离	计算两个向量之间的几何距离	计算简单，概念简单，结果易理解	对维度单位敏感，无法比较不同量级
余弦相似度	计算两个向量的余弦值	对矢量方向敏感，易处理稀疏数据	需要向量归一化，计算复杂度高
皮尔逊相关系数	衡量两个变量线性相关程度	考虑了变量的关系，标准化后可比较不同量级变量	只反映线性关系，对非线性关系不敏感
杰卡德相似系数	两个集合的交集与并集大小的比值	简单易计算	只考虑集合，不考虑顺序
布雷沃－皮尔逊相关系数	考虑顺序的相关系数	考虑了顺序关系	计算较复杂

5. 排序与推荐

当我们计算了用户描述和所有项目之间的相似度，就可以根据相似度的降序为用户推荐项目。

11.2.2 协同过滤推荐

协同过滤推荐基于一个简单的思想：过去喜欢相似事物的人在未来也可能喜欢相似的事物。换句话说，如果小王和小李在过去对很多电影都有相似的评价，那么小王喜欢的新电影，小李也可能喜欢；反之亦然。

协同过滤可以分为两大类，分别为基于用户的协同过滤与基于物品的协同过滤，它们的含义和区别可参考表 11.3。

表 11.3　基于用户的协同过滤与基于物品的协同过滤辨析

区别点	基于用户的协同过滤	基于物品的协同过滤
核心思想	找到与目标用户有相似偏好的其他用户	找到与目标物品相似的其他物品
相似度计算	在用户之间计算	在物品之间计算
推荐生成	根据相似用户喜欢的项目进行推荐	根据用户喜欢的物品找到相似的其他物品进行推荐
优点	通常可以提供更个性化的推荐，并且能够捕捉到复杂的用户兴趣模式	通常更稳定，因为物品数量少于用户数量，且不像用户偏好那样经常变化；更易于扩展，特别是在有大量用户的情况下
典型应用场景	社交网络、小型或中型社区	电商、大型平台、音乐或电影推荐系统

简单地说，基于用户的协同过滤更侧重于用户之间的关系，它要找的是与目标用户有相似兴趣的其他用户；基于物品的协同过滤则更侧重于项目之间的关系，它要找的是与目标物品相似的其他物品。

这两种方法的选择应根据具体的业务场景和数据特性来进行。例如，当有大量用户和较少的项目时，基于物品的协同过滤可能会更加有效；而在用户的偏好变化较快的情境中，基于用户的协同过滤可能会更有优势。

这两种方法的步骤都只有两步，如图 11.2 所示。

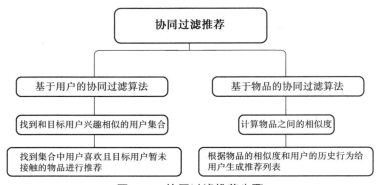

图11.2　协同过滤推荐步骤

1. 基于用户的协同过滤算法

1）找到和目标用户兴趣相似的用户集合

（1）数据处理：首先需要一个用户 - 物品的交互矩阵。这个矩阵的每一行代表一个用户，每一列代表一个物品，而每个元素代表了用户与物品的交互，比如评分。

（2）相似度计算：使用相似度度量（如余弦相似度、皮尔逊相关系数等，详细内容请参考表 11.2）来计算目标用户与其他每一个用户的相似度。这些相似度得分会用于后续的推荐计算。

（3）选择邻居：一旦计算了相似度，就可以选择一个相似度最高的用户子集作为"邻居"。

2）找到集合中用户喜欢且目标用户暂未接触的物品进行推荐

（1）生成推荐分数：对于每一个未被目标用户互动过的物品，可以通过加权邻居的评分来计算一个预期的评分或者偏好分数。

（2）排序和推荐：根据预期的评分对物品进行排序，选择评分最高的物品推荐给目标用户。

2. 基于物品的协同过滤算法

基于物品的协同过滤算法同样主要也有两步，且和基于用户的协同过滤算法有较大相似之处。

1）计算物品之间的相似度

（1）数据处理：与基于用户的方法类似，首先需要用户 - 物品的交互矩阵。

（2）相似度计算：计算物品与物品之间的相似度。这通常使用余弦相似度或其他相似度度量来完成。

2）根据物品的相似度和用户的历史行为给用户生成推荐列表

（1）预测评分：对于用户已经互动过的每一个物品，根据该物品与其他物品的相似度以及用户对那些物品的评分，预测用户可能对未互动过的物品的评分。

（2）排序和推荐：根据预测的评分，为用户推荐评分最高的物品。

11.3　ChatGPT推荐算法应用实战

11.3.1　ChatGPT基于内容的推荐算法实战

对于任务一，根据链接（https://grouplens.org/datasets/hetrec-2011/），我们可以查看该部分数据集如下。

（1）Artists 数据集中包含艺术家的 ID、名称、URL 等信息。

（2）Tags 数据集中包含标签的 ID 和值。

（3）User_Tagged_Artists 数据集包含用户给艺术家打标签的信息。

数据集中包含了用户为艺术家打上的标签，有丰富的内容信息，可以用于描述和区分艺术家，但是同时这个数据集没有提供用户对艺术家的明确评分，只提供了用户与艺术家的互动数据。在没有明确的评分数据的情况下，基于协同过滤的方法可能不如基于内容的方法效果好。

同时，如果使用基于内容的推荐可以提供很好的解释性。例如，我们可以告诉用户："我们推荐这位艺术家是因为你之前喜欢过这些标签"。

因此我们对于 ChatGPT 处理基于内容的推荐任务的预期如下。

（1）ChatGPT 应当使用基于内容的推荐方法得出推荐结果。

（2）ChatGPT 应当为每一位用户都进行推荐。

（3）ChatGPT 最终应当基于推荐结果提出业务结论和建议。

因此，我们给到 ChatGPT 的提示词应当包括以下几个。

（1）赋予 ChatGPT 扮演数据分析专家角色。

（2）向 ChatGPT 简单介绍各个数据文件。

（3）向 ChatGPT 说明采取的推荐算法。

下面让我们在 Code Interpreter 模式下向 ChatGPT 提问吧。

User:
Artists数据集中包含艺术家的ID、名称、URL等信息；Tags数据集中包含标签的ID和值；User_Tagged_Artists数据集包含用户给艺术家打标签的信息。
请你作为数据分析专家，通过基于内容的推荐算法为每位用户推荐3位艺术家，并结合可视化方法给出T公司在业务方面的结论和建议。
基于内容的推荐算法步骤为：
1.艺术家特征提取，为每位艺术家创建一个基于标签的特征向量；
2.用户特征提取，为每个用户创建一个特征向量，表示他们对各种标签的偏好；
3.计算相似度，使用用户特征向量和艺术家特征向量计算用户与每位艺术家之间的相似度；
4.生成推荐，为用户推荐与他们特征向量最相似的艺术家。
请注意：
1.输出代码的注释应为中文；
2.在为T公司提供结论和建议的过程中结合图表进行。

---

1. 推荐结果

ChatGPT 根据我们的要求顺利地为所有用户生成了最推荐的三位艺术家，部分结果如表 11.4 所示。

表 11.4　部分用户艺术家推荐结果

userID	推荐 1	推荐 2	推荐 3
2	Thievery Corporation	Zero 7	Bliss
4	Gorillaz	Kerli	Babylon Zoo
5	Death Cab for Cutie	The Killers	Kasabian
6	Madvillain	Public Enemy	Necro
7	Christina Aguilera	Sugababes	The Pussycat Dolls
8	Cassandra Steen	Eisblume	Juli
10	OK Go	The Magic Numbers	Dr.Dog
11	Fergie	Justin Timberlake	The Pussycat Dolls

续表

userID	推荐1	推荐2	推荐3
12	Garbage	Lifehouse	Rage Against the Machine
13	Hilary Duff	Ke$ha	Gwen Stefani
14	Duran Duran	Simple Minds	Billy Idol
15	Ti 毛 sto	Stunt	Francis and the Lights
16	Katy Perry	Gwen Stefani	Sixpence None the Richer

ChatGPT 生成的 python 代码按照加载数据——创建艺术家标签矩阵——为每个用户创建标签偏好向量——计算余弦距离——推荐艺术家的步骤进行，具体如下。

```
ChatGPT:

import pandas as pd
from sklearn.metrics.pairwise import cosine_similarity

# 1. 加载数据
user_taggedartists_df = pd.read_csv("user_taggedartists.dat", sep="\t")
tags_df = pd.read_csv("tags.dat", sep="\t", encoding="ISO-8859-1")

# 2. 创建艺术家标签矩阵
artist_tag_matrix = user_taggedartists_df.pivot_table(index='artistID', columns=
'tagID', aggfunc='size', fill_value=0)

# 3. 为每个用户创建标签偏好向量
user_profile=user_taggedartists_df.groupby('userID').apply(lambdax:x.pivot_table
(index='userID', columns='tagID', aggfunc='size', fill_value=0).mean()).reset_index()

# 确保艺术家标签矩阵和用户偏好向量有相同的列
missing_tags = set(artist_tag_matrix.columns) - set(user_profile.columns)
missing_tags_df = pd.DataFrame(0, index=user_profile.index, columns=missing_tags)

# 使用pd.concat整合缺失的标签列
user_profile = pd.concat([user_profile, missing_tags_df], axis=1)
user_profile=user_profile.set_index('userID').reindex(columns=artist_tag_matrix.
columns)

# 4. 计算用户与艺术家之间的相似度
similarity = cosine_similarity(user_profile.values, artist_tag_matrix.values)
similarity_df=pd.DataFrame(similarity,index=user_profile.index,columns=artist_
tag_matrix.index)

# 5. 为所有用户生成推荐并存储到CSV文件中
recommendations = {}
```

```
for user_id in similarity_df.index:
    # 对于每个用户，获取与他们最相似的3位艺术家
    recommended_artists = similarity_df.loc[user_id].nlargest(3).index.tolist()
    recommendations[user_id] = recommended_artists

# 将推荐结果转换为DataFrame并保存为CSV文件
recommendations_df = pd.DataFrame.from_dict(recommendations, orient='index')
recommendations_df.to_csv("recommendations.csv", index_label="userID",
header=["Rank_1", "Rank_2", "Rank_3"])
```

2. 结论和建议

根据为每位用户推荐的结果，ChatGPT给出的业务结论从三个方面展开：热门艺术家分析、新艺术家的机会、跨艺术家合作。

ChatGPT：

1.热门艺术家分析：统计每个艺术家被推荐的次数，以确定最受欢迎的艺术家。
2.新艺术家的机会：在热门艺术家的基础上，找出被推荐次数较少的艺术家，这些可能是新的或不太知名的艺术家。
3.跨艺术家合作：查找经常被推荐给相同用户的艺术家组合。

首先，让我们进行热门艺术家分析。
以下是被推荐次数最多的前10名艺术家：
Gwen Stefani: 166次
Christina Aguilera: 77次
Hilary Duff: 68次
The Pussycat Dolls: 60次
Katy Perry: 57次
The Killers: 56次
Lady Gaga: 45次
Kasabian: 40次
No Doubt: 38次
Sugababes: 36次
这些艺术家被推荐的次数较多，说明他们在数据集中是热门的或与许多用户的偏好相符。
接下来，为了探索新艺术家的机会，我们可以查看被推荐次数较少的艺术家。这些艺术家可能是新的或不太知名的，但他们可能与某些用户的特定偏好相匹配。我们来看看被推荐次数最少的10名艺术家。
以下是被推荐次数最少的艺术家（这些艺术家在数据集中只被推荐了一次或根本没有被推荐）：
平井坚
木村カエラ
松枝賀子 & 江口貴勒
栗林みな実
樹海
清春
矢井田瞳
福井舞

絢香

茅原実里

这些艺术家被推荐的次数较少，音乐公司可以考虑为他们提供更多的宣传和支持，特别是如果他们的音乐与某些用户的特定偏好相匹配。

接下来，我们来探索哪些艺术家经常被推荐给相同的用户，以查看可能的跨艺术家合作机会。为此，我们可以创建一个艺术家对的频率表，表示两个艺术家经常被推荐给同一用户的次数。

以下是经常被推荐给同一用户的艺术家组合：

Hilary Duff和Gwen Stefani：55次

Christina Aguilera和Gwen Stefani：47次

Katy Perry和Gwen Stefani：29次

Lady Gaga和Gwen Stefani：25次

Rihanna和The Pussycat Dolls：20次

Kylie Minogue和Ke$ha：18次

Katy Perry和P!nk：17次

Sugababes和Gwen Stefani：16次

Christina Aguilera和Hilary Duff：16次

Kylie Minogue和Robyn：16次

这些组合可能意味着这些艺术家的风格或类型相似或相辅相成。音乐公司可以考虑鼓励这些艺术家之间的合作，如共同制作音乐或组织联合巡演。

为了更好地展现结论，ChatGPT 对其进行了可视化，如图 11.3 和图 11.4 所示。

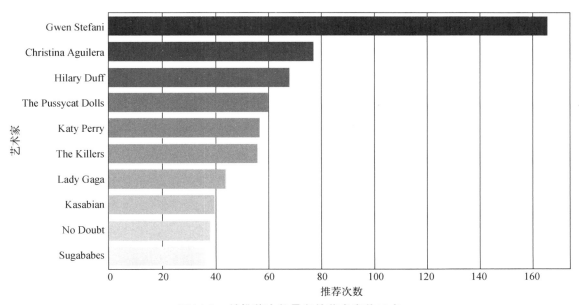

图11.3　被推荐次数最多的艺术家前10名

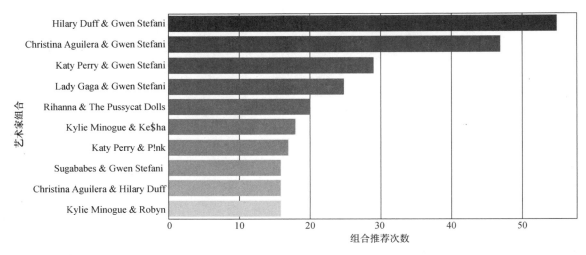

图11.4 经常被推荐给同一用户的艺术家组合

图 11.3 展示了被推荐次数最多的前 10 名艺术家。从图 11.3 中可以看出，Gwen Stefani 被推荐的次数远远超过其他艺术家，这意味着她在数据集中非常受欢迎。

图 11.4 展示了经常被推荐给同一用户的艺术家组合。例如，Hilary Duff 和 Gwen Stefani 的组合在数据集中出现了 55 次，这意味着这两位艺术家经常被推荐给同一批用户。这种情况可能是因为这些艺术家的音乐风格相似或相辅相成。

基于这些业务结论，ChatGPT 给出了具体的建议。

ChatGPT：
1.热门艺术家：音乐公司可以更多地推广如Gwen Stefani、Christina Aguilera等热门艺术家，因为他们与许多用户的偏好相匹配。
2.新艺术家的机会：音乐公司应考虑为被推荐次数较少的艺术家，如平井坚、木村カエラ等提供更多的宣传和支持。
3.跨艺术家合作：鉴于Hilary Duff和Gwen Stefani经常被推荐给同一用户，音乐公司可以考虑鼓励这两位艺术家之间的合作，如共同制作音乐或组织联合巡演。
4.改进推荐质量：音乐公司可以定期收集用户对推荐内容的反馈，以优化推荐算法。
5.增加用户互动：为用户提供艺术家的推荐可以增加他们与平台的互动，如提供特定的推荐播放列表或与推荐艺术家相关的特价优惠和活动。

以下是 ChatGPT 生成的 python 代码。

```
import pandas as pd
import matplotlib.pyplot as plt
import seaborn as sns
from itertools import combinations
```

```
# 加载数据集
data = pd.read_csv('user_recommendations.csv')

# 统计每个艺术家在推荐中出现的次数
artist_counts = data['Recommendation_1'].value_counts() \
                + data['Recommendation_2'].value_counts() \
                + data['Recommendation_3'].value_counts()
sorted_artists = artist_counts.sort_values(ascending=False)

# 获取最常推荐和最少推荐的艺术家
top_10_artists = sorted_artists.head(10)
bottom_10_artists = sorted_artists.tail(10).fillna(0)

# 获取经常被推荐给同一用户的艺术家组合
def get_combinations(row):
    return list(combinations(row.dropna().values, 2))
combinations_list=data[['Recommendation_1','Recommendation_2', 'Recommendation_3']].
apply(get_combinations, axis=1)
flat_combinations = [item for sublist in combinations_list for item in sublist]
combination_counts=pd.DataFrame(flat_combinations,columns=['Artist_1', 'Artist_2']).
groupby(['Artist_1', 'Artist_2']).size().reset_index(name='Count')
top_combinations = combination_counts.sort_values(by='Count', ascending=False).
head(10)

# 设置绘图风格
sns.set_style("whitegrid")

# 绘制最常推荐的艺术家
plt.figure(figsize=(12, 7))
sns.barplot(x=top_10_artists.values, y=top_10_artists.index, palette="viridis")
plt.title('最常推荐的前10名艺术家', fontsize=15)
plt.xlabel('推荐次数', fontsize=12)
plt.ylabel('艺术家', fontsize=12)
plt.show()

# 绘制经常被推荐给同一用户的艺术家组合
plt.figure(figsize=(15, 8))
sns.barplot(x='Count', y=top_combinations.apply(lambda x: x['Artist_1'] + " & " +
x['Artist_2'], axis=1), data=top_combinations, palette="coolwarm_r")
plt.title('经常被推荐同一用户的艺术家组合', fontsize=15)
plt.xlabel('组合推荐次数', fontsize=12)
plt.ylabel('艺术家组合', fontsize=12)
plt.show()
```

11.3.2 ChatGPT协同过滤推荐实战

对于任务二，根据链接（https://grouplens.org/datasets/movielens/100k/）可以看到我们的数

据包含以下几个。

（1）u.item：包含电影 ID 和电影标题。

（2）u.user：包含用户 ID、年龄、性别、职业和邮政编码。

（3）u2.base：包含用户 ID、电影 ID、评分和时间戳。

基于内容的推荐主要依赖于物品的内容属性，而协同过滤完全依赖于用户的评分数据来生成推荐。在我们的数据集中，虽然我们有一些关于电影的元数据（如类别），但用户的评分数据为我们提供了更多的信息来捕捉用户的偏好和物品之间的潜在关系。

同时，协同过滤能够捕捉到用户的复杂偏好，这些偏好可能难以从内容属性中直接推断出来。例如，两部电影可能从内容上看不太相似（如不同的类别或主题），但由于某种原因，许多用户都喜欢这两部电影。

因此该任务我们优先考虑使用协同过滤方法完成。

我们对于 ChatGPT 使用协同过滤方法的预期如下。

（1）ChatGPT 应当使用协同过滤方法得出推荐结果。

（2）ChatGPT 应当为每一位用户都进行推荐。

（3）ChatGPT 最终应当基于推荐结果提出业务结论和建议。

因此，我们给到 ChatGPT 的提示词应当包括以下两个。

（1）向 ChatGPT 简单介绍各个数据文件。

（2）向 ChatGPT 说明采取的推荐算法。

据此，我们的提示词如下。

```
User:
    movies_df数据集包含电影ID和电影标题；users_df数据集包含用户ID、年龄、性别、职业和邮政编码；
ratings_df数据集包含用户ID、电影ID、评分和时间戳。
    请你作为数据分析专家，通过协同过滤推荐为每位用户推荐3部电影，并结合可视化方法给出Y公司在业务方
面的结论和建议。
    协同过滤推荐的步骤为：
    1.创建用户-项目评分矩阵：从用户评分数据创建一个矩阵，其中，行代表用户，列代表项目，值是评分；
    2.计算电影之间的相似度：使用余弦相似度或皮尔逊相关系数计算电影之间的相似度；
    3.为用户生成推荐。
    请注意：
    1.输出代码的注释应为中文；
    2.在为Y公司提供结论和建议的过程中结合图表进行。
```

1. 推荐结果

ChatGPT 根据我们的要求顺利地为所有用户生成了最推荐的三部电影，部分结果如表 11.5 所示。

表 11.5　部分用户电影推荐结果

用户 ID	推荐电影 1	推荐电影 2	推荐电影 3
1	《公主新娘》（1987）	《绝地归来》（1983）	《极速》（1994）
2	《绝地归来》（1983）	《接触》（1997）	《说谎者》（1997）

用户 ID	推荐电影 1	推荐电影 2	推荐电影 3
3	《接触》（1997）	《洛杉矶机密》（1997）	《泰坦尼克号》（1997）
4	《绝地归来》（1983）	《接触》（1997）	《空军一号》（1997）
5	《终结者2：审判日》（1991）	《帝国反击战》（1980）	《土拨鼠之日》（1993）
6	《星球大战》（1977）	《帝国反击战》（1980）	《夺宝奇兵》（1981）
7	《低俗小说》（1994）	《沉默的羔羊》（1991）	《大白鲨》（1975）

ChatGPT 生成的 python 代码主体部分有三个步骤，包括创建用户 - 电影评分矩阵、计算电影之间的余弦相似度和为每位用户生成推荐，具体如下。

```
ChatGPT:
import pandas as pd
from sklearn.metrics.pairwise import cosine_similarity

# 1. 加载数据
movies_df = pd.read_csv('u.item', sep='|', header=None, encoding='ISO-8859-1',
usecols=[0, 1], names=['item_id', 'title'])
ratings_df = pd.read_csv('u2.base', sep='\t', header=None, names=['user_id',
'item_id', 'rating', 'timestamp'])

# 2. 创建用户-电影评分矩阵
user_movie_matrix=ratings_df.pivot_table(index='user_id',columns='item_id',
values='rating')
user_movie_matrix = user_movie_matrix.fillna(0)

# 3. 计算电影之间的余弦相似度
movie_similarity = cosine_similarity(user_movie_matrix.T)
movie_similarity_df=pd.DataFrame(movie_similarity, index=user_movie_matrix.
columns, columns=user_movie_matrix.columns)

# 4. 为每位用户生成推荐
def get_movie_recommendations_for_user(user_id, num_recommendations=3):
    rated_movies = user_movie_matrix.loc[user_id]
    rated_movies = rated_movies[rated_movies > 0].index.tolist()
    similar_movies = pd.Series()
    for movie in rated_movies:
similar_movies=similar_movies.append(movie_similarity_df[movie].sort_values
(ascending=False))
recommended_movies=similar_movies.groupby(similar_movies.index).sum().sort_values
(ascending=False)
    recommended_movies=recommended_movies.drop(rated_movies,errors='ignore')
recommended_movie_titles=movies_df[movies_df['item_id'].isin(recommended_movies.
head(num_recommendations).index)]['title'].tolist()
    return recommended_movie_titles

all_user_recommendations = {}
for user in user_movie_matrix.index:
```

```
        all_user_recommendations[user] = get_movie_recommendations_for_user(user)

    # 5. 保存推荐结果为CSV文件
    recommendations_df=pd.DataFrame.from_dict(all_user_recommendations, orient=
'index').reset_index()
    recommendations_df.columns = ['user_id'] + ['Recommendation_' + str(i+1) for i in
range(recommendations_df.shape[1]-1)]
    recommendations_df.to_csv('all_user_recommendations.csv', index=False)
```

2. 结论和建议

ChatGPT 在给出结论和建议时，主要从受欢迎的电影和推荐的多样性情况进行展开，具体如下。

ChatGPT:

为了为视频平台提供业务建议，我们首先要明确我们想要从这些数据中获得什么信息。以下是一些建议：

（1）受欢迎的电影：确定哪些电影最经常被推荐。这可以帮助平台了解哪些内容受到用户的喜欢，并据此调整内容策略。

（2）多样性：查看推荐内容的多样性，确定是否有多样性不足的迹象。

首先，让我们分析哪些电影最经常被推荐。

以下是最经常被推荐的前10部电影：

Empire Strikes Back, The (1980)：225次
Raiders of the Lost Ark (1981)：203次
Back to the Future (1985)：143次
Star Wars (1977)：142次
Silence of the Lambs, The (1991)：121次
Return of the Jedi (1983)：115次
Forrest Gump (1994)：111次
Terminator 2: Judgment Day (1991)：92次
Princess Bride, The (1987)：79次
Independence Day (ID4) (1996)：74次

这些电影中有很多都是经典的大片。基于这些数据，我们可以得出以下结论。

经典电影：推荐系统倾向于推荐经典的大片。这可能是因为这些电影在大多数用户中都有很高的评价。

推荐策略：如果这些电影已经被大多数用户观看，那么可能需要调整推荐策略，以便为用户提供更多新颖和多样化的内容。

接下来，我们可以分析推荐内容的多样性和是否有用户收到了重复的推荐。

以下是我们的发现：

总共有132部独特的电影被推荐给用户。这显示了一定程度的多样性，但考虑到推荐的总数，也可能存在改进空间，特别是如果视频平台有大量的内容库。

基于上述结论，我们为视频平台提供以下建议：

（1）内容合作与扩充。

考虑与更多的内容提供者合作，特别是那些在特定用户群中可能受到欢迎但尚未被广泛认识的内容提供者。例如，考虑引入更多的独立制片、纪录片或国际内容，以满足多样化的观众需求。

（2）上下文感知推荐。

考虑用户的上下文信息，如时间、设备或地点，为用户提供更相关的推荐。例如，在工作日的早晨为上班族推荐短视频或新闻，而在周末的晚上为家庭用户推荐家庭电影。

（3）社交推荐引擎。

引入社交元素，让用户看到他们的朋友或关注的人正在观看或推荐的内容。这不仅可以增加内容的传播性，还可以增强社区的凝聚力。

（4）交互性增强。

允许用户对推荐内容进行标记或分类，如"想看"或"不感兴趣"，并根据这些反馈快速调整推荐列表。

图 11.5 展示了前 50 部被推荐次数最多的电影的分布。从图 11.5 中可以看出，《帝国反击战》（1980 年）和《夺宝奇兵》（1981 年）是被推荐次数最多的两部电影。

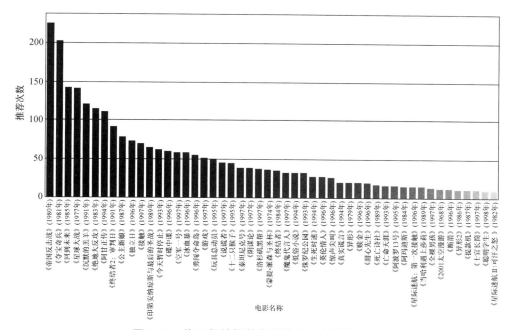

图11.5　前50部被推荐次数最多的电影的分布

表 11.6 和图 11.6 展示了前 10 部电影作为第一、第二或第三推荐的次数，这能帮助我们了解哪些电影更常被放在推荐的前列。

表 11.6　前 10 部电影作为第一、第二或第三推荐的次数

电影名	第一推荐次数	第二推荐次数	第三推荐次数
《星球大战》（1977）	117	24	1
《阿甘正传》（1994）	103	8	0
《帝国反击战》（1980）	75	122	28
《沉默的羔羊》（1991）	68	44	9
《接触》（1997）	56	9	6

电影名	第一推荐次数	第二推荐次数	第三推荐次数
《终结者2：审判日》（1991）	54	35	3
《玩具总动员》（1995）	51	0	0
《十二只猴子》（1995）	40	5	0
《侏罗纪公园》（1993）	28	5	0
《低俗小说》（1994）	26	7	0

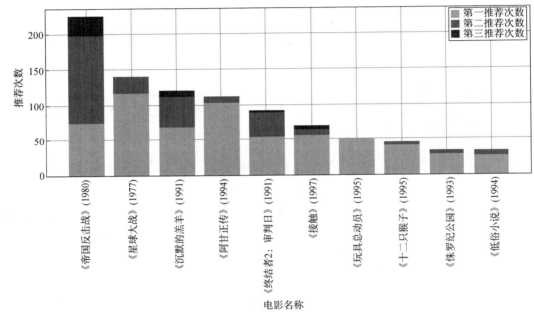

图11.6　前10部电影作为第一、第二或第三推荐的次数分布

ChatGPT在该部分生成的代码主要包括前50部被推荐次数最多的电影的分布和前10部电影作为第一、第二或第三推荐的次数，具体如下。

```
ChatGPT:

import seaborn as sns
# 1.所有推荐电影的分布
plt.figure(figsize=(14, 7))
rec_counts=data.melt(id_vars="user_id",value_vars=["Recommendation_1","Recommen
dation_2", "Recommendation_3"])["value"].value_counts()
rec_counts.head(50).plot(kind='bar', color='lightblue')
plt.title('前50部推荐电影的分布', fontsize=16)
```

```
plt.xlabel('电影', fontsize=14)
plt.ylabel('推荐次数', fontsize=14)
plt.xticks(rotation=90)
plt.show()

# 2.每部电影的推荐位置
recommendation_positions = recommendation_counts.head(10)
# Taking top 10 for better visualization
recommendation_positions.plot(kind='bar', figsize=(14, 7), stacked=True)
plt.title('前10部电影的推荐位置', fontsize=16)
plt.xlabel('电影', fontsize=14)
plt.ylabel('推荐次数', fontsize=14)
plt.xticks(rotation=45)
plt.show()
```

11.4 ChatGPT推荐算法实战总结

11.4.1 重点概念总结

1.基于内容的推荐概述

（1）基于内容的推荐依赖于物品的属性来推荐相似的物品。

（2）常见于新闻推送、电商网站等，通过分析用户过去的行为来预测用户可能感兴趣的内容。

（3）算法分析物品的特征，找到用户历史上喜欢的物品特征，然后推荐具有相似特征的物品。

2.内容推荐的实现

（1）使用物品描述、元数据或关键词创建物品的特征表示。

（2）分析用户历史行为，创建用户偏好档案。

（3）使用物品特征和用户偏好计算推荐分数。

3.协同过滤推荐概述

（1）协同过滤依赖于用户与其他用户的交互和偏好相似性来生成推荐。

（2）应用广泛，如电影推荐、音乐发现等。

（3）算法分析用户之间的相似性或物品之间的相似性，基于相似的用户或物品来生成推荐。

4.用户－用户协同过滤

（1）计算用户之间的相似度。常见的相似度度量方法包括余弦相似度、皮尔逊相关系数等。

（2）对于给定的用户，找到最相似的 K 个用户。

（3）基于这些相似用户的评分预测目标用户对未评分物品的评分。

（4）推荐评分最高的物品给目标用户。

5.物品－物品协同过滤

（1）计算物品之间的相似度。与用户 - 用户协同过滤方法类似，可以使用余弦相似度、皮尔逊相关系数等。

（2）对于给定的用户，找到他评分过的物品。

（3）对于这些评分过的物品，找到相似的物品并计算预测评分。

（4）推荐评分最高的物品给用户。

6. 用户 – 物品交互

（1）创建用户 - 物品矩阵，反映用户对物品的偏好（如评分）。

（2）通过计算用户 - 用户相似性或物品 - 物品相似性来进行推荐。

11.4.2　重点实操总结

（1）在任务一中，我们需要为用户推荐可能喜欢的艺术家，由于没有用户对艺术家的明确评分，只提供了用户与艺术家的互动数据，因此该部分我们选择通过基于内容的推荐算法为用户推荐可能喜欢的艺术家，提示词如下。

```
User:
Artists数据集中包含艺术家的ID、名称、URL等信息；Tags数据集中包含标签的ID和值；
User_Tagged_Artists数据集包含用户给艺术家打标签的信息。
    请你作为数据分析专家，通过基于内容的推荐算法为每位用户推荐3位艺术家，并结合可视化方法给出T公司在业务方面的结论和建议。
    基于内容的推荐算法步骤为：
1.艺术家特征提取，为每位艺术家创建一个基于标签的特征向量；
2.用户特征提取，为每个用户创建一个特征向量，表示他们对各种标签的偏好；
3.计算相似度，使用用户特征向量和艺术家特征向量计算用户与每位艺术家之间的相似度；
4.生成推荐，为用户推荐与他们特征向量最相似的艺术家。
    请注意：
1.输出代码的注释应为中文；
2.在为T公司提供结论和建议的过程中结合图表进行。
```

（2）在任务二中，我们需要为用户推荐可能喜欢的电影，由于该部分我们拥有用户的评分数据，它可以为我们提供更多的信息来捕捉用户的偏好和物品之间的潜在关系，因此该部分我们选择通过协同过滤推荐方法为用户推荐可能喜欢的电影，提示词如下。

```
User:
movies_df数据集包含电影ID和电影标题；users_df数据集包含用户ID、年龄、性别、职业和邮政编码；
ratings_df数据集包含用户ID、电影ID、评分和时间戳。
    请你作为数据分析专家，通过协同过滤推荐为每位用户推荐3部电影，并结合可视化方法给出Y公司在业务方面的结论和建议。
    协同过滤推荐的步骤为：
1. 创建用户–项目评分矩阵：从用户评分数据创建一个矩阵，其中，行代表用户，列代表项目，值是评分；
2.计算电影之间的相似度：使用余弦相似度或皮尔逊相关系数计算电影之间的相似度；
3.为用户生成推荐。
    请注意：
1.输出代码的注释应为中文；
2.在为Y公司提供结论和建议的过程中结合图表进行。
```

第 12 章

ChatGPT 行业数据分析实战

在当今日新月异的数字经济时代，电商与金融行业都在经历前所未有的数据化转型。这个转变不仅推动了新的商业模式的出现，也为我们提供了大量数据资源。本章将专注于如何利用ChatGPT等先进的人工智能工具来实现行业数据分析在电商和金融领域的深度融合与实战应用。

我们将深入探讨 RFM 方法如何帮助电商企业优化客户关系管理，同期群分析如何揭示消费者行为趋势，以及商品 ABC 分类和连带分析如何在库存管理和推荐系统中发挥作用。同时，我们也将探索这些数据分析技术在金融领域的应用，以及如何通过分析和解释大量的金融数据来作出更加精准的市场预测、风险评估和投资决策。

通过结合电商的动态市场需求和金融的复杂数据分析，本章将展示 ChatGPT 在处理和解读大规模数据集、提炼关键洞察并转化为策略行动方面的强大能力。

12.1 电商行业分析实战

12.1.1 分析方法回顾

这里我们简单了解电商分析中常用的几种分析方法：RFM、同期群分析、商品 ABC 分类、连带分析。

1. RFM

RFM 基于三个维度来评估客户的价值和购买行为：最近一次购买（recency）、购买频率（frequency）和购买金额（monetary value）。

（1）最近一次购买（R）：客户最后一次购买距今的时间。一个较短的时间表示客户最近有交易，更有可能再次购买。

（2）购买频率（F）：客户在特定时间段内的购买次数。频繁地购买可能表示客户的忠诚度较高。

（3）购买金额（M）：客户在特定时间段内的总购买金额。高消费金额的客户可能对企业更有价值。

基于这些指标，公司可以将客户分为不同的细分群体，如"高价值客户"或"需要重新参与的客户"，如图12.1所示。

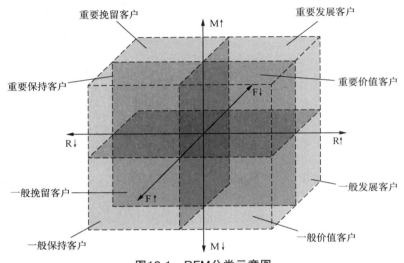

图12.1　RFM分类示意图

2. 同期群分析

同期群分析是一种用于研究和比较同一时间段内具有共同特征或经历的用户群体的方法。这种分析方法有助于了解和评估群体的行为、趋势和变化，并揭示出不同群体之间的差异和关联性。

比如某App于1月、2月和3月分别吸引了500名、520名和510名新用户，那么我们可以通过跟踪这些用户随着时间的推移的活跃度，从而了解用户保留情况。比如1月、2月、3月的新用户在下个月依然保持活跃的数量分别为400、420、390，那么我们就能看到3月进入的这批新用户留存较差。

3. 商品ABC分类

商品ABC分类是一种根据商品的重要性或销售贡献对商品进行分类的方法。ABC分类法是根据"重要的少数、次要的多数"原则进行分类的，它的核心是找出关键的少数（A类）和次要的多数（B类和C类），并对关键的少数进行重点管理。

ABC分类法的基本思想是将商品按其重要性分为三类。

（1）A类商品：这些是最重要的商品，通常占总销售额的70%～80%，但在总商品种类中的比例可能只有10%～20%。这些商品的库存管理需要特别关注，因为它们对公司的盈利有很大的影响。

（2）B类商品：这些商品的重要性介于A类和C类之间。它们可能占总销售额的15%～25%，在商品种类中的比例可能是 30% ～ 40%。这些商品需要适度地关注和管理。

（3）C类商品：这些是最不重要的商品，可能只占总销售额的 5% ～ 10%，但在商品种类中的比例可能高达 50%。

4. 连带分析

商品连带分析的目的是找出数据中的频繁项集，也就是经常一起出现的商品组合，并从这些频繁项集中派生出关联规则。这种方法可以用于了解哪些商品经常一起被购买，帮助商家决定如何在货架上摆放商品，增进更多的交叉销售。此外，商家还可以针对经常一起被购买的商品组合提供折扣或捆绑销售。

连带分析中涉及的衡量指标有支持度、置信度和提升度，如表 12.1 所示。

表 12.1　连带分析相关概念

名称	描述	举例
支持度	某个商品组合在所有交易中出现的频率	在 100 笔交易中，有 10 笔都购买了面包和牛奶，那么"面包和牛奶"的支持度是 10%
置信度	购买了商品 A 的客户中，有多少比例也购买了商品 B	在购买面包的 50 笔交易中，有 30 笔也购买了牛奶，那么从面包到牛奶的置信度是 60%
提升度	商品 A 和商品 B 一起出现的概率与这两个商品单独出现的概率的比率	如果购买面包的顾客购买牛奶的概率是 2 倍于普通顾客，那么面包和牛奶的提升度是 2

12.1.2　用户分析

本节我们主要使用某电子商务公司的营销洞察数据。该数据集中主要包含用户的购买行为数据，基于该数据，我们希望对用户进行从可视化到数据分析再到对用户的洞察结论和对企业的策略建议。因此我们的提示词主要包括下列内容。

（1）要求 ChatGPT 扮演数据分析专家的角色。

（2）简单介绍数据集的背景和数据集的内容。

（3）详细说明我们希望 ChatGPT 执行的分析方法和对应结果。

```
User:
    该数据集是某电子商务公司的营销洞察数据，请你作为数据分析专家通过该数据集针对用户进行分析，分析的内容和步骤如下：
    1.概况分析：每月用户数、用户留存率、新老用户占比。
    2.基于RFM方法对客户进行分层分析，将客户分为不同类型并定义对应的营销策略。
    3.通过同期群分析，根据每个客户的第一次交易日期将客户分为不同的月份群组，分析每个月份群组的客户在后续月份的购买行为和留存。
```

1. 概况分析

图 12.2 是 ChatGPT 生成的 2019 年各月新客户数量条形图。从图 12.2 中可以看出，2019 年 8 月获得的新客户数量最多，而 2 月的新客户数量相对较少。

ChatGPT 生成的代码如下。

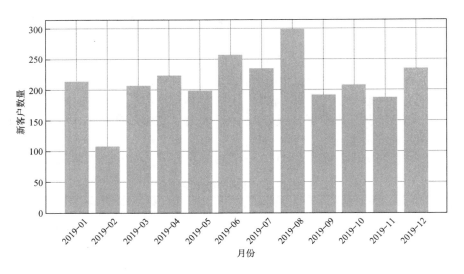

图12.2　2019年各月新客户数量条形图

```
import zipfile
import os

# Define the file path and extraction location
zip_file_path = '/mnt/data/archive (5).zip'
extraction_path = '/mnt/data/extracted_data'

# Extract the contents of the zip file
with zipfile.ZipFile(zip_file_path, 'r') as zip_ref:
    zip_ref.extractall(extraction_path)

# List the files in the extracted folder
extracted_files = os.listdir(extraction_path)
extracted_files
RESULT
['CustomersData.xlsx',
 'Discount_Coupon.csv',
 'Marketing_Spend.csv',
 'Online_Sales.csv',
 'Tax_amount.xlsx']
import pandas as pd

# Load the CustomersData.xlsx file
customers_data = pd.read_excel(os.path.join(extraction_path, 'CustomersData.xlsx'))

# Display the first few rows
customers_data.head()
# Load the Online_Sales.csv file
online_sales = pd.read_csv(os.path.join(extraction_path, 'Online_Sales.csv'))
```

```
# Display the first few rows
online_sales.head()
# Convert the Transaction_Date column to a datetime format
online_sales['Transaction_Date'] = pd.to_datetime(online_sales['Transaction_Date'])

# Extract the year and month from the Transaction_Date column
online_sales['Year_Month'] = online_sales['Transaction_Date'].dt.to_period('M')

# Display the first few rows with the added Year_Month column
online_sales.head()
# Group by CustomerID to get the first transaction date for each customer
first_purchase = online_sales.groupby('CustomerID')['Year_Month'].min().reset_index()

# Count the number of new customers for each month
new_customers_per_month = first_purchase.groupby('Year_Month').size()

new_customers_per_month

import matplotlib.pyplot as plt

# Plotting the number of new customers per month
plt.figure(figsize=(12, 6))
new_customers_per_month.plot(kind='bar', color='teal')
plt.title('Number of New Customers per Month in 2019')
plt.xlabel('Month')
plt.ylabel('Number of New Customers')
plt.grid(axis='y', linestyle='--', alpha=0.7)
plt.xticks(rotation=45)
plt.tight_layout()
plt.show()
```

　　图 12.3 是 ChatGPT 生成的 2019 年各月客户留存率条形图。从图 12.3 中可以看出，每个月的留存率都相对较高，大多数月份的留存率都在 90% 以上。

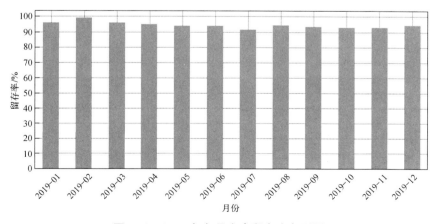

图12.3　2019年各月客户留存率条形图

ChatGPT 生成的代码如下。

```
# Create a dataframe to track monthly activity for each customer
retention_df=pd.crosstab(online_sales['CustomerID'], online_sales['Year_
Month']).reset_index()
retention_df = retention_df.set_index('CustomerID')

# Create a dictionary to store monthly retention rates
retention_rates = {}

# Loop through each month and calculate retention rates
for column in retention_df.columns:
    # Customers who made a purchase in the current month
    active_customers = retention_df[retention_df[column] > 0].index

    # Customers who made a purchase in the current month and any of the following months
    retained_customers = retention_df[(retention_df[column] > 0) &
                         (retention_df.loc[:, column:].sum(axis=1) > 1)].index

    # Calculate the retention rate for the current month
    if len(active_customers) > 0:
        retention_rates[column] = len(retained_customers)/len(active_customers)
    else:
        retention_rates[column] = 0

# Convert the retention rates dictionary to a pandas Series for easier visualization
retention_series = pd.Series(retention_rates)

retention_series

# Plotting the customer retention rates per month
plt.figure(figsize=(12, 6))
retention_series.plot(kind='bar', color='purple')
plt.title('Customer Retention Rates per Month in 2019')
plt.xlabel('Month')
plt.ylabel('Retention Rate')
plt.grid(axis='y', linestyle='--', alpha=0.7)
plt.yticks([i/10 for i in range(0, 11)], [f"{i*10}%" for i in range(0, 11)])
plt.xticks(rotation=45)
plt.tight_layout()
plt.show()
```

图 12.4 是 ChatGPT 生成的 2019 年各月新客户和现有客户收入叠加条形图。从图 12.4 中可以看出：在大多数月份，新客户和现有客户之间的收入差异并不明显。在某些月份，如 1 月、2 月和 3 月，新客户的收入比现有客户的收入高。随着时间的推移，现有客户的收入逐渐增加，这表明客户的留存和再次购买是一个重要的收入来源。

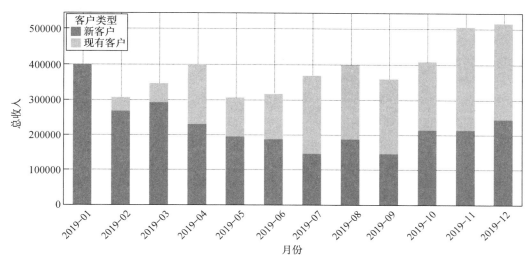

图12.4 2019年各月新客户和现有客户收入叠加条形图

ChatGPT 生成的代码如下。

```
# Calculate the total revenue for each transaction
online_sales['Total_Revenue'] = online_sales['Quantity'] * online_sales['Avg_Price']

# Merge the first_purchase data to tag each transaction as "new" or "existing"
customer transaction
online_sales_merged = online_sales.merge(first_purchase, on='CustomerID', how=
'left', suffixes=('', '_first'))

# Tag each transaction based on whether it's a new customer's transaction or an
existing customer's
online_sales_merged['Customer_Type'] = 'Existing'
online_sales_merged.loc[online_sales_merged['Year_Month'] == online_sales_
merged['Year_Month_first'], 'Customer_Type'] = 'New'

# Group by month and customer type to get the total revenue
monthly_revenue_by_type = online_sales_merged.groupby(['Year_Month', 'Customer_
Type'])['Total_Revenue'].sum().unstack()

monthly_revenue_by_type
# Plotting the monthly revenue from new and existing customers
plt.figure(figsize=(14, 7))
monthly_revenue_by_type.plot(kind='bar', stacked=True, figsize=(14, 7), colormap=
"viridis")
plt.title('Monthly Revenue from New and Existing Customers in 2019')
plt.xlabel('Month')
plt.ylabel('Total Revenue')
```

```
plt.grid(axis='y', linestyle='--', alpha=0.7)
plt.xticks(rotation=45)
plt.tight_layout()
plt.legend(title="Customer Type")
plt.show()
```

2. RFM 分析

ChatGPT 给出的分析如下。

RFM得分和分段情况
我们为每个维度分配了一个从1到4的得分，其中，1代表25%的底部，4代表25%的顶部。
Recency:
R_Score=4: 最近89.5天内购买
R_Score=3: 89.5到179天内购买
R_Score=2: 179到268.5天内购买
R_Score=1: 268.5到358天内购买
Frequency:
F_Score=1: 购买次数为1次到5次
F_Score=2: 购买次数为5次到11次
F_Score=3: 购买次数为11次到23次
F_Score=4: 购买次数为23次到328次
Monetary:
M_Score=1: 总购买金额为$0.999到$408.215
M_Score=2: 总购买金额为$408.215到$1054.54
M_Score=3: 总购买金额为$1054.54到$2451.782
M_Score=4: 总购买金额为$2451.782到$31285.63

ChatGPT 进行该部分分析时生成的代码如下。

```
# Convert the 'Transaction_Date' column to datetime
online_sales['Transaction_Date'] = pd.to_datetime(online_sales
['Transaction_Date'])

# Calculate the recency, frequency and monetary value for each customer
rfm = online_sales.groupby('CustomerID').agg({
    'Transaction_Date': lambda date: (date.max() - date.min()).days,  # Recency
    'Transaction_ID': 'nunique',  # Frequency
    'Avg_Price': 'sum'  # Monetary Value
}).reset_index()

# Rename the columns
rfm.columns = ['CustomerID', 'Recency', 'Frequency', 'Monetary']

# Display the first few rows of the RFM dataframe
rfm.head()
# Assign scores for Recency based on mean
recency_mean = rfm['Recency'].mean()
```

```
rfm['R_Score'] = 4 - (rfm['Recency'] > recency_mean).astype(int) * 2

# Assign scores for Frequency and Monetary based on quartiles
rfm['F_Score'] = pd.qcut(rfm['Frequency'], 4, labels=[1, 2, 3, 4])
rfm['M_Score'] = pd.qcut(rfm['Monetary'], 4, labels=[1, 2, 3, 4])

# Combine the RFM scores
rfm['RFM_Segment'] = rfm['R_Score'].astype(str) + rfm['F_Score'].astype(str) +
rfm['M_Score'].astype(str)
rfm['RFM_Score'] = rfm[['R_Score', 'F_Score', 'M_Score']].sum(axis=1)

# Display the first few rows of the RFM dataframe with scores
rfm.head()
```

根据 R、F、M 三个角度针对客户的人群划分结果如表 12.2 所示。

表 12.2 人群划分结果

分类	R	F	M
高价值客户	高（3-4）	高（3-4）	高（3-4）
潜在价值客户	高（3-4）	低（1-2）	低（1-2）
需要挽回的客户	低（1-2）	高（3-4）	任意
低价值客户	任意	低（1-2）	低（1-2）

针对不同类型用户的业务策略也不尽相同。

业务策略
基于RFM得分，我们将客户分为以下四个主要类型：
1.高价值客户：R_Score高，F_Score高，M_Score高。
策略：提供独家优惠和新产品预览，以保持他们的忠诚度。
2.潜在价值客户：R_Score高，但F_Score或M_Score低。
策略：通过电子邮件营销或广告提供促销和优惠，以增加购买频率。
3.需要挽回的客户：R_Score低，但F_Score高。
策略：通过电子邮件发送"我们想念你"的消息，并提供特殊优惠来吸引他们回来。
4.低价值客户：F_Score和M_Score都低。
策略：不需要特定策略，但可以持续提供一般的营销活动。

3. 同期群分析

首先需要根据每个客户的第一次交易日期将客户分为不同的月份群组，并分析每个群组的客户在后续月份的购买行为，其中，行是群组的起始月份，列是从首次购买以来的月数，如表 12.3 所示。比如我们可以看到在 2022 年 1 月发生购买的客户有 215 人（当月），这部分人在后一月继续发生购买行为的有 13 人，在后两月发生购买行为的有 24 人，以此类推。

接着计算保留率的结果，表 12.4 是每个群组的保留率（以百分比表示），其中，行是群组的起始月份，列是从首次购买以来的月数。

表 12.3　同期群客户后续月份购买行为 人

来源月份	当月	后一月	后两月	...	后 11 月
2022–01	215	13	24	...	34
2022–02	96	7	9	...	—
2022–03	177	18	35	...	—
...	...	...	...	...	...
2022–12	106	—	—	...	—

表 12.4　同期群客户后续月份保留率 %

来源月份	当月	后一月	后两月	...	后 11 月
2022–01	100	6.0	11.2	...	15.8
2022–02	100	7.3	9.4	...	NaN
2022–03	100	10.2	19.8	...	NaN
...	...	...	...	...	...
2022–12	100	NaN	NaN	...	NaN

图 12.5 是表 12.4 的可视化结果，该热图显示了每个月份群组的客户保留率。颜色越深，保留率越高。

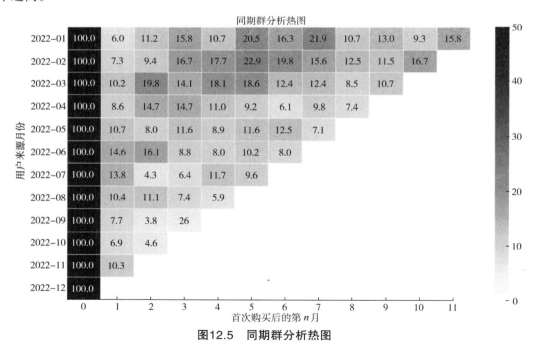

图12.5　同期群分析热图

最终 ChatGPT 生成的业务结论和建议如下。

结论：

客户保留率随时间下降：大多数月份群组的客户在首次购买后的保留率都呈下降趋势。这是许多业务中的常见现象，因为随着时间的推移，客户可能会转向其他品牌或减少购买频率。

某些月份的保留率较高：例如，2022年6月的群组在其第二个月的保留率最高。这可能意味着在那个月有某种特定的市场策略或促销活动产生了积极的影响，或者有其他外部因素吸引了客户。

策略建议：

深入研究高保留率的月份：研究2022年6月和其他高保留率的月份，了解哪些策略或促销活动可能导致了高保留率。这些成功的策略可以在未来的月份中重复或调整。

客户关系管理：鉴于客户保留率随时间下降，建议加强客户关系管理，例如通过定期的优惠、忠诚度奖励或个性化的营销活动来鼓励客户继续购买。

数据驱动的决策：通过持续的数据跟踪和分析，可以更好地了解客户的行为和偏好，从而作出更有针对性的策略决策。

提升首次购买后的客户体验：考虑在客户首次购买后的一个月内提供特别优惠或服务，以提高他们再次购买的可能性。这可能有助于提高长期的客户保留。

与客户互动：通过调查或反馈机制了解为什么客户没有再次购买或为什么他们选择继续购买。这样可以获取宝贵的见解，并据此调整产品或策略。

ChatGPT 在该步骤生成的代码如下。

```python
import zipfile
import os

# Unzipping the provided file
zip_path = "/mnt/data/archive (5).zip"
unzip_dir = "/mnt/data/unzipped_data/"

with zipfile.ZipFile(zip_path, 'r') as zip_ref:
    zip_ref.extractall(unzip_dir)

# Listing the files in the unzipped directory
file_list = os.listdir(unzip_dir)
import pandas as pd

# Reading the CustomersData.xlsx and Online_Sales.csv files
customers_data_path = os.path.join(unzip_dir, 'CustomersData.xlsx')
customers_data = pd.read_excel(customers_data_path)

online_sales_path = os.path.join(unzip_dir, 'Online_Sales.csv')
online_sales_data = pd.read_csv(online_sales_path)

# Convert the 'Transaction_Date' column to datetime format
online_sales_data['Transaction_Date'] = pd.to_datetime(online_sales_data['Transaction_
Date'])
import pandas as pd

# Reading the CustomersData.xlsx and Online_Sales.csv files
customers_data_path = os.path.join(unzip_dir, 'CustomersData.xlsx')
```

```
customers_data = pd.read_excel(customers_data_path)

online_sales_path = os.path.join(unzip_dir, 'Online_Sales.csv')
online_sales_data = pd.read_csv(online_sales_path)

# Convert the 'Transaction_Date' column to datetime format
online_sales_data['Transaction_Date'] = pd.to_datetime(online_sales_data['Transaction_
Date'])
# Grouping by CustomerID and finding the first transaction date for each customer
first_purchase_dates = online_sales_data.groupby('CustomerID')['Transaction_Date'].
min().reset_index()
first_purchase_dates['CohortMonth'] = first_purchase_dates['Transaction_Date'].
dt.to_period('M')
merged_data = online_sales_data.merge(first_purchase_dates[['CustomerID',
'CohortMonth']], on='CustomerID')
merged_data['TransactionMonth'] = merged_data['Transaction_Date'].dt.to_
period('M')
merged_data['MonthsSinceFirstPurchase'] = merged_data['TransactionMonth'].astype
(int) - merged_data['CohortMonth'].astype(int)
cohort_data=merged_data.groupby(['CohortMonth', 'MonthsSinceFirstPurchase'])
['CustomerID'].nunique().unstack(level=1)
# Calculate the retention rate
cohort_sizes = cohort_data.iloc[:,0]
retention_matrix = cohort_data.divide(cohort_sizes, axis=0)
retention_matrix_percentage = retention_matrix * 100
import matplotlib.pyplot as plt
import seaborn as sns

# Building the heatmap
sns.set(style="white")
plt.figure(figsize=(14, 8))
sns.heatmap(retention_matrix_percentage,
            annot=True,
            cmap="YlGnBu",
            fmt=".1f",
            linewidths=.5,
            vmin=0,
            vmax=50)
plt.title("Customer Retention Rates by Cohort Month", fontsize=16)
plt.xlabel("Months Since First Purchase", fontsize=14)
plt.ylabel("Cohort Month", fontsize=14)
plt.show()
```

12.1.3　商品分析

本节我们主要使用某总部位于英国的在线零售公司的交易数据，该数据集中主要包含商品的库存代码、商品描述、商品数量、发票日期和时间等数据，基于该数据我们希望对商品进行分析并得出对企业的策略建议。因此我们的提示词主要包括下列内容。

（1）要求 ChatGPT 扮演数据分析专家的角色。

（2）简单介绍数据集的背景和数据集的内容。

（3）详细说明我们希望 ChatGPT 执行的分析方法：商品主题提取、商品 ABC 分类分析和商品连带分析。

相关方法可以参考本书 9.2.2 节和 9.2.4 节。

```
User:
该数据集是某电子商务公司的交易数据，请你作为数据分析专家通过该数据集针对商品进行分析，分析的内容和步骤如下：
1.商品主题提取：使用TF-IDF方法和NMF（非负矩阵分解）来提取主题。
2.商品ABC分类分析：基于销售量对商品进行分类，并进行可视化，呈现累积百分比曲线。
3.商品连带分析：根据上一步中ABC分类分析的结果，对A类商品的连带商品进行分析。
```

1. 商品主题提取

根据 TF-IDF 方法和 NMF，获得的商品主题和对应关键词如表 12.5 所示。

表 12.5 商品主题和对应关键词

商品主题	top_1	top_2	top_3	top_4	top_5
关于午餐袋的主题	大号	午餐	袋	设计	粉色
关于心形装饰的主题	心形	支架	灯	悬挂	白色
关于复古点和红色商品的主题	复古点	红色	纸	袋	—
关于烘焙套装的主题	套装	蛋糕	盒	包装	—
关于复古和圣诞装饰的主题	复古	圣诞	纸	旗帜	—

据此 ChatGPT 给出的结论如下。

```
ChatGPT:

结论：
商品描述中识别出的主题指示了顾客可能的偏好，例如"心形""复古"和"蛋糕"等元素。

业务建议：
1.加强这些流行元素商品的营销推广，以吸引目标顾客群体。
2.研发新产品时，应考虑融入这些受欢迎的主题元素。
3.在产品布局和店面设计时，突出这些主题，以提升顾客的购物体验。
```

ChatGPT 生成的代码如下。

```
User:
import pandas as pd
from sklearn.feature_extraction.text import TfidfVectorizer
from sklearn.decomposition import LatentDirichletAllocation
```

```
# Load the data
df = pd.read_csv('path_to_csv.csv')  # Replace with your file path
product_descriptions = df['Description'].dropna().unique()

# Preprocess the data
tfidf_vectorizer = TfidfVectorizer(max_df=0.95, min_df=2, stop_words='english')
tfidf = tfidf_vectorizer.fit_transform(product_descriptions)

# Perform LDA
lda = LatentDirichletAllocation(n_components=5, random_state=0)
lda.fit(tfidf)

# Function to display topics
def display_topics(model, feature_names, no_top_words):
    for topic_idx, topic in enumerate(model.components_):
        print(f"Topic {topic_idx}:")
        print(" ".join([feature_names[i] for i in topic.argsort()[:-no_top_
words - 1:-1]]))

display_topics(lda, tfidf_vectorizer.get_feature_names_out(), 10)
```

2. 商品 ABC 分类分析

按照销量占比 70%、20%、10% 的商品 ABC 分类分析结果如下。

（1）A 类商品：592 种，这些商品的销售量占总销售量的前 70%。

（2）B 类商品：665 种，这些商品的销售量占总销售量的 71% ～ 90%。

（3）C 类商品：2966 种，这些商品的销售量占总销售量的后 10%。

如图 12.6 所示，累积百分比曲线现在由横轴表示商品的数量（从销量最高到最低排序）。A 线表示 70% 的阈值（A 类商品的界线），而 B 线表示 90% 的阈值（B 类商品的界线）。

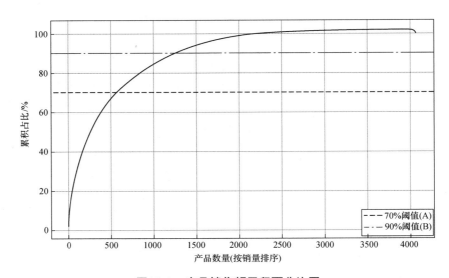

图12.6　产品销售额累积百分比图

从图 12.6 中，我们可以看到商品数量（横坐标）和累计销售额百分比（纵坐标）之间的关系。其中，70% 阈值线（A）代表 A 类商品的截止点。在这一点或之前的商品，虽然数量不多，但它们占据了总销售额的大部分。90% 阈值线（B）表示 B 类商品的截止点，在这一线和 70% 阈值线之间的商品，既不是最重要的（A 类），也不是最不重要的（C 类）。超过 90% 阈值线的商品可以被分类为 C 类，它们虽然数量众多，但每件商品的贡献相对较小。通过图 12.6 我们可以清晰地看到少数商品（位于 x 轴的左侧）产生了大部分的销售额，与帕累托原则（80/20 规则）相符。

据此 ChatGPT 给出的结论如下。

```
ChatGPT:

结论:
A类商品虽然数量少，但占总销量的大部分，而B类和C类商品贡献较少。

业务建议:
1.确保A类商品的库存充足，避免缺货导致销售损失。
2.对B类和C类商品进行捆绑销售或折扣促销，提升它们的销售比重。
3.定期评估C类商品的库存和销售情况，淘汰长期滞销和低效益的产品。
```

ChatGPT 生成的代码如下。

```python
import pandas as pd

# Load the data
df = pd.read_csv('path_to_csv.csv')  # Replace with your file path

# Calculate sales and cumulative percentage
product_sales = df.groupby('StockCode')['Quantity'].sum().sort_values(ascending=False)
cumulative_sales = product_sales.cumsum()/product_sales.sum()
product_sales = product_sales.to_frame(name='TotalQuantity')
product_sales['CumulativePercent'] = cumulative_sales * 100

# Classify the products into A, B, and C categories
product_sales['Category'] = pd.cut(product_sales['CumulativePercent'],
                                   bins=[0, 70, 90, 100],
                                   labels=['A', 'B', 'C'],
                                   right=False)

import matplotlib.pyplot as plt

# Plot the cumulative sales percentage
plt.figure(figsize=(10, 6))
plt.plot(range(len(product_sales)), product_sales['CumulativePercent'])
plt.axhline(70, color='red', linestyle='--', label='70% Threshold (A)')
plt.axhline(90, color='blue', linestyle='--', label='90% Threshold (B)')
plt.title('Cumulative Percentage of Sales Volume by Number of Products')
plt.xlabel('Number of Products (sorted by sales volume)')
plt.ylabel('Cumulative Percentage')
plt.legend(loc='lower right')
plt.grid(True)
plt.show()
```

3. 商品连带分析

对于每一个商品 A，查看所有包含该商品的订单，并且在这些订单中，统计每一个其他商品 B 的出现次数。最终将出现次数最多的商品 B 作为与商品 A 最常一起购买的商品。以下是部分 A 类商品对应的连带商品。

6 条乡村魅力丝带：
- 白色悬挂心形蜡烛灯座
- 三层摆饰蛋糕架
- 72 个复古圆点蛋糕盒
- 印花果酱制作套装
- 大号红色复古点点购物袋

60 个复古圣诞蛋糕盒：
- 50 年代圣诞节纸链套装
- 20 片复古圣诞餐巾
- 复古圣诞节纸链套装
- 72 个复古圆点蛋糕盒
- 印花果酱制作套装

60 个下午茶仙女蛋糕盒：
- 72 个复古圆点蛋糕盒
- 60 个粉色佩斯利蛋糕盒
- 72 个甜心仙女蛋糕盒
- 60 个恐龙蛋糕盒
- 72 个骷髅蛋糕盒

72 个甜心仙女蛋糕盒：
- 72 个复古圆点蛋糕盒
- 60 个下午茶仙女蛋糕盒
- 60 个粉色佩斯利蛋糕盒
- 60 个恐龙蛋糕盒
- 白色悬挂心形蜡烛灯座

老式银色玻璃蜡烛灯座：
- 白色悬挂心形蜡烛灯座
- 维多利亚式玻璃悬挂蜡烛灯
- 古董银色蜡烛玻璃
- 大号红色复古点点购物袋
- 古董银色茶杯玻璃雕刻

据此 ChatGPT 给出的结论如表 12.6 所示。

表 12.6　各商品 top5 连带购买商品

商品名	top_1	top_2	top_3	top_4	top_5
老式银色玻璃蜡烛灯座	白色悬挂心形蜡烛灯座	维多利亚式玻璃悬挂蜡烛灯	古董银色蜡烛玻璃	大号红色复古点点购物袋	古董银色茶杯玻璃雕刻
60 个复古圣诞蛋糕盒	50 年代圣诞节纸链套装	20 片复古圣诞餐巾	复古圣诞节纸链套装	72 个复古圆点蛋糕盒	印花果酱制作套装
6 条乡村魅力丝带	白色悬挂心形蜡烛灯座	三层摆饰蛋糕架	72 个复古圆点蛋糕盒	印花果酱制作套装	大号红色复古点点购物袋
72 个甜心仙女蛋糕盒	72 个复古圆点蛋糕盒	60 个下午茶仙女蛋糕盒	60 个粉色佩斯利蛋糕盒	60 个恐龙蛋糕盒	白色悬挂心形蜡烛灯座
60 个下午茶仙女蛋糕盒	72 个复古圆点蛋糕盒	60 个粉色佩斯利蛋糕盒	72 个甜心仙女蛋糕盒	60 个恐龙蛋糕盒	72 个骷髅蛋糕盒

```
ChatGPT:
结论:
某些商品之间存在强烈的购买关联性, 顾客倾向于一起购买。

业务建议:
1.在商品陈列和在线推荐系统中, 将有连带关系的商品放在一起, 以刺激更多的交叉销售。
2.设计商品捆绑包, 以优惠价格销售那些经常一起被购买的商品。
3.在进行销售预测和库存管理时, 考虑商品之间的连带关系, 以更精准地满足市场需求。
```

ChatGPT 生成的代码如下。

```python
import pandas as pd
from itertools import combinations
from collections import Counter

# Load the data
df = pd.read_csv('path_to_csv.csv')  # Replace with your file path

# Transform data into basket format
basket = (df.groupby(['InvoiceNo', 'Description'])['Quantity']
          .sum().unstack().reset_index().fillna(0)
          .set_index('InvoiceNo'))

# Convert quantities to 1s and 0s
basket_sets = basket.applymap(lambda x: 1 if x > 0 else 0)

# Perform co-occurrence analysis
co_occurrences = Counter()
for transaction in basket_sets.itertuples(index=False):
    products = [basket_sets.columns[i] for i, product in enumerate(transaction)
if product > 0]
```

```
        for product_pair in combinations(products, 2):
            co_occurrences[product_pair] += 1

    # Convert the counter to a DataFrame for easy handling
    co_occurrences_df = pd.DataFrame.from_dict(co_occurrences, orient=
'index').reset_index()
    co_occurrences_df.columns = ['Product_Pair', 'Co-occurrences']
```

12.2　金融行业分析实战

12.2.1　股价预测分析

本节我们主要使用澳大利亚证券交易所（ASX）上市的前100家公司的历史股价数据，为了预测这些股票的价格，我们一方面需要指定 ChatGPT 的角色为数据分析专家，另一方面要将时间序列预测的过程和步骤告知 ChatGPT。因此我们的提示词如下。

> **User：**
> 　　该数据集包含澳大利亚证券交易所(ASX)上市的前100家公司的历史股价数据。每个CSV文件包含一家公司的股票价格信息，包括日期、开盘价、最高价、最低价、收盘价、调整收盘价（包括股息）和交易量。请你作为数据分析专家按照如下步骤进行股票收盘价预测：
> 　　1.为每家公司选择一只股票来展示ARIMA模型的运作方式。
> 　　2.对所选的股票数据进行差分，使其变得平稳。
> 　　3.使用ACF图和PACF图来确定ARIMA的参数。
> 　　4.使用ARIMA进行拟合和预测。
> 　　5.预测未来一个月的收盘价。

关于时间序列预测分析的相关知识，请参考本书 8.2.3 节。

首先对其中一家公司的收盘价数据进行了差分，并观察到其变得相对平稳。

接下来，我们使用自相关函数和偏自相关函数来帮助确定 ARIMA 模型的参数。基于 ACF 图和 PACF 图的形状，我们可以选择以下参数。

p（自回归项）：PACF 在滞后 1 时显著，因此我们可以选择 $p=1$。

d（差分）：我们对数据进行了一次差分，所以 $d=1$。

q（移动平均项）：ACF 在滞后 1 时显著，因此我们可以选择 $q=1$。

差分后的结果和 ACF 图和 PACF 图分别如图 12.7 和图 12.8 所示。

基于上述选择，ARIMA 模型参数为（1, 1, 1）。接下来，我们将使用这些参数对数据进行拟合，并预测未来一个月的收盘价，如图 12.9 所示。

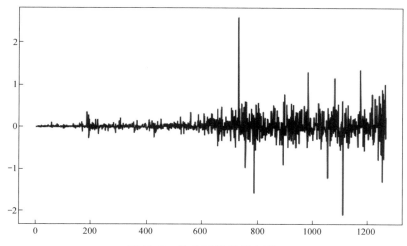

图12.7 差分后的时间序列

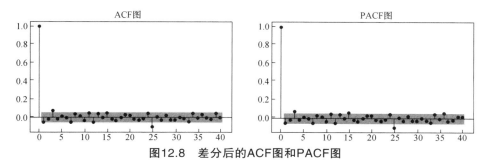

图12.8 差分后的ACF图和PACF图

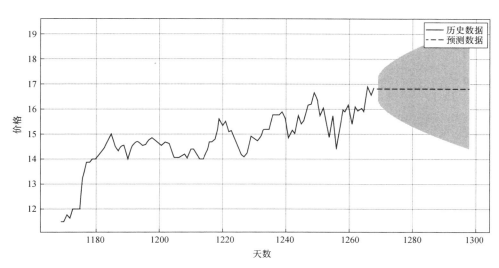

图12.9 预测未来一个月的收盘价

ChatGPT 生成的代码如下。

```
ChatGPT:

import pandas as pd
import numpy as np
import matplotlib.pyplot as plt
from statsmodels.tsa.stattools import adfuller, acf, pacf
from statsmodels.graphics.tsaplots import plot_acf, plot_pacf
from statsmodels.tsa.arima.model import ARIMA

# Assuming 'a2m_close' is the closing prices Series for A2M

# Check if the series is stationary
def check_stationarity(timeseries):
    result = adfuller(timeseries, autolag='AIC')
    return result[1]

# If not stationary, perform differencing
if check_stationarity(a2m_close) > 0.05:
    a2m_close_diff = a2m_close.diff().dropna()

# Graph 1: Differenced Closing Prices
plt.figure(figsize=(10, 6))
plt.plot(a2m_close_diff, color='blue')
plt.title('Differenced Closing Prices for A2M')
plt.xlabel('Date')
plt.ylabel('Differenced Close Price')
plt.grid(True)
plt.show()

# Graph 2: ACF and PACF plots
lags = 40
fig, axes = plt.subplots(1, 2, figsize=(15, 4))
plot_acf(a2m_close_diff, lags=lags, ax=axes[0])
plot_pacf(a2m_close_diff, lags=lags, ax=axes[1])
plt.show()

# Fitting ARIMA model
model = ARIMA(a2m_close, order=(1, 1, 1))
model_fit = model.fit()

# Graph 3: ARIMA Forecast
forecast = model_fit.get_forecast(steps=30)
mean_forecast = forecast.predicted_mean
conf_int = forecast.conf_int()

plt.figure(figsize=(12, 6))
plt.plot(a2m_close.index[-100:], a2m_close.values[-100:], label='Observed',
color='blue')
```

```
plt.plot(mean_forecast.index, mean_forecast.values, label='Forecast', color='red')
plt.fill_between(mean_forecast.index, conf_int.iloc[:, 0], conf_int.iloc[:, 1],
color='pink', alpha=0.3)
plt.title('ARIMA Forecast for A2M Closing Price (Next 30 Days)')
plt.xlabel('Date')
plt.ylabel('Price')
plt.legend()
plt.grid(True)
plt.show()
```

12.2.2　投资组合分析

在开始本节前，我们需要了解现代投资组合的相关理论。

现代投资组合理论（modern portfolio theory，MPT）是一种关于如何通过合理的资产配置来最大化投资组合回报和最小化风险的理论。

MPT 认为投资的回报与承担的风险成正比。投资者寻求更高的回报时，通常需要承担更高的风险。对于每个投资者而言，其最优投资组合取决于他们的风险承受能力、投资目标和投资期限。MPT 的目标是为每个投资者找到其在有效边界上的最优点。

现代投资组合理论的实际应用涉及一系列计算和优化步骤。应用 MPT 构建投资组合的基本步骤包括计算日收益率、年化收益和波动性、股票间的相关性，以及优化投资组合。

本节我们继续使用澳大利亚证券交易所上市的前 100 家公司的历史股价数据，提示词如下。

> User:
> 　该数据集包含澳大利亚证券交易所 (ASX) 上市的前100家公司的历史股价数据。每个CSV文件包含一家公司的股票价格信息，包括日期、开盘价、最高价、最低价、收盘价、调整收盘价（包括股息）和交易量。请你作为数据分析专家按照如下步骤进行投资组合分析：
> 　1. 计算日收益率：对于每只股票，计算日收益率。
> 　2. 计算年化收益和波动性：使用每日收益率数据，计算每只股票的预期年化收益和波动性。
> 　3. 计算股票间的相关性。
> 　4. 优化投资组合：使用优化器找到最佳的股票权重，这些权重将在给定的预期回报水平下最小化投资组合的总体风险。

ChatGPT 给出了完整的投资组合分析报告。

> ChatGPT:
> 　投资组合优化是选择一组资产并分配给每个资产一个权重，以实现在给定的风险水平下最大化预期回报的过程。现代投资组合理论（MPT）是这一领域的基石，它建议通过组合不同的资产来分散风险，从而实现更高的风险调整后回报。
> 　1. 日收益率计算
> 　为了进行投资组合优化，我们需要每只股票的预期收益和波动性。通过计算连续两天之间的价格变化百分比，我们得到了每只股票的日收益率。

2．年化收益和波动性

基于日收益率，我们计算了每只股票的预期年化收益和年化波动性。年化收益等于日平均收益乘以252（假设一年有252个交易日），而年化波动性等于日收益率的标准差乘以252。

3．投资组合优化

其目标是找到一个投资组合，该投资组合在给定的预期回报水平下最小化风险。为了实现这一目标，我们使用均值-方差优化方法。我们的优化问题可以描述为：

目标：最小化投资组合的风险（即波动性）。

约束：投资组合的预期回报必须达到某个目标值，所有股票权重之和为1，每只股票权重在0到1之间。

4．结果

经过优化，我们得到了每只股票在投资组合中的权重。权重最高的股票是A2M（45.09%）、SAR（18.69%）、COL（13.05%）、ALU（11.06%）和JHX（9.91%）。

5．结论

基于历史数据，我们得到了一个最优投资组合。但请注意，这些结果仅基于过去的数据。在实际投资时，还需要考虑其他因素，如市场前景、公司基本面和宏观经济情况。

可以看到，ChatGPT 给出了股票组合：A2M (45.09%)、SAR (18.69%)、COL (13.05%)、ALU (11.06%) 和 JHX (9.91%)。

ChatGPT 生成的代码如下。

```python
import pandas as pd
import numpy as np
from scipy.optimize import minimize

# 1. 加载和预处理数据
all_data = {}
for file in extracted_files:
    stock_code = file.split('.')[0]
    df = pd.read_csv(os.path.join(extract_path, file), usecols=['Date', 'Close'],
index_col='Date', parse_dates=True)
    all_data[stock_code] = df['Close']

combined_data = pd.DataFrame(all_data)

# 2. 计算日收益率
daily_returns = combined_data.pct_change().dropna()

# 3. 计算年化收益和波动性
annual_returns = daily_returns.mean() * 252
annual_volatility = daily_returns.std() * (252**0.5)

# 4. 投资组合优化
# Objective function to minimize (negative Sharpe Ratio)
def objective(weights):
    portfolio_return = np.dot(annual_returns, weights)
    portfolio_volatility = np.sqrt(np.dot(weights.T, np.dot(daily_returns.cov()
* 252, weights)))
    return -portfolio_return/portfolio_volatility
```

```
# Constraints
constraints = ({'type': 'eq', 'fun': lambda weights: np.sum(weights) - 1})

# Boundaries for weights
num_stocks = len(daily_returns.columns)
bounds = tuple((0, 1) for stock in range(num_stocks))

# Initial guess
initial_weights = [1./num_stocks for stock in daily_returns.columns]

# Optimization
solution = minimize(objective, initial_weights, method='SLSQP', bounds=bounds,
constraints=constraints)

# Extracting the optimal weights
optimal_weights = pd.Series(solution.x, index=daily_returns.columns)

# Displaying the optimal weights
print(optimal_weights.sort_values(ascending=False))
```

12.3　ChatGPT行业数据分析实战总结

12.3.1　分析方法总结

1. RFM

RFM 是一个基于三个关键维度来评估客户价值和购买行为的分析工具。

（1）最近一次购买（recency）：衡量客户最近一次购买距离当前的时间长度，时间短，表明客户最近有交易，未来再次购买的可能性较高。

（2）购买频率（frequency）：客户在特定时间内的交易次数，频繁交易通常意味着较高的客户忠诚度。

（3）购买金额（monetary value）：客户在一定时间内的总消费金额，金额越高，表明客户对企业的价值越大。

利用这些指标，企业可以将客户分为不同细分市场，如"高价值客户"或"需要重新参与的客户"。

2. 同期群分析

同期群分析涉及对相似特征的客户群体进行分类，并随时间分析这些群体的行为。群体的定义通常基于客户首次购买或使用产品／服务的时间。通过这种方式，企业可以跟踪特定群体随时间的活跃度来评估用户保留情况。

3. 商品 ABC 分类

商品 ABC 分类方法基于商品的重要性或销售贡献将商品分为三类。

（1）A 类商品：占总销售额的主要部分，需要特别关注的高价值商品。

（2）B 类商品：在重要性和销售额上处于中等位置的商品。

（3）C 类商品：虽然种类繁多，但对销售额贡献最小的商品。

4. 连带分析

连带分析旨在发现数据中常一起出现的商品组合，并基于这些信息提出营销策略，如商品摆放优化和促销活动。该分析考虑了支持度、置信度和提升度三个关键指标来评估商品组合的相关性和购买概率。

12.3.2　重点实操总结

（1）在电商用户分析中，我们希望对用户进行从可视化到数据分析再到对用户的洞察结论和对企业的策略建议。因此我们通过可视化方法、RFM 方法、同期群分析方法进行分析，提示词如下。

> User:
> 　　该数据集是某电子商务公司的营销洞察数据，请你作为数据分析专家通过该数据集针对用户进行分析，分析的内容和步骤如下：
> 　　1.概况分析：每月用户数、用户留存率、新老用户占比。
> 　　2.基于RFM方法对客户进行分层分析，将客户分为不同类型并定义对应的营销策略。
> 　　3.通过同期群分析，根据每个客户的第一次交易日期将客户分为不同的月份群组，分析每个月份群组的客户在后续月份的购买行为和留存。

（2）在电商商品分析中，我们希望对商品进行分析并得出对企业的策略建议。因此我们采取商品主题提取、商品 ABC 分类分析和商品连带分析进行分析，提示词如下。

> User:
> 　　该数据集是某电子商务公司的交易数据，请你作为数据分析专家通过该数据集针对商品进行分析，分析的内容和步骤如下：
> 　　1.商品主题提取：使用TF-IDF方法和NMF（非负矩阵分解）来提取主题。
> 　　2.商品ABC分类分析：基于销售量对商品进行分类，并进行可视化，呈现累积百分比曲线。
> 　　3.商品连带分析：根据上一步中ABC分类分析的结果，对A类商品的连带商品进行分析。

（3）在股价预测分析中，我们通过构建 ARIMA 模型对股票未来价格进行预估，提示词如下。

> User:
> 　　该数据集包含澳大利亚证券交易所（ASX）上市的前100家公司的历史股价数据。每个CSV文件包含一家公司的股票价格信息，包括日期、开盘价、最高价、最低价、收盘价、调整收盘价（包括股息）和交易量。请你作为数据分析专家按照如下步骤进行股票收盘价预测：
> 　　1.为每家公司选择一只股票来展示ARIMA模型的运作方式。
> 　　2.对所选的股票数据进行差分，使其变得平稳。
> 　　3.使用ACF图和PACF图来确定ARIMA的参数。
> 　　4.使用ARIMA进行拟合和预测。
> 　　5.预测未来一个月的收盘价。

（4）在投资组合分析中，我们通过计算日收益率→计算年化收益和波动性→计算股票间的相关性→优化投资组合的步骤实现了目标，提示词如下。

User:

该数据集包含澳大利亚证券交易所（ASX）上市的前100家公司的历史股价数据。每个CSV文件包含一家公司的股票价格信息，包括日期、开盘价、最高价、最低价、收盘价、调整收盘价（包括股息）和交易量。请你作为数据分析专家按照如下步骤进行股票收盘价预测：

1. 计算日收益率：对于每只股票，计算日收益率。
2. 计算年化收益和波动性：使用每日收益率数据，计算每只股票的预期年化收益和波动性。
3. 计算股票间的相关性。
4. 优化投资组合：使用优化器找到最佳的股票权重，这些权重将在给定的预期回报水平下最小化投资组合的总体风险。